图书在版编目（CIP）数据

高质量发展的空间治理：第12届金经昌中国青年规划师创新论坛文集 / 张尚武主编． -- 上海：同济大学出版社，2024.11． -- （理想空间）． -- ISBN 978-7-5765-1379-0

I．TU984-53

中国国家版本馆CIP数据核字第2024SK4999号

理想空间
2024-11(97)

编委会主任	夏南凯　俞　静
编委会成员	（以下排名顺序不分先后）
	赵　民　唐子来　周　俭　彭震伟　郑　正
	夏南凯　周玉斌　张尚武　王新哲　杨贵庆
主　　编	周　俭　王新哲
执行主编	管　娟
本期主编	张尚武
责任编辑	由爱华　朱笑黎
编　　辑	管　娟　顾毓涵　余启佳　钟　皓　郭玖玖
	田佼民　王　杉　李　旭
责任校对	徐春莲
平面设计	顾毓涵
主办单位	上海同济城市规划设计研究院有限公司
地　　址	上海市杨浦区中山北二路1111号同济规划大厦1408室
网　　址	http://www.tjupdi.com
邮　　编	200092
出版发行	同济大学出版社
经　　销	全国各地新华书店
策划制作	《理想空间》编辑部
印　　刷	上海颛辉印刷厂有限公司
开　　本	635mm × 1000mm 1/8
印　　张	15.5
字　　数	319 000
印　　数	1—1 500
版　　次	2024年11月第1版
印　　次	2024年11月第1次印刷
书　　号	ISBN 978-7-5765-1379-0
定　　价	55.00元

本书若有印装质量问题，请向本社发行部调换
版权所有，侵权必究

购书请扫描二维码

本书使用图片均由文章作者提供

编者按

2024年5月18日，为迎接同济大学117周年校庆和上海同济城市规划设计研究院有限公司30周年院庆，第12届金经昌中国青年规划师创新论坛在同济大学建筑与城市规划学院的钟庭报告厅举行。论坛采用了线上同步直播的方式，受到各界同仁的广泛关注。

本届论坛以"高质量发展的空间治理"为主题，邀请了来自国内三十多个高校和规划设计机构的青年才俊，通过跨学科、多维度的交流，共同探讨中国式城乡现代化的发展道路。

面向未来，回归初心，青年从业者们济济一堂，以新理念、新方法、新技术探索城乡发展新未来，为创新规划实践贡献青年智慧。在主题论坛环节，邀请吴志强院士、段德罡教授、赵志荣院长和张尚武院长，分别以《数智赋能城市未来》《学习千万工程，建设和美乡村》《推进城市可持续投融资，助力绿色发展》《长三角高质量一体化发展与空间规划的作为》为题作了主旨报告。此外，论坛设立了"长三角一体化发展""城乡融合与乡村振兴""可持续城市更新""新技术、新方法、新视角"四个分论坛，邀请国内学术权威与青年规划师们共同探讨、深入交流规划理念与创新实践。

本辑将第12届金经昌中国青年规划师创新论坛的活动内容汇总集编，旨在"倡导规划实践的前沿探索，搭建规划创新的交流平台，彰显青年规划师的社会责任"，关注青年人才与规划行业新发展，介绍相关领域最新成果，鼓励更多青年规划师关注并参与到共同建设中国式城乡现代化的伟大道路之中。在报名阶段共征集到64份稿件，论坛组委会组织同济大学建筑与城市规划学院教授围绕各议题对所有提交材料进行了评议，结合作者意愿，共有33篇稿件收录在本辑中。

金经昌中国青年规划师创新论坛由中国城市规划学会、同济大学、金经昌/董鉴泓城市规划教育基金主办，同济大学建筑与城市规划学院、上海同济城市规划设计研究院有限公司承办，长三角城市群智能规划省部共建协同创新中心、自然资源部国土空间智能规划技术重点实验室、《城市规划学刊》编辑部、《城市规划》编辑部、中国城市规划学会学术工作委员会、中国城市规划学会青年工作委员会、《理想空间》编辑部、国土空间规划编制实践教学虚拟教研室协办。

在此特别感谢所有参与论坛的专家学者、单位以及青年规划师对本次论坛的大力支持，欢迎各界、各方对论坛提出宝贵意见与建议。

上期封面：

CONTENTS 目录

主题论坛
- 004 数智赋能城市未来 \ 吴志强
- 005 学习千万工程，建设和美乡村 \ 段德罡
- 006 推进城市可持续投融资，助力绿色发展 \ 赵志荣
- 007 长三角高质量一体化发展与空间规划的作为 \ 张尚武
- 008 "长三角一体化发展"创新分论坛观点集锦

城乡融合与乡村振兴
- 009 乡土家园重建与乡村空间治理：结合成都战旗村经验的讨论 \ 蒋 伟
- 013 实用性目标下村庄规划文本表达形式探索——以广西为例 \ 周 游 陈乔琨
- 016 面向精细化治理的村庄规划探索——以溧阳市浒西片区村庄规划为例 \ 李 昊
- 020 微更新治理视角下的新疆特色村寨规划研究——以伊犁州伊宁市伊宁县吉里于孜镇五道桥村为例 \ 谷 玥 田 鑫 郑伊含 刘 畅 蒋向荣
- 024 和美乡村语境下多规合一实用性村庄规划及风貌整治规划实践——以安徽省长丰县左店镇永丰社区为例 \ 杨馥瑞 刘 征

可持续城市更新
- 028 上海保障性租赁住房的空间特征与规划思考 \ 洪 成
- 032 城市更新背景下的沈阳工业遗产综合保护利用规划与实施探索 \ 李晓宇 王红卫 金锋淑 胡顺江 宋春晓
- 037 科创营城引领城市更新的路径探索——以天开高教科创园核心先导区规划设计为例 \ 黄晶涛 陈明玉 白文佳
- 042 规划韧性与韧性规划——北京市韧性城市空间治理探索与实践 \ 李 翔 张朝晖 张 嫱 穆修帆
- 046 容积—财务逻辑下的广州城市更新 \ 吴锦海 王 璇 林 静
- 049 片区更新策划流程再造——以宁波中河片区为例 \ 季辰晔 廖 航
- 054 社区规划师、上海街巷更新与"结伴规划"——以上海芷江西路"社区蓝图规划"为例 \ 吴斐琼 马 强 韦 笑
- 058 城市更新导向下北行商业区控制性详细规划编制实践 \ 单 颖 李 鑫 范继军
- 062 基于微更新视角的世界运河遗产历史街区城市更新设计路径探索——以大运河新乡段北关街重点片区城市设计为例 \ 赵广宇
- 066 完整居住社区的实践创新——以天津金成府"完整+"社区项目为例 \ 李 昊 赵晓静 孔德博

新技术、新方法、新视角
- 070 城市总体规划实施评估理论、技术和实践探索——以《上海市城市总体规划（2017—2035年）》总规实施五年评估为例 \ 邹 玉 曹伟宁 郭奕君
- 074 数智技术赋能城市与区域产业空间治理 \ 崔 喆
- 077 面向低空经济发展的陆空统筹体系构建与实践探索——以广州开发区为例 \ 游晓婕 赵 颖 陈 向 李祉涵 曾 胜
- 082 断面城市主义与高密度空间形态导控再思考 \ 张颖异 Marc Aurel Schnabel
- 086 基于一体化协作发展的空间治理模式探索——以盐城长三角一体化产业发展基地为例 \ 唐小龙
- 090 从"形式美学"到"生态美学"——基于国土空间规划体系的城市设计理论建构与案例研究 \ 王天奇 魏文琪
- 095 面向京津冀协同发展的多维指标评价体系的构建与研究 \ 吴 娟 杨慧萌
- 098 面向高质量发展的黑龙江省资源型城市韧性调控策略 \ 谭卓琳 陆 明 董 慰 董 宇
- 102 回归价值理性——长沙北片区国际方案征集及深化工作体会 \ 陈蕾蕾
- 107 数据意象：国土空间规划视角下的城市意象研究 \ 韩胜发 李 潇
- 110 新时期规划管理技术规定的若干问题探讨——以图木舒克市为例 \ 陈娜姿 程相炜
- 114 治理视角下城市品质提升的价值导向与规划实践——以沈抚改革创新示范区为例 \ 刘 笑
- 118 文化传承背景下历史古城展示规划方法体系研究进展——以唐长安城为例 \ 李 晨 王馨怡 侯星羽

Topic Forum
004 Digital Intelligence Empowers the Future of Cities \Wu Zhiqiang
005 Learn About the Million Project, Build Harmonious and Beautiful Countryside \Duan Degang
006 Sustainable Finance & Investment for Green Development \Zhao Zhirong
007 High Quality Integrated Development and Spatial Planning of Yangtze River Delta \Zhang Shangwu
008 Yangtze River Delta Integration Development Forum

Urban-Rural Integration and Rural Revitalization
009 Rural Home Reconstruction and Rural Space Governance: A Discussion Based on the Experience of Zhanqi Village, Chengdu \Jiang Wei
013 Exploration of Textual Expression Form in Village Planning Under Practical Goals—Taking Guangxi Province as an Example \Zhou You Chen Qiaokun
016 Exploration of Village Planning for Refined Governance—Taking the Village Planning of Huxi District in Liyang City as an Example \Li Hao
020 Research on Xinjiang Characteristic Village Planning from the Perspective of Micro-Renewal Governance—A Case Study of Wudaoqiao Village, Jiliyuzi Town, Yining County, Yili Prefecture \Gu Yue Tian Xin Zheng Yihan Liu Chang Jiang Xiangrong
024 Practical Village Planning and Landscape Improvement Planning Practice in the Context of Harmony and Beauty in Rural Areas—Taking Yongfeng Village in Zuodian Town, Changfeng County, Anhui Province as an Example \Yang Furui Liu Zheng

Sustainable Urban Renewal
028 Spatial Characteristics and Planning Thoughts on Shanghai Affordable Rental Housing \Hong Cheng
032 Exploration of the Planning and Implementation of Comprehensive Protection and Utilization of Shenyang's Industrial Heritage Under the Background of Urban Renewal \Li Xiaoyu Wang Hongwei Jin Fengshu Hu Shunjiang Song Chunxiao
037 Exploring the Path of Science and Innovation City-Building Leading Urban Regeneration—Taking the Planning and Design of the Core Pilot Area of Tiankai Higher Education Innovation Park as an Example \Huang Jingtao Chen Mingyu Bai Wenjia
042 Planning Resilience and Resilience Planning—Exploration and Practice of Space Governance of Resilient Cities in Beijing \Li Xiang Zhang Zhaohui Zhang Qiang Mu Xiufan
046 Reflections on Guangzhou's Urban Renewal Development Under Volume-Financial Logic \Wu Jinhai Wang Xuan Lin Jing
049 Process Reengineering of District Renewal Planning—Taking the Zhonghe District in Ningbo as an Example \Ji Chenye Liao Hang
054 Community Planners, Shanghai's Street and Alley Renewal, and "Accompany Planning"—A Case of "Zhijiang Road W. Subdistrict Community Blueprint Planning" \Wu Feiqiong Ma Qiang Wei Xiao
058 Practice of Regulatory Plan for the Beihang Business District Under the Guidance of Urban Renewal \Shan Ying Li Xin Fan Jijun
062 Exploring Urban Renewal Design Pathways for World Canal Heritage Historic Districts from a Micro-Renewal Perspective—A Case Study of Urban Design in the Beiguan Street Key Area of the Grand Canal Xinxiang Segment \Zhao Guangyu
066 Practical Innovation of Integrated Residential Community—Taking Tianjin Jinchengfu "Complete+" Community Project as an Example \Li Hao Zhao Xiaojing Kong Debo

New Technologies, New Methods, New Perspectives
070 Theory, Technology, and Practical Exploration of City Master Plan Implementation Evaluation—Taking the Five Year Evaluation of *Shanghai Master Plan (2017-2035)* Implementation as an Example \Zou Yu Cao Weining Guo Yijun
074 Empowering Urban and Regional Industrial Spatial Governance with Intelligent Technologies \Cui Zhe
077 The Establishment and Practical Exploration of Land-Air Integration System for Low-Altitude Economy Development—A Case Study of Guangzhou Development Zone \You Xiaojie Zhao Ying Chen Xiang Li Zhihan Zeng Sheng
082 Rethinking on the Transect Urbanism and Morphological Regulations for High Dense Space \Zhang Yingyi Marc Aurel Schnabel
086 Exploration of Spatial Governance Model Based on Integrated Collaborative Development—Taking Yancheng Yangtze River Delta Integrated Industrial Development Base as an Example \Tang Xiaolong
090 From "Formal Aesthetics" to "Ecological Aesthetics"—Theoretical Construction and Case Study of Urban Design Based on Territorial Space Planning System \ Wang Tianqi Wei Wenqi
095 Construction and Research of a Multi-dimensional Index Evaluation System for the Coordinated Development of Beijing-Tianjin-Hebei \Wu Juan Yang Huimeng
098 Resilience Regulation Strategies for Resource-Based Cities in Heilongjiang Province Facing High-Quality Development \Tan Zhuolin Lu Ming Dong Wei Dong Yu
102 Returning to Value Rationality—Reflections on the Collection and Deepening of International Plans for the Changsha Northern Area \Chen Leilei
107 Data Image: Study on Urban Image from the Perspective of Territorial Spatial Planning \Han Shengfa Li Xiao
110 Discussion on Several Issues of Technical Regulations for Planning and Management in the New Era—Taking Tumushuke City as an Example \Chen Nazi Cheng Xiangwei
114 Value Orientation and Planning Practice of Urban Quality Improvement from the Perspective of Governance—Taking Shenfu Reform and Innovation Demonstration Zone as an Example \Liu Xiao
118 Research Progress on Exhibition Planning Methodology for Historical Cities Under the Background of Cultural Heritage Transmission—A Case Study of Tang Chang'an City \Li Chen Wang Xinyi Hou Xingyu

主题论坛
Topic Forum

数智赋能城市未来
Digital Intelligence Empowers the Future of Cities

吴志强，中国工程院院士，德国国家工程科学院院士，瑞典皇家工程科学院院士，上海市人民政府参事，中国城市规划学会监事长，同济大学建筑与城市规划学院名誉院长、教授。

[文章编号] 2024-97-A-004

吴志强院士首先以解析现代城市功能开篇，启发大家对城市和城市规划方法的迭代进行思考。现代城市具备行政、信仰、市场、防御和现代产业五大功能，其中，现代产业功能的出现是现代城市区别于传统城市的重要特征。传统城市仅能养活6%的总人口，而现代产业使得城市可以承载大规模的人口集聚、资本流动和企业活动，自1850年开始，城市人口每50年都会翻一番。1949年之前，我国绝大多数城市属于传统城市，改革开放以后才真正走向了现代化的发展道路。中国式现代化的背景下，"高质量发展的空间治理"的内涵界定没有固定答案，需要不断探索和实践。

其次，吴院士提出"以数明律、以律定城、以流定形、形流相成"的规划方法，探讨了城市规划设计中的形态规律和形成依据。依据来源于规律，规律来源于数据。一是"以数明律"，通过数据收集和分析来揭示和明确城市发展的规律；二是"以律定城"，按照城市发展规律来规划城市；三是"以流定形"，通过数据记录人流、风流等各种流动使之成为"形"的依据；四是"形流相成"，有了"形"之后，反作用于"流"的调节，形成完整的生命体。

在此基础上，吴院士分享了人工智能城市数据库CBDB的建构过程和实践应用。目前，该数据库已经收集了全世界116个国家和地区、13861个城市、504707个街坊的动态数据。基于收集到的海量数据，通过机器学习算法进行各类模型构建和训练，支撑城市规划和建设决策的制定。2016年，在北京城市副中心规划设计中，依托该数据库，完成了人类首张城市空间智能推演图，实现商业、居住和绿地等各类用地的联动推演。在厦漳泉R1线城际轨道交通规划中，通过数据挖掘技术抓取了15万条当地居民网络媒体数据，通过文本语义分析精准感知人民需求，完善功能布局和业态策划。通过CBDB，可以高效、精准获取全球范围公里级精度、小时级频度的数据，实现城市问题的精准诊断。

再者，融合最新VR、AR技术，吴院士提出了"RAR"虚实相生概念，即"现实（Reality）+增强现实（Augmented Reality）"，以虚拟世界赋能真实世界，并分享了"城元宇宙"系列作品。在福建福州，打造"福元宇宙"RAR秀，综合运用厘米级空间计算、强AI场景理解、高真实感渲染和大规模3D地图构建四大核心技术，实现难度最大的跨江RAR演绎。在浙江台州，打造全国第一条户外数字经济元宇宙街区"仙元宇宙"，实现三个全球首创：一是首个数字内容与经济数据的元世界，二是首个属于每个人独一无二的元世界，三是首个室外到室内场景无缝衔接的元世界。

最后，吴院士特别强调，在数智时代，青年规划师要积极创新，合理利用新技术和大数据，精准诊断城市问题和感知人民需求。把"人民"细化到一个个具体、独立的个体精度来优化城市规划方案，实现使人民生活更加幸福的愿景，这是我们规划真正的宗旨。

（文章根据论坛材料整理，已经本人审阅）

1-6 "数智赋能城市未来"示意图

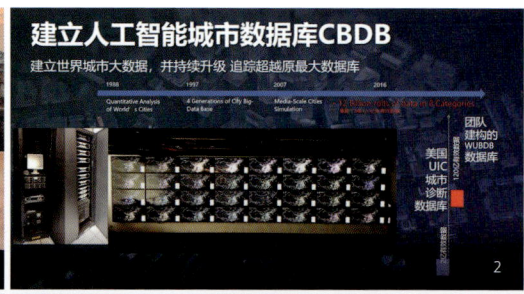
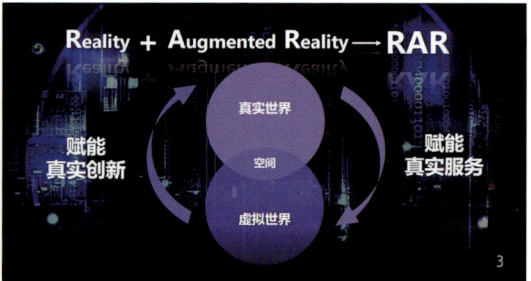
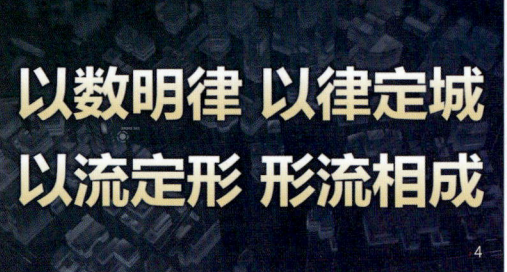

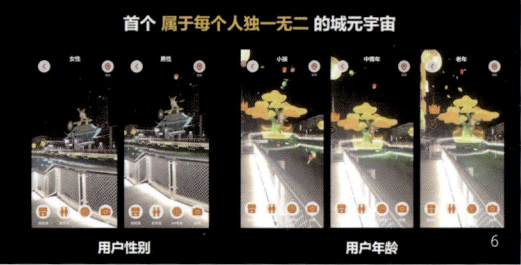

学习千万工程，建设和美乡村

Learn About the Million Project, Build Harmonious and Beautiful Countryside

段德罡，西安建筑科技大学建筑学院教授，北斗城乡工作室，陕西省村镇建设研究中心。

[文章编号]　2024-97-A-005

首先，段德罡教授回顾了浙江"千万工程"20年实践三个阶段的发展脉络。第一阶段是2003—2010年的"千村示范、万村整治"，主要推动了10000个村庄的环境整治；第二阶段是2011—2020年的"千村精品、万村美丽"，对标《新时代美丽乡村建设规范》，创建了1500个精品村、11000个美丽乡村；到2021年起的第三阶段，提出"千村未来、万村共富"，围绕共同富裕目标，高质量发展高品质生活先行区、城乡区域协调发展引领区、收入分配制度改革试验区、文明和谐美丽家园展示区，为全国乡村建设树立了标杆，也推动了《关于有力有序有效推广浙江"千万工程"经验的指导意见》的形成。浙江的"千万工程"不仅立足于当下，更面向未来的方向展开探寻。浙江明确了以"未来社区"作为共同富裕的城市基本单元，以"未来乡村"作为共同富裕的乡村基本单元，以"城乡风貌样板区"作为城乡融合的基本单元，并将以上"共同富裕现代化基本单元"作为从宏观规划到微观落地的实现现代化和共同富裕的重要载体，协同推进城镇现代化、乡村现代化及城乡关系的现代化。

段教授指出，"千万工程"的价值起点是"两山"理论，着眼于共同富裕多层次内涵，以"城—镇—村"三级空间承载共同富裕示范区，基本实现乡村就地城镇化，营造现代乡村社区场景。"千万工程"包含了城乡一体、城乡等值、分级分类发展、就地城镇化等理念，构建了现代化导向、均衡协调、公平正义、以人为本四个价值导向，体现了人与自然、城市与乡村、历史与当下、当下与未来等各种关系之美的内在逻辑，呈现了和于时代、和于自然、和于城乡、和于近邻、和于百业、和于乡党的六维图景。各地学习"千万工程"应根据自身现实条件及发展基础，探索适合自身的乡村振兴路径。

其次，段教授通过"西安市长安区乡村振兴建设实施规划"及"抱龙村陪伴式乡建"两个案例，阐述了在浙江"千万工程"经验的启示下，西安大都市周边乡村地区系统推进乡村振兴的全局性思考及个案建设实践，包括构建"带—单元—村庄"的规划传导体系："乡村振兴带"是推动绿水青山向金山银山科学转化的宏观空间；"乡村振兴单元"是提升村庄发展能级、增强与城市对话能力、推动城乡融合发展的重要途径；"乡村社区"形成"公共服务设施+基础设施+空间建设"的村庄建设因子序列，推动村民自主建设。段教授分级分类提出基础维护村庄、提质优化村庄、重点发展村庄差异化发展模式，通过管控图则形成推动建设管理的抓手等方法，构建了从目标到路径再到行动的乡村治理新模式。在抱龙村的实践案例中，项目组积极促进村民参与，巧借民力、激发民智、共同缔造，实现村中有"龙"的创意，共建美好家园中的新乡村文化。

最后，段教授从土地财政、规划体系、政府—市场—村集体三方协作关系以及AI时代下的乡村振兴等角度提出了当前城乡经济社会发展特征下乡村振兴中面临的挑战及存在的各种问题，希望各界共同努力，为建设宜居宜业和美乡村贡献智慧。

1. 以"千万工程"经验助力宜居宜业和美乡村建设结构图
2. 通过"带—单元—村庄"加强规划传导与联动发展结构图

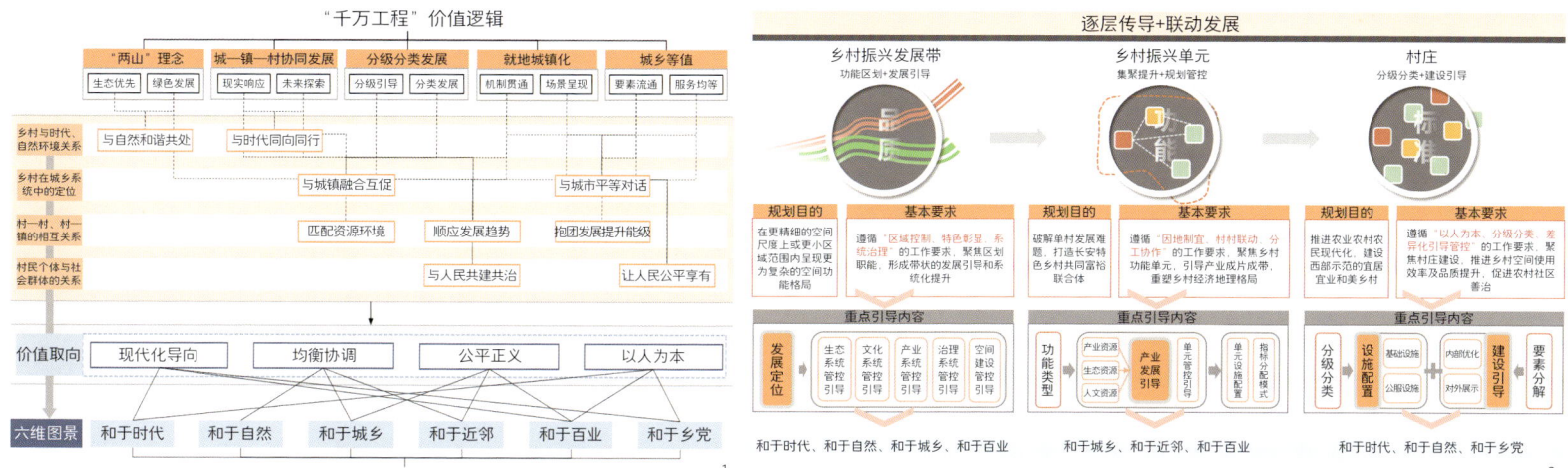

推进城市可持续投融资，助力绿色发展
Sustainable Finance & Investment for Green Development

赵志荣，浙江大学公共管理学院院长，城市发展与管理系教授。

[文章编号] 2024-97-A-006

1. 公共事务的国际视角结构图
2. 公共事务的中国场景结构图
3. 绿色定价结构图
4. 可持续投融资结构图
5. 城市治理视角的可持续投融资结构图
6. 可持续投融资的研究对象分析图

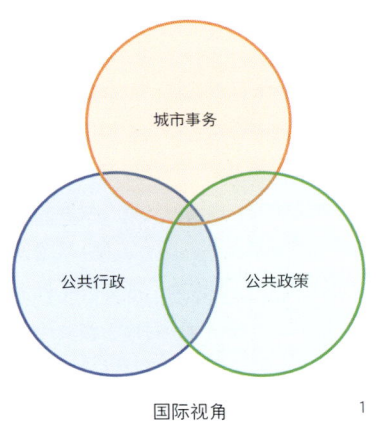

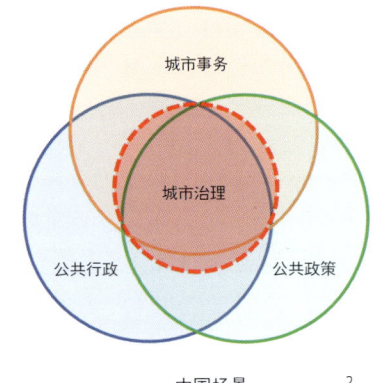

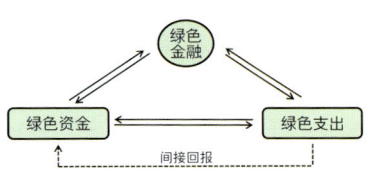

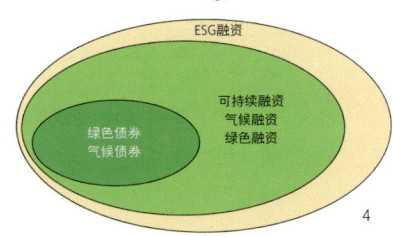

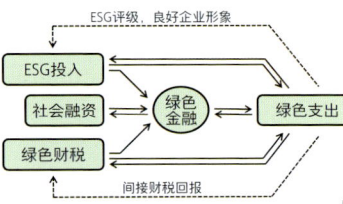

	绿色定价 (Green Pricing)	绿色融资 (Green Financing)	绿色支出 (Green Investment)
政府主导	· 绿色税制 · 碳税碳费	· 绿色债券 · 绿色PPP	· 绿色预算 · 绿色财政奖补 · 低碳城市创建
市场主动	· 碳交易ETS · 碳汇和碳信用 · 生态价值实现	· 绿色信贷 · 绿色债券 · 绿色保险	· ESG投资 · 企业绿色转型
第三部门	· 绿色众筹 · 自愿绿色定价	· 绿色募捐 · 绿色信托	· 气候慈善 · 绿色倡导行动

首先，赵志荣教授从"城市财政与治理"展开，分别从"城市治理"和"城市财政研究"两方面进行阐述。一是城市治理。从公共管理和公共事务的视角来看，管理更强调政府的调控和引导，治理更强调多元主体的参与、多种治理工具的应用和多维目标的平衡。在治理过程中特别强调城市与所在区域的关系，即城市与周边乡村、周围城市之间的关系的考量。城市治理是针对城市中的公共事务，基于多维价值和多元目标所采取的集体行为的正式跟非正式制度安排。二是城市财政研究。公共财政与预算，不是经济学的一个分支，而是公共事务的核心，涉及经济学、政治学、管理学等多门学科的交叉。城市财政是以城市治理为导向的公共财政和预算研究，也可以说是以公共财政和预算为切入点的城市治理研究。

赵教授的研究重点在于城市与区域基础设施投融资，关注三个板块内容：一是投入，钱从哪里来，特别需要指出的是财政资金和融资安排要分开且融资要建立在财政资金基础之上；二是支出，要考虑城市建设与民生的平衡、交通设施与环保的平衡以及设施长期维护的平衡等；三是投入产出效益，不仅要考虑经济效益，还有社会公平、城市韧性、可持续性等公共价值。关于城市的财政健康，即收支结构是否合理、财政状况是否有韧性，以及地方债务和财政风险的监控和防范，已经成为当前我国热点研究领域之一。

其次，赵教授围绕"可持续投融资助力绿色发展"展开，分别就"可持续投融资"和"治理工具"进行了简要介绍。在绿色低碳发展的大背景下，可持续投融资成为城市发展的新动力，在基础设施建设、环境保护、社会治理等领域，通过创新投融资模式，实现经济效益、社会效益和环境效益的共赢。从全球来看，以双碳及气候治理、城市低碳发展为主的可持续投融资在全球有十几万亿美元的规模，其投融资的效益不仅是长期的，而且具有很强的空间外溢特征和显著的再分配效益，需要政府部门有更多作为，中国在这方面有较大优势。

赵教授从城市财政角度构建了可持续投融资的研究框架，包括政府、企业及第三部门（公众和社会团体等）等不同主体在绿色定价、绿色融资和绿色支出等方面运用的多种治理工具。其中，绿色定价关注如何通过财税政策引导资源配置，如碳税、环保税、碳交易；绿色融资关注如何通过创新金融工具拓宽资金来源，如绿色信贷、绿色债券；绿色支出关注如何通过政府投入优化公共服务和社会福利，如绿色财政奖补、低碳城市创建、企业ESG投资等。

关于可持续融资的典型治理工具，包括跨地区"碳交易"合作，以"碳税"形式调节排放行为，以经济变现（如生态产品、碳信用）、间接经济收益（如文化旅游活动、房地产价值）和财政补贴（如生态补偿、转移支付等）的方式实现"生态产品价值"，以"绿色融资"来促进信贷、债券和PPP等转型，以"净零城市（NetZero Cities）/低碳城市"来实现企业ESG绩效提升等。

长三角高质量一体化发展与空间规划的作为
High Quality Integrated Development and Spatial Planning of Yangtze River Delta

张尚武，中国城市规划学会常务理事，上海同济城市规划设计研究院有限公司院长。

[文章编号] 2024-97-A-007

首先，张尚武教授围绕"内涵认知"，聚焦区域空间尺度，提出对"高质量"和"一体化"在空间治理中的内涵认知和辨析思考。一方面，所谓高质量空间治理就是更加可持续、更加公平、更加安全的空间治理。提升空间治理能力的关键之一是发挥空间规划的基础性作用，从而促进国家各个维度的高质量发展。中国"十四五"规划以发展规划进一步推动了国土空间规划体系的变革，基于"双循环"格局，强调优化区域发展格局、开拓高质量发展力量、促进城镇化格局的优化。另一方面，长三角区域作为国家战略的重要承载区域、现代化建设的领跑者，受惠于其自然本底的独特优势，一体化历史渊源悠长，已基本形成了多核多圈多层次的网络化发展格局，但也面临内部发展差异大、不平衡等问题。随着区域共同体意识的不断强化，长三角区域追求高质量一体化发展的诉求愈发强烈，亟须形成基于统一规划蓝图的系统支撑和以空间规划为平台的一体化发展机制。紧扣"高质量"和"一体化"是推动长三角发展的两大关键，这不仅是区域治理的发展性议题，更是变革性议题。

其次，张教授围绕长三角高质量一体化发展，提出"1+3+1"的五大规划议题。"1"是指1项核心议题，即"如何提升全球竞争力，探索中国式现代化的引领示范作用"；"3"是指3项空间议题，即"夯实基础底板""强化空间协同""强化战略引领"；最后的"1"是1项实施性议题，即"强化实施机制"。核心议题方面，张教授围绕提升核心竞争力展开，并指出推动高层次的协同开放和构建区域协同创新共同体是发展的重中之重和核心任务。空间议题方面，张教授提出夯实基础底板是最基础性的议题，聚焦构建区域性生态保护和安全韧性的整体框架；强化空间协同，强调体系支撑，推进陆海空间的统筹、都市圈之间的协同以及跨地区的空间协同，在跨地域、跨部门、跨系统方面发挥好区域规划的协调作用；强化战略引领则要以贯彻新发展理念和深化落实国家战略为顶层目标，以空间规划赋能国家战略的落实，充分发挥规划工具的引领作用。强化实施机制方面，张教授强调通过共同行动探索规则、制度和标准方面的创新，推动一批地区项目和任务清单的落实，探索区域协同机制和规划实施机制两个层面的机制创新。

最后，基于长三角高质量一体化发展研究实践的经验，张教授分享了关于空间规划与区域治理的若干思考。一是空间规划是区域治理的重要工具，其发展相对滞后已成为瓶颈；二是空间规划本身是一项重要的国家战略，是国际公认推动区域治理的重要手段，是规划领域不可回避的重要课题；三是积极探索以规划为引领的空间治理模式，是当前阶段亟需加强的重要内容；四是城市群作为空间现象和规划对象，如何借鉴国际经验，结合国内发展实际，形成适应中国式现代化发展的规划路径，值得在规划实践和学术领域进一步讨论；五是长三角高质量一体化发展作为跨区域空间规划样本，是推动规划研究的重要契机；六是要探索空间规划和发展规划的关系，实现空间维度和发展维度的高度合一。其中，空间规划技术和法律法规体系亟待完善，以匹配现阶段发展的不同需求。

1.空间议题重点：重大枢纽与廊道
2.五六七普及2022年四市人口首位度变化趋势分析图
3.2010—2022年长三角人口增量前15位分析图
4.近15年南京、杭州、苏州、合肥等市与上海GDP比值变化趋势分析图
5.2000—2022年全球网络连接（GNC%）排名变化分析图

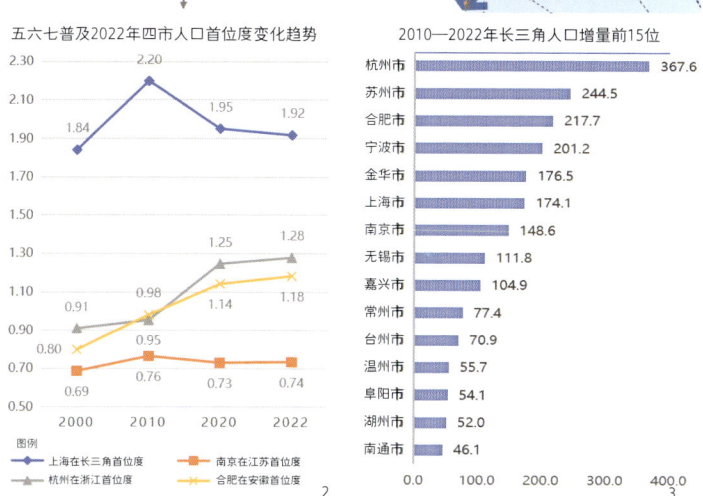

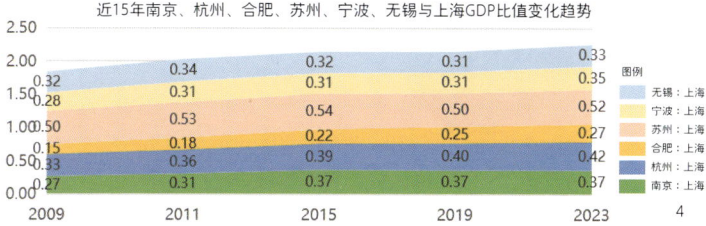

主要城市全球排名快速上升
合肥从407上升至147，杭州从307上升至73

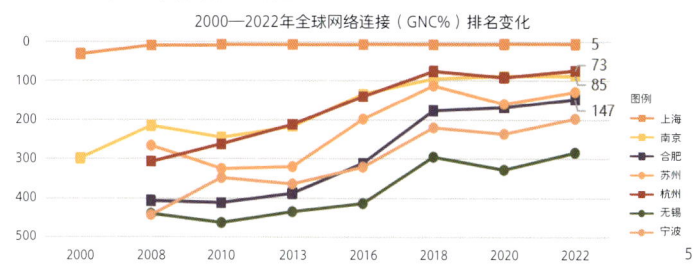

"长三角一体化发展"创新分论坛观点集锦
Yangtze River Delta Integration Development Forum

"长三角一体化发展"创新分论坛由上海同济城市规划设计研究院有限公司总规划师、同济大学张立副教授,上海同济城市规划设计研究院有限公司空间规划研究院院长朱郁郁主持。

刘云中,教授
国务院发展研究中心发展战略和区域经济研究部

国务院发展研究中心发展战略和区域经济研究部刘云中教授的报告题目是《新形势下长三角一体化高质量发展的认识和观察》。报告从我国重大区域战略的基本逻辑、区域协调发展和区域重大战略、长三角一体化高质量发展的认识三部分进行深入探讨。第一部分阐述了在重大区域战略上我国的体制优势,以及我国区域发展层面的经验、做法与在执行中遇到的问题。第二部分阐述五大区域重大战略与区域协调发展的含义,提出评价区域协调发展应把结果和过程更好地结合起来。第三部分阐述了长三角一体化发展战略和国土空间规划的意义:面向全社会传递信息、凝聚共识;促进地方政府行为主体平等协商、共同行动;在生态环境、绿色协作和空间安全方面设定底线;在重大的创新链、产业链、供应链的空间安排方面瞄准重点;以上海为中心体现多种文明融合,实现经济和文化双向促进。

钟宁桦,教授
同济大学经济与管理学院

同济大学经济与管理学院钟宁桦教授的报告题目是《城际货运往来视角下的长三角一体化》。报告通过跨学科的方式,以公路数据为本底,从分区域、分省份、分城市三个空间层次分析长三角地区的城际货运关联,为长三角网络结构、长三角一体化研究提供一个较为新颖的切入角度。首先,在空间方面,初步形成了以上海和合肥为中心的两张区域货运关联网络,反映出可能形成的区域产业上的分工协作。其次,在近年的演化方面,两区域货运联系网络仍保持强货运关联。最后,将货运数据与消费、进出口数据结合,分别从消费、进口、出口方面量化分析上海市国内大循环中心节点和这些数据在国内国际双循环战略链接的双循环中的作用。

殷会良,执行院长
中国城市规划设计研究院河北雄安分院

中国城市规划设计研究院河北雄安分院殷会良执行院长的报告题目是《新时期区域协调发展的认识演变》。报告从技术的视角阐述了新时期区域协调发展的认识演变。第一部分阐述了国家区域重大战略的核心任务,提出应更关注目标、阶段、载体、底线、机制内容。第二部分阐述了区域协调发展的新关注点:一是趋势变化,针对人口和产业、发展与安全问题,长三角应加强东中西联动,突出差异化优势;二是任务抓手,针对城市与区域、人与自然问题,在区域规划中要守住底线,合理化功能布局和锚固安全底线;三是协调重点,针对中央和地方、地方和地方问题要找到区域发展的公约数;四是战略实施,对于规划与政策、项目与实施等问题要正视规划编制难度,在重要问题上加强横向、纵向的规划统筹。

周世锋,研究员
浙江省发展规划研究院

浙江省发展规划研究院周世锋研究员的报告题目是《对接上海"五个中心",深化沪浙合作的思考与建议》。报告指出对接上海"五个中心"战略布局,深化推进沪浙合作是国家所愿,是上海所需,也是浙江所能,是关乎浙江和长三角长远发展的重大课题。报告介绍了在"五个中心"战略布局下,沪浙合作已取得的显著成效,同时也指出在推进过程中仍存在一些问题和难点。最后,报告提出了深化沪浙合作的战略举措,包括:一是以惠民事项为切入点,树立深化合作的新理念;二是以产业共建为方法,协同共育新质生产力的"新业态";三是以重大项目为抓手,统筹共建沪浙合作的"新平台";四是加快数字、航运、制造、外贸、人才等领域更高标准对接制度开放的"新规则"。

郭杰,教授
南京农业大学公共管理学院

南京农业大学公共管理学院郭杰教授的报告题目是《江海联动高质量发展的国土空间治理:江苏探索》。报告阐述了高质量发展空间治理需求、空间治理支撑高质量发展路径、江海联动高质量发展江苏探索三部分内容。第一,高质量发展内涵是促进要素有序流动和资源优化配置,需要完善重点区域、主体功能区、三区三线等多尺度国土空间治理。第二,新时代需要系统化的国土空间规划与管制,需要以统一国土空间用途管制统筹国土空间治理,包括产业布局、格局优化、制度规范、利益协同等方面。第三,为实现长三角高质量一体化发展,江苏省积极探索,开展了包括国土空间格局优化、优势互补高质量产业布局、国土空间用途管制制度规范、空间均衡利益平衡机制等方面工作。

城乡融合与乡村振兴
Urban-Rural Integration and Rural Revitalization

乡土家园重建与乡村空间治理：结合成都战旗村经验的讨论
Rural Home Reconstruction and Rural Space Governance: A Discussion Based on the Experience of Zhanqi Village, Chengdu

蒋 伟
Jiang Wei

[摘 要] 由于乡村空间资源具有丰富多元的生态价值属性，因此在生态文明时代，乡土空间治理不能简单复制农业化时代与工业化时代的单一要素平面切割及空间权益的对外让渡，而是应当置放到经济社会整体转型的战略背景下来探讨家园治理的理论本源与实践要点。本文以成都平原的战旗村为例，试图从一个微观的视角出发，讨论时代战略转型下乡土家园治理在空间变革中的作用机制，以期对相关规划、实践有所启发。

[关键词] 生态文明时代；乡土家园治理；成都战旗村

[Abstract] Since rural spatial resources have rich and diversified ecological value attributes, in the era of ecological civilization, the governance of rural space cannot simply replicate the single-factor spatial segregation and the alienation of spatial rights and interests in the age of agrarianisation and industrialisation, but should be placed under the strategic background of the overall economic and social transformation to explore the theoretical origins of homeland governance and the key points of practice. This paper takes Zhanqi Village, Chengdu as an example, and tries to discuss the mechanism of vernacular spatial governance in the spatial transformation under the strategic transformation of the era from a micro perspective, in order to inspire the related planning and practice.

[Keywords] the era of ecological civilization; rural home governance; Zhanqi Village, Chengdu

[文章编号] 2024-97-P-009

乡村空间治理是生态文明时代内在于乡土社会治理的核心命题。由于乡村空间资源具有丰富多元的生态价值属性，因此，乡土空间治理不能简单复制农业化时代与工业化时代的单一要素平面切割及空间权益的对外让渡的模式，而应置放到经济社会整体转型的战略背景下来探讨其理论本源与实践要点。本文以成都平原的战旗村为例，试图从一个微观视角出发，讨论时代战略转型下的乡土家园重建与乡土空间治理，以期对相关规划、实践有所启发。

一、乡村国土空间的主要特征

1.权属分散性

土地权属分散和图斑破碎所形成的"有村无庄"是长期以来川西农村空间资源的基本特点。从战旗村的空间资源来看，权属较为分散，战旗村集体经济组织数量多，平均占有土地规模小，组平均辖区面积289亩，组平均农业用地面积214亩，具体到"三变改革"前的分户经营则更为分散。同时，土地破碎的程度较高，据统计，已发放承包经营权面积13650亩，地块数25756个，地块平均面积0.53亩。

2.特色组合性

"山水林田湖草"是一个生命共同体，人的命脉在田，田的命脉在水，水的命脉在山，山的命脉在土，土的命脉在树。因此，乡村空间资源是一个系统和整体，难以使用物理切割与简单法制手段来强制性区隔。同时，与传统要素数量型增长不同，新经济要素的价值增值过程由于包含不同的禀赋条件组合（包括文化、景观、气候等），构成了动态、多要素和立体的"比较优势集合"，在价值化实现过程中，空间资源载体具备了对多种业态的转换能力和对多种新经济要素的强吸纳能力，因此呈现出特色组合性的特点。

3.资产非标性

工业化时代，生产工艺、流程及产品的标准化是形成规模效益和市场均衡的基础，城市空间的价值也很大程度上脱胎于工业化时代的功能分区，因而城市空间资产具有很强的可标性。而在生态文明时代背景下，由于"山水林田湖草"的价值形成过程与自然过程高度统一，其所依赖的水土光热条件千差万别，所形成的空间形态也相应具有多元化、差异化与个性化特点。这样的特点，在凸显生态资源价值的同时，也在很大程度上制约了乡村地区大量资源性资产作为可抵押物、可流通物与可交易物的资产属性。因此，乡村国土空间相较于可标性的城市空间资源，其生态多样性所衍生的非标性特征，在价值化实现过程中，就难以通过简单切割交易和外部市场定价有效实现。

4.空间外部性

首先，乡村空间由于具有经济、社会、文化及安全等多重功能属性，对国家、社会而言具有高度正外部性。其次，乡村空间当中存在至少三类空间非正义：第一类是初始状态的空间非正义，这是由于空间资源天然分布不均所致，进而导致一旦空间资源转换为经济要素，资源富集区与非富集区、区位优势区与非优势区就会因价值转化程度不一而引发初始空间基尼系数不等的问题；第二类是由于公共品投入的不均衡所引发的空间非正义，这是因为"水电路气网"及新型社区等大量在乡村地区沉淀的国家固定资产投资，对要素价值组合会产生非均衡效益，在初始分配不均的前提上引发新的两极分化；第三类则是资本要素下乡所导致的空间非正义，由于乡村地区长期资本短缺，在开发利用空间资源时，作为产权主体的集体用益物权会随经营权流转，而更多被外部投资者或集体内部的高资本持有成员占有。

正因为乡村空间资源具备以上四个特征，因此，在生态文明转型背景下，需要采用与城市空间不同的治理方式和治理路径。下文将结合战旗经验来做具体讨论。

二、战旗村空间治理历程

战旗村隶属于四川省成都市郫都区的唐昌镇，地

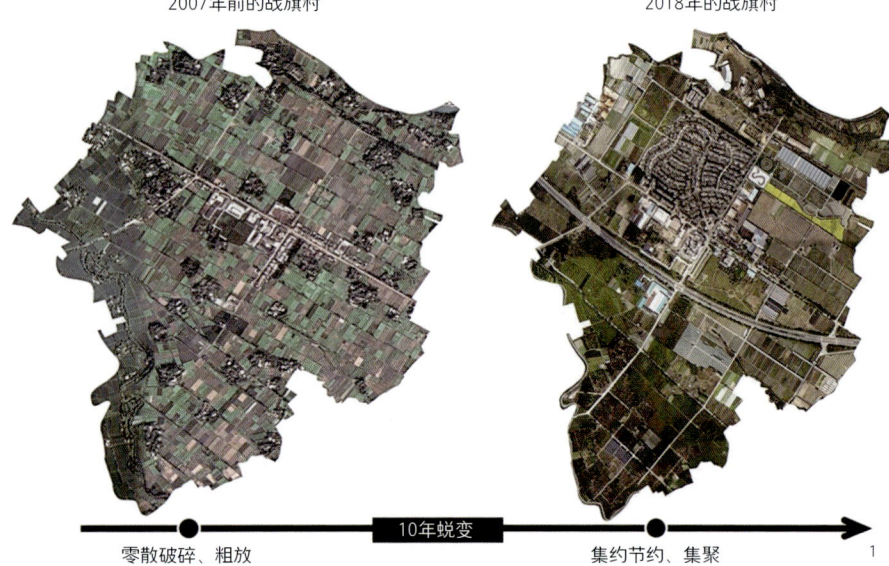

1. 战旗土地集中整理演变图
2. 战旗区位图
3. 战旗特色单元分布示意图

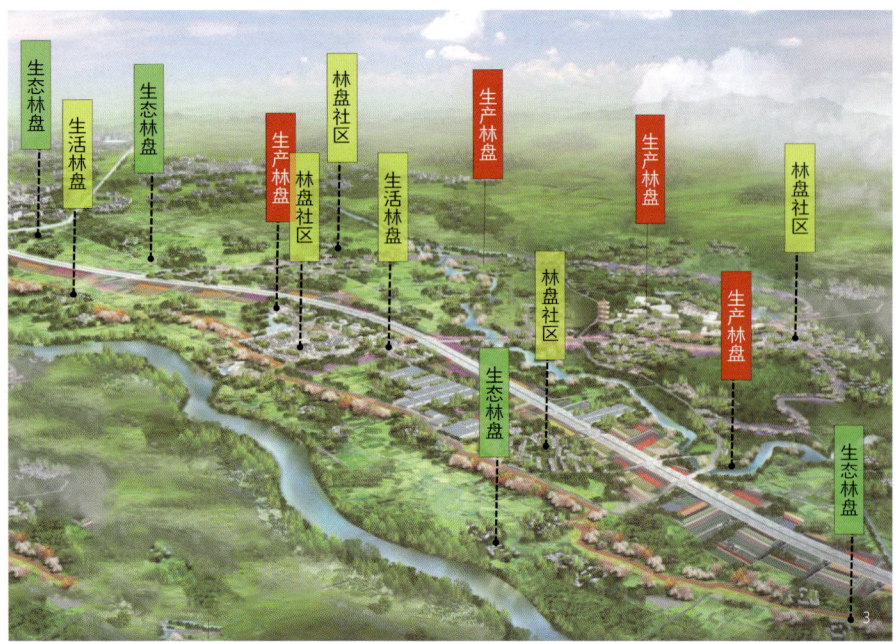

处都江堰精华灌区，是成都平原上被习近平总书记赞为"战旗飘飘，名副其实"的村庄。在2020年以前，全村面积仅有2.06km²，耕地约129hm²（合计1935亩），户籍人口约1700人。新中国成立以来，战旗村经历了三个主要阶段：红色时代的战旗（1965—1976年）、金色时代的战旗（1976—2003年）与绿色时代的战旗（2003年至今）。

1.红色战旗的集体化（1965—1976年）

1965年，战旗大队正式成立。1963—1964年，基于乡村农业剩余的巨大需求，西部地区三线建设和"农业学大寨"建设是国家宏观形势，加上乡村民兵建设开展，从成立之初，战旗就具备了集中力量办大事的制度条件。村社空间治理重点是农田水利改造，改善农业生产条件，确定"沟端、路直、田方正、树成行"的目标，将土地高低不平、大小不一的浅丘、小田，改造为沟、渠、路相通且灌排方便的标准化农田，将下湿田改造为高产地。红色年代的政治动员是这一时期的主线，在资本稀缺的年代，通过政治动员劳动力增密来替代资本，短短8年，粮食种植面积提升10%，粮食增产45%，水稻亩产762斤（全国平均亩产468斤），小麦亩产520斤（全国平均亩产218斤），战旗成为农业学大寨的一面旗帜。

除大共同体的权力延伸外，一定规模的集体积累在此阶段形成。通过提取剩余支持城市建设与三线工业化建设的巨大投资，以民兵建设整肃生产纪律，极大提高粮食产量，在对国家工业化进行贡献的同时，也储备了远高于其他村的集体积累。至1973年底，战旗的公共资金达20万元，储备粮达20多万斤，集体提留储备粮的出售也为后续乡村工业化奠定了基础。政治动员带来的示范引领和集体荣誉，也从侧面加强了村社共同体的集体记忆。

2.金色战旗的私有化（1976—2003年）

工业的起步源于集体化的积累。至1974年，战旗的农业生产在当时技术条件下已接近天花板，劳动力要素更密集投入所带来的边际效益降低，增长潜力已非常有限。这时，战旗开始通过既有集体积累（如1975年通过12万斤储备粮换取拖拉机和工业生产设备）和前期所形成的集体行动，从农业开始向农、工综合发展方向转变。

以"大包干"为实质的家庭承包制带动人口和土地向非农转化。其中，农地非农转化过程中土地增值收益被村社占有是关键因素。一般而言，城市企业投资的30%~40%开支属于土地占用开支。而战旗村社企业，在1988年土地管理法出台以前，其土地从农业转变为乡村工业时，该部分增值收益几乎被村社无偿占有，并形成集体积累。到1987年，战旗村办企业产值占全镇企业总产值的46%。

社队企业改制过程中，集体权威得到强化。90年代后，宏观形势变化，企业陆续改制。改制过程中的矛盾焦点在于集体和企业经营者谁能够绝对拥有对于企业及其产业空间的治理权。战旗村干部一致认为，要强化村集体的主体地位，并通过资产回购的方式保障集体资产不再流失。1994年之后，村企经营模式变更为集凤实业总公司领导下的股份合作制，各厂自主经营，集体按50%股份分红。再之后，社队企业转制，通过"租利两得"的利润结构和资产回购保存集体经济，而这也成为战旗村在下一次转型中能够再出发的重要前提。

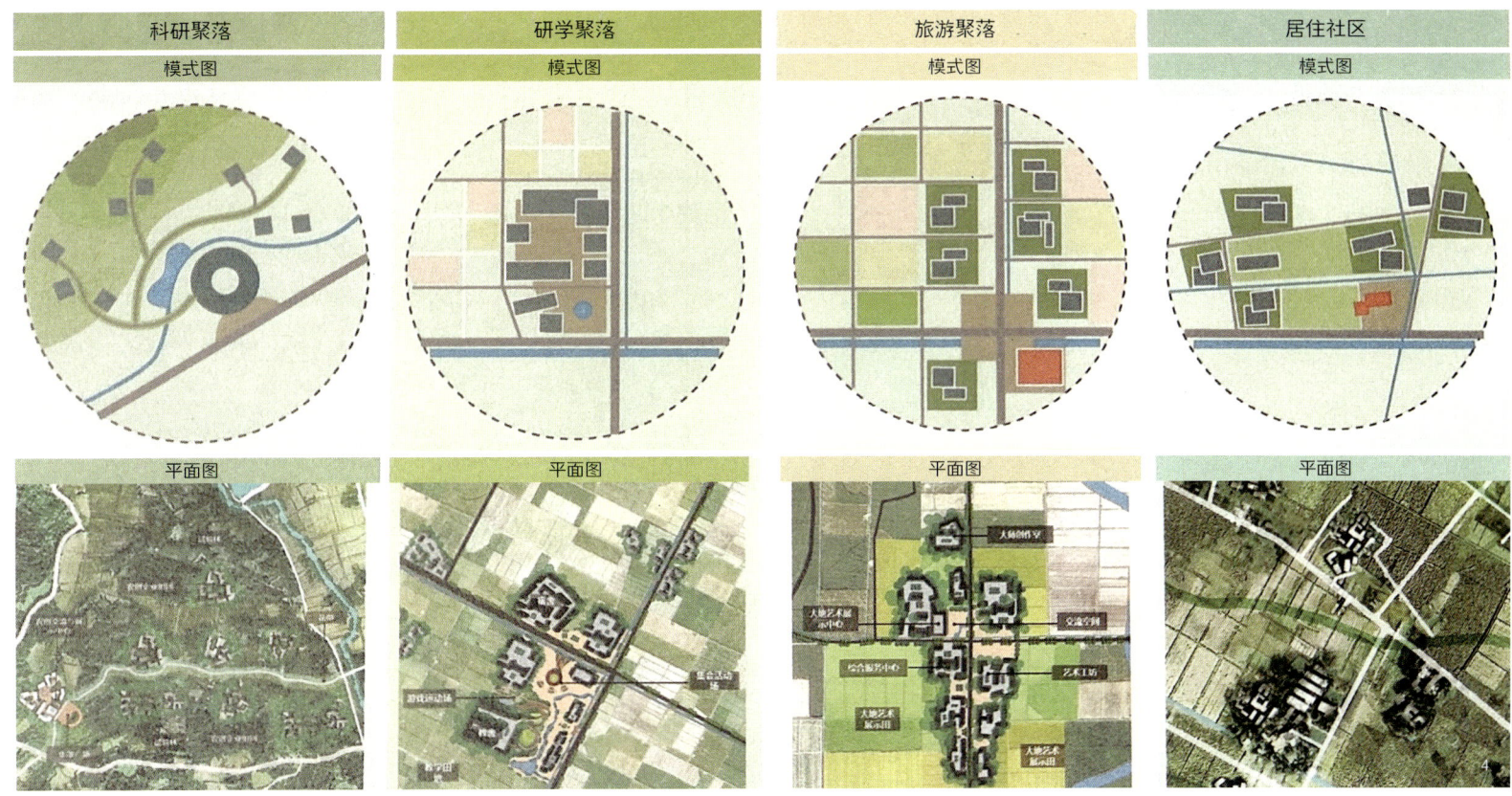

4 林盘模式示意图

3.绿色战旗的社会化（2003年至今）

21世纪以来，伴随生态文明转型，乡村绿色产业迎来契机。产业升级前提是土地高度统筹。这一时期的重点是战旗对包产到户后的土地进行再集中。第一阶段依托差序格局及前期集体积累，以代缴农业税为条件集中100余亩土地，免除农业税后，又筹划成立合作社，以土地流转费集中600亩土地，巧用"保底租金+50%利润分红"以地稳民；第二阶段是在2006年借力政策推进新型社区建设，重点强化拆院并院和土地整理；第三阶段从2009年始，伴随合作经济壮大，以土地换就业、以土地换社会福利等方式，逐步解绑附着在土地上的各种社会功能。从2003年到2011年，经过八年时间，战旗实现从零散粗放到集约节约的转变。

在土地集中的基础上，战旗形成了对乡村特色单元的复合开发，识别出生活、生产和生态三种林盘社区以对接文旅项目和农业产业化项目招商：生活林盘以集中居住为主，生产林盘围绕一二产联动进行特色食品及调味品加工，生态林盘以特色保护为主。2015年，战旗村抓住土地制度改革试点契机，通过村庄工业减量和土地集中整理，盘活原属村办企业的13.447亩闲置用地，使之用于集建入市，收益超700万元。

这一时期，具体表现为"大园区小业主"的统筹经营模式，"土地集中—单元开发—统筹运营"是其空间治理的主线。

同样值得注意的是村集体经济带头人的角色。相比于早期的政治权威与工业化时期的经济能人，在新时代公私共社会化网络联动下，集体经济带头人是融合了村干部、企业家和本地乡贤等多重角色的乡村精英。因此，植根于乡土的人才培养机制、流动机制和选拔机制将成为未来影响集体经济组织效能的关键性因素。

三、战旗村生态转型下的家园治理机制

1.以村为主体，借助于内外部杠杆的土地渐进式统筹

一是长期集体化积累是土地关系重构的现实基础。主要来自工业化时期的集体资产，包括转制后的租赁收入，成为土地增减挂启动时期可供集体调配的重要资源。在生态转型时期，由于土地集中产生增值收益，村民在其中享受红利又正向强化了集体积累。

二是差序格局和传统习俗降低村社内部交易费用。早期土地集聚的均是村干部近亲，以血缘、姻缘为纽带的家族网络带动友缘网络，建立信任基础。同时，由于人口过密形成的人多地少现实，战旗存在定期调整人地关系的习俗，相较于"增人不增地、减人不减地"，由集体协调而非家庭分配，极大降低了土地重构交易费用。

三是诱致性杠杆是撬动村民组织的重要工具。前期，承诺为村民代缴农业税，同时利用集体积累改善农田水利，提高土地级差地租；自农业税取消后，由合作社吸引农民入股，以"保底+分成"及提供老人津贴等方式对土地集中形成利益激励，吸引更多村民加入合作化与组织化。

四是充分利用政策工具和政府项目投入促进土地集中。2003年以来，在土地规模经营和集中居住政策引导下，战旗成为土地规模化经营试点和"新型社区建设"试点，来自官方的政策性补贴和金融配套服务正向强化集中居住的激励作用，进而为土地整理创造有利条件。

2.基于非标资产的特色组合识别出乡村的特色空间单元

一是顺应大地肌理，划分乡村单元。基于空间资

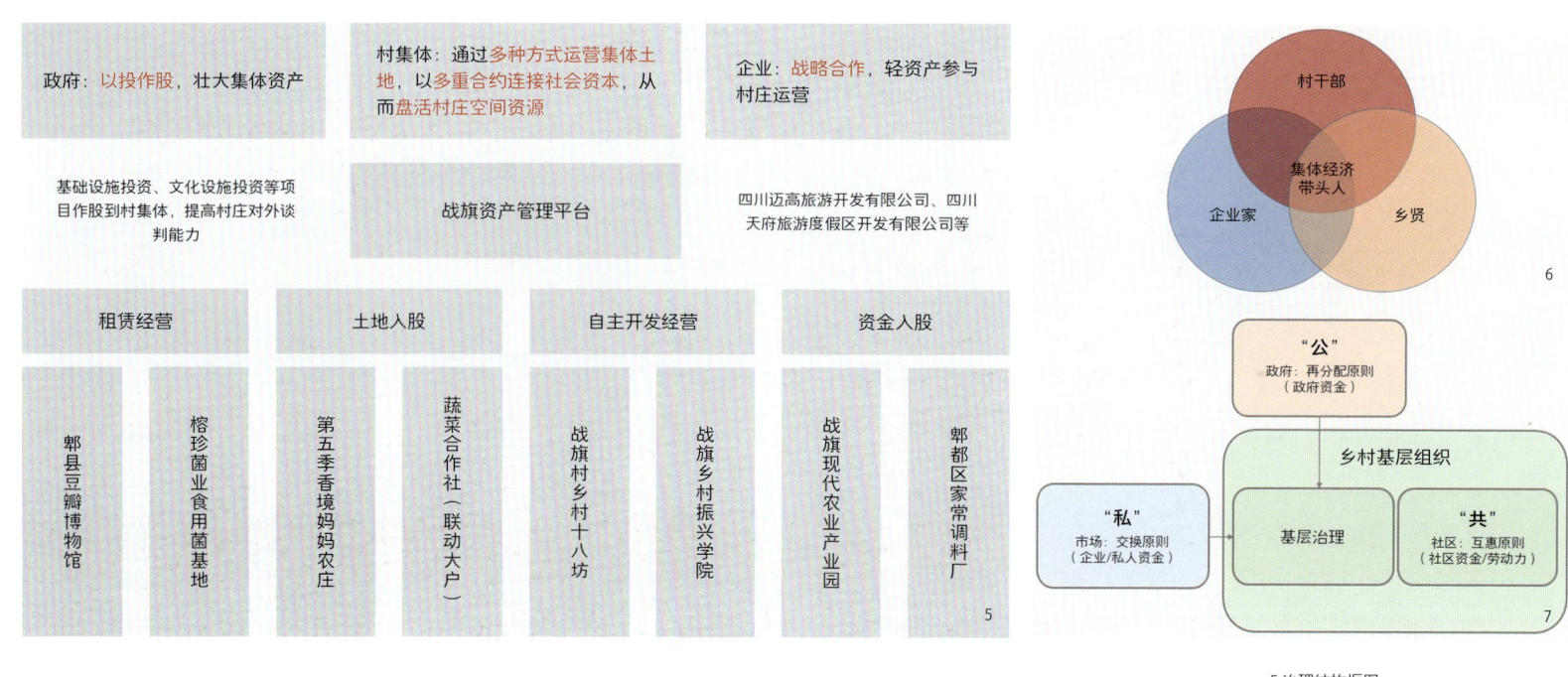

5.治理结构框图
6-7.公私共网络中的集体经济带头人示意图

源资产非标性与优势组合性的特点,因地制宜,强化水网、路网、林网的规划建设,根据资源基础条件和特殊管制要求划分乡村单元,体现乡村单元的"三生"合一,如平原地区的林盘单元、丘陵地区的塘田林居单元等。

二是以优势区位的特色单元连接社会资本。如战旗的生态度假林盘单元、研学林盘单元等,作为资产管理公司向外连接社会资本的重要抓手。

三是对接空间规划,进一步优化完善乡村单元的用途管制要求。如建立"空间—要素—名录—准入—行动"多维度空间导控体系,实现一处一处的乡村空间能够对接一条一条不同的管制政策;探索以"非财政性政策收费"形成增值收益与保护补贴的平衡等。

3.以城乡连接的功能互动形成生态绿色产业的价值连接

一是积极参与同城市分工获取二级市场定价,对接城镇功能的外溢需求,包括对于绿色农产品的需求、对于乡村休闲度假的需求、对于自然教育研学的需求等,战旗蓝莓基地、妈妈农庄、乡村振兴学院就是城乡功能良性互动的典型案例。

二是进一步打通城乡要素特别是土地要素流通的障碍,为市民下乡、乡贤返乡和能人回乡创造有利条件。这部分人对城镇化和高品质城市生活有切身体会,更能理解市民需求,引导土地要素向这一部分人流动是未来乡村产业发展的关键。

4.形成一个避免自主经营风险、收益相对稳定的平台运营结构

一是政策性投入的基础设施通过投作形式股进入村级资产结构。如政府对战旗投入的4000万,以基础设施为主,这部分政府"管不了、管不好、管起来不合算"的设施,以近似的PPP的模式进入到村级资产结构中,由村级平台进行运营管理,这既可以提升村内资源整合的积极性,又能够很大程度壮大村集体资产规模,提高村庄对外谈判的能力。

二是形成以享有空间租为主、避免经营风险,同时收益相对稳定的多重合约结构。土地作股和长短期租赁合约应成为村级资产平台运营的主流,由村级平台对各类特色单元进行统一运营管理,通过多重合约结构去精细化识别和获取不同区位的地租收益。

5.以空间正义的社会企业治理确保公共品供给与产业发展的可持续

基于初始状态的空间非正义与公共服务基础设施叠加后的空间非正义,战旗的处理实是取之于乡土又还之于乡土的社会企业治理模式,从而实现乡土家园的包容性发展。

一是通过内部定价而非外部定价确认资产价值。结合一人一股的方式形成"户籍身份、资源性资产、现金投入"等多元一体的股份结构,有效解决股权合理分配的问题。

二是基础设施的以投作股和涨价归公。公共品以投作股均衡量化到村级资产管理公司,同时由于基础设施引起区位条件变化所带来的资产升值部分,以"涨价归公"的原则同样纳入到集体资产特别是公益性储备当中。

三是乡土家园建设、公共品开支与可持续供给。公司收益按照"集体分红+集体积累"向全村村民进行分配,将土地净收益20%用于集体成员分红,80%作为集体产业基金、住房维修金、公益性基金等,保障产业发展和公共开支。

参考文献

[1]温铁军,逯浩.国土空间治理创新与空间生态资源深度价值化[J].西安财经大学学报,2021, 34(2): 5-14.
[2]杨帅,罗士轩,温铁军.空间资源再定价与重构新型集体经济[J].中共中央党校(国家行政学院)学报,2020, 24(3): 110-118.
[3]董筱丹.一个村庄的奋斗(1965—2020):中国民族伟大复兴的乡村基础[M].北京:北京大学出版社,2021.
[4]唐燕.我国乡村治理体系的形成及其对乡村规划的启示[J].现代城市研究,2015(4): 2-7.
[5]田原史起.日本视野中的中国农村精英:关系、团结、三农政治[M].济南:山东人民出版社,2012.

作者简介

蒋 伟,四川省国土空间规划研究院,高级工程师。

实用性目标下村庄规划文本表达形式探索
——以广西为例

Exploration of Textual Expression Form in Village Planning Under Practical Goals
—Taking Guangxi Province as an Example

周 游 陈乔琨
Zhou You Chen Qiaokun

[摘　要]　在多规合一的实用性村庄规划提出之后，"实用性"成为村庄规划的首要难点。本文以广西2022年低成本实用性村庄规划试点村的规划文本为样本，分析得出规划文本出现失效的原因为其主观性价值、目标、手段与结果之间的不一致。继而根据目标和手段间的关系以及确定目标的过程，提出"目标—X"和"X—目标"两类完全不同的成果类型，分别对应不同的表达形式，为规划编制提供了可选择的工具。最后，为广西村庄规划编制提出建议，指出应先明确主观性价值，再根据不同村庄类型选择主要编制内容和适用的成果表达形式。

[关键词]　村庄规划；成果类型；规划编制；广西

[Abstract]　After the practical village planning is put forward, "practicability" becomes the primary difficulty of village planning. This paper takes the planning text of the pilot village of low-cost practical village planning in Guangxi Province in 2022 as an sample, and analyzes that the reason for the failure of the planning text is the inconsistency between its subjective value, objectives, means and results. Then, according to the relationship between goals and means and the process of determining goals, two completely different outcome types, "goal-X" and "X-goal", corresponding to different forms of expression, provide alternative tools for planning. Finally, the author puts forward some suggestions for Guangxi village planning. The subjective value should be clarified first, and the main contents and the applicable expression forms of results should be selected according to different village types.

[Keywords]　village planning; outcome type; planning formulation; Guangxi Province

[文章编号]　2024-97-P-013

本研究获得国家自然科学基金项目"广西多民族乡村'分区—类型—潜力'多层级分类体系研究"（52268007）、广西自然科学基金项目"基于评价筛选机制下南宁市乡村空间分类方法研究"（2023GXNSFBA026351）、广西哲学社会科学规划研究课题"地方政府视角下南宁市'分型—分序—叠加'多维度乡村分类治理方法研究"（22FGL025）资助

一、研究背景介绍

2019年5月，国务院、自然资源部等提出编制"多规合一"的实用性村庄规划，然而几年实践下来，村庄规划仍然存在实用性不强的问题，主要体现为村民认可难、规划实施难。"实用性"村庄规划如何编制已成为首要难点。广西于2022年开始进行低成本实用性村庄规划试点，但目前试点文本仍反映出"表达形式繁复冗杂、编制模式失效"等问题，未完全实现"实用性"要求。

二、广西村庄规划文本为何失效

村庄规划失效具体表现在以下三个方面。

1.主观性价值与规划目标不一致

规划的制定者和评估者通常从"公共利益"的角度出发编制和评估规划，但实际上"公众利益"的含义牵涉不同的规划参与者，且不同参与者持有自己的价值取向[1]。主观性价值一般由规划制定者从自身角度出发确定，是规划"参与者"作为选择标准的信念[2]。部分规划文本中却缺少对主观性价值的识别，规划师在"发展"与"管控"的价值观间摇摆：如文本中强调重视公众参与，村民在发展意愿中提到了"新建农房"，但在规划指标调整中，目标年农村宅基地预期减少0.1043hm²，采用减量管控，配套的红线和用地管控手段亦未考虑为村庄发展提供扶持条件。

2.规划目标与规划手段不一致

一方面，规划目标缺少对应规划手段的支持。如部分规划文本将规划目标定位于"康养"，但仅依据自然村屯村民的建设需求来规划公共服务设施项目，与"康养"规划目标无关，规划目标没有对应的规划手段来实现。

另一方面，规划手段还应考察是否有浪费。很多表达方式仅是按照惯例要求编制，如部分规划文本的建筑风貌指引章节编制了大篇幅的新建建筑风貌指引内容，但现状调研没有分户和新建农房需求，且规划目标年农村宅基地减少约75%，在此前提下，村庄是否有新建农房的用地条件？是否需要大篇幅的新建建筑风貌指引引导新建建筑？可见规划手段并不匹配实际的规划目标。

3.规划手段与预期结果不一致

规划手段与实际或者预期的结果之间应存在关联[2]，但规划编制过程中有时缺少对结果的考虑，如部分规划文本按综合增长率法预测人口和测算配建设施，但根据实际考察情况，村庄人口预计将呈现负增长，可见规划手段与预期结果间不一致。

三、村庄规划成果有什么类型

规划的本质是一种干预和管理地区变化的工具[3]，制定规划的原因是人们需要一种工具来协调各种行动[4]。在不同的行动中有不同的规划目的，而在多种使用目的下，规划应当是一个容纳多种工具的"工具箱"[5]，规划编制需要选择合适的工具类型和具体的表达形式。

如何选择规划工具来制定规划是解决规划失效的核心，根据目标和手段之间的因果关系，有两类完全不同的成果类型："目标—X"和"X—目标"。两种成果类型以不同的方式运作，同时以一种或多种表达形式呈现。

1."目标—X"类

"目标—X"类逻辑是先确定规划目标后再选择规划手段，即从目标推导到计划、执行或者规则。

（1）目标—计划

"目标—计划"成果类型，通常采用列表的形式将所做的事项列举出来并承诺完成，只是列举计划来

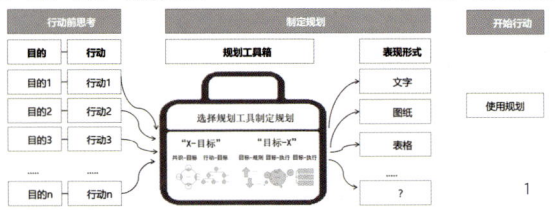
1. 规划编制过程与规划工具类型选择示意图
2. "目标—计划"表达示意图
3. "目标—执行"表达示意图
4. "目标—规则"表达示意图
5. "共识—目标"表达示意图
6. "行动—目标"表达示意图

例：《北流市白马镇陇塘村村庄规划（2022—2035年）》

例：《桂林市灌阳县文市镇古田村村庄规划》

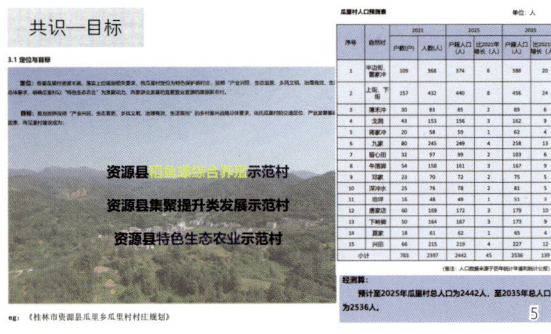
例：《桂林市永福县苏桥镇对村村庄规划》

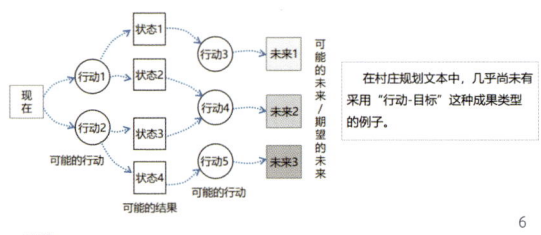
例：《桂林市资源县瓜里乡瓜里村村庄规划》

展示多种可能性，而不代表最终结果。通常以国土空间治理与生态修复工程项目库、公共服务设施建设项目库、村域规划重大项目库等表达形式呈现。

（2）目标—执行

"目标—执行"成果类型通常采用描述成熟和完整结果的蓝图设计的形式，适用于不确定性极低的情况，用于指导与结果具有高度相关性的行动。通常以规划示意图、产业空间布局图、建筑户型设计图等表达形式在村庄规划文本中呈现。

（3）目标—规则

"目标—规则"成果类型通常将重复的行为规则进行标准化，保证在同样情况下的公平性。村庄规划文本中通常以法定文字的表达形式呈现，比如永久基本农田、生态保护红线、村庄建设用地边界、农村宅基地等管控要求。

2. "X—目标"类

"X—目标"类逻辑是根据规划情况再确定目标，即通过规划师们去引导各方达成共识后再确定目标，或者是分析各种可能的行动之后再确定多种目标。

（1）共识—目标

"共识—目标"成果类型通常是描述一种所要达到或期望的结果、未来。虽然关于愿景的呈现较多，但极少有文本表述达成共识的过程，通常以发展定位、发展目标、人口预测等表达形式呈现。

（2）行动—目标

"行动—目标"成果类型是一组视情况而定的行动，通常以各种可能性的"行动"作为规划的起点，从而推导出一组"规划目标"，以应对发展的不确定性。在村庄规划文本中，几乎尚未有采用这种成果类型的例子。

四、广西村庄规划文本适用成果形式建议

1.明确规划的主观性价值

首先，规划必须要确定主导参与者的价值取向，否则就会陷入价值观对错的争论而非编制技术好坏的判别，比如争论是"解决村民发展问题"的规划，还是"满足资源管理"的规划。参考2019年颁布的《广西壮族自治区村庄规划编制技术导则（试行）》（以下简称《导则》）[1]，其在规划原则中突出了村民参与在规划中的指导作用，确定了主观性价值是"村民认可度高、可实施性强"，表明这个规划不是一个单纯用地管控的规划，不能仅仅从规划制定者的角度出发确定主观性价值，必须得在考虑村民的需求下兼顾乡村振兴发展。

2.根据不同村庄的目标选择规划手段

为实现实用性要求，广西自然资源厅正在进行相关课题研究，目前将广西村庄分为12类（表1）。对不同类型的村庄特征进行分析，发现无论是规划目标、重点编制内容还是需要的表达形式都有着很大的差别，而《导则》仅提出一个普适性的建议，在实际操作中可采用的编制方式千差万别。

通过分析不同类型、不同目标的村庄特征，得出各类村庄的重点编制内容，再根据编制内容进行成果类型和表达形式的适配。适配原则是为了在尽量精简编制的同时使编制形式更有效，有一些重复性管理的内容用规则管理即可，比如"三线"管控、土地流转等，可多使用政策、导则；而有一些内容不确定性很大，比如村庄人口、产业发展等，需要战略决策；还有一些内容需要结果清晰，如建筑风貌、防灾减灾等，可用因地制宜的设计手段。不同类型的村庄所需要的成果表达是不一样的（表2）。

3.具体村庄类型的编制建议

限于篇幅，本文摘取编制内容差异较大的两类村庄类型进行对比。

（1）城镇近郊型

城镇近郊型等发展条件较好的村庄，由于受到城市发展的影响辐射，受外部政策与规划的影响巨大[6]，发展方向具有不确定性和不完全预见性，当无法确定发展方向时，规划文本仅用单一的表达形式已经不能有效呈现发展意图。

该类型村庄建议编制的主要内容比较多，使用的表达形式较为多元，其中比较特殊的是对村庄定位、人口、产业等方面需要提供多种决策方案，应更多采用应对不确定性的"战略"成果类型，无论未来村庄采用哪一条发展路径，都有对应的情景规划手段，不需反复修改规划。

（2）存续提升型

存续提升型村庄往往是发展条件较差的村庄。由于人口变化不大，这类村庄发展缓慢，以维持稳定为主，治理方式主要为村民自治，更宜倡导自下而上的自治式规划[7]。但也需要考虑到乡村公众知识基础薄弱，村民自治建设的动力和能力均不足，

规划文本需要对其建设进行规范，提供建设引导。

该类型村庄可不编产业规划的内容，编制重点应放在村庄的空间管控上。比较特殊的是，在用地和居民点规划时，应更多采用"设计"这种简单和结果清晰的手段，一次性给出蓝图结果，来减少编制成本。

四、结语

为了应对《导则》要求，目前广西的村庄规划编制了大量内容，繁杂的工作带来巨量的调研工作和设计工作，但成果仍然出现不实用或不正确的表达形式，需要识别和评估无用的表达形式，尽量推进精简但高质量的表达形式。本文创新探索了不同逻辑导向的规划工具类型，并根据广西12种村庄类型的特点，提出对应的重点编制内容和成果表达形式，希望能对广西村庄规划编制和管理工作提供切实可行的帮助。

注释

①该《导则》在2023年《广西壮族自治区低成本实用性简易型村庄规划编制技术导则（试行）》印发后已不再执行，本文仅将其作为已编制的规划文本进行分析。

参考文献

[1]李冬雪,王兴平,柏露露,等.S-CAD政策评估方法在城乡规划评估中的应用研究[J].国际城市规划,2020,35(5):114-123.

[2]梁鹤年.政策规划与评估方法[M].北京:中国人民大学出版社,2009.

[3]彭坤焘,赵民.新时期规划编制类型的多样化态势及成因——暨"工具理性"及"理性批判"的讨论[J].城市规划,2012,36(9):9-17+22.

[4]于立.城市规划的不确定性分析与规划效能理论[J].城市规划汇刊,2004(2):37-42+95.

[5]陈璐.规划成果的价值属性与规划的使用——基于"公共产品"与"信息生产"的观点[J].城市规划,2022,46(9):106-114.

[6]王旭,黄亚平,陈振光,等.乡村社会关系网络与中国村庄规划范式的探讨[J].城市规划,2017,41(7):9-15+41.

[7]张庭伟.规划理论作为一种制度创新——论规划理论的多向性和理论发展轨迹的非线性[J].城市规划,2006(8):9-18.

作者简介

周 游，博士，广西大学土木建筑工程学院副教授；

陈乔琨，广西大学土木建筑工程学院硕士研究生在读。

表1　12类广西村庄分类及特征

一级类	二级类	特征
固边兴边类	1兴边发展型	位于边境和海岛地区，边境旅游、边贸产业发展好
	2固边守护型	乡村发展条件一般，但因边防海防战略需长存
集聚提升类	3集聚发展型	现有规模较大、区位和发展条件较好、人口相对集中、公共服务及基础设施相对齐全
	4存续提升型	有一定发展基础，人口和用地规模变化不大，或短期内需保留现状
	5产业发展型	农、工、旅、服等产业比较突出
	6治理改善型	生存生态环境较恶劣，但可通过一定的工程措施治理而不需搬迁
城郊融合类	7城镇近郊型	距离城镇中心区距离近，与城镇发展关系密切，受城镇发展影响大
	8园区融合型	县级以上确定的经开区或产业园区内及周边的乡村
	9功能承接型乡村	距离城镇近，受城镇发展影响大，承接城镇产业、职能转移
特色保护类	10自然生态景观型	特色景观旅游名村，具有良好的自然景观资源，有一定的旅游资源开发基础
	11历史人文保护型	特色历史文化名村，具有良好的历史文化资源，有一定的旅游资源开发基础
搬迁撤并类	12搬迁撤并型	因生态保护、地质灾害、采矿、重大项目建设等原因在有关规划中已明确需要搬迁

表2　不同类型村庄主要编制内容和适用成果形式建议

村庄规划文本章节	章节建议编制的主要内容	可选择该内容的村庄类型	成果类型建议	成果表达形式
发展定位与目标	村庄定位、规划目标	1、2、3、4、5、6、7、8、9、10、11、12	共识—目标	凝练文字表达
	人口、用地规模预测	1、3、5、7、8、9、10、11	行动—目标	根据村庄不同的发展情况预测人口变化，给出多种预测结果
	规划控制指标	1、2、3、4、5、6、7、8、9、10、11	目标—规则	约束性指标表格
				预期性指标表格
产业发展空间布局	产业发展思路	3、5、7、8	共识—目标	凝练文字表达
	产业发展目标、定位	1、3、5、7、8	共识—目标	凝练文字表达
	产业体系构建	3、5、7、8	行动—目标	基于村庄现状优势给出多种一二三产业选择
	产业空间布局	1、3、5、7、8	目标—执行	产业空间布局图纸
村庄空间管控及用地布局	国土空间用途管制	1、2、3、4、5、6、7、8、9、10、11、12	目标—规则	鼓励性政策
				约束性政策
				"三线"管控线图则
	用地布局规划	1、2、3、4、5、6、7、8、9、10、11	目标—规则	土地流转、集体经营性建设用地等相关政策要求
			目标—执行	用地布局规划图纸
			共识—目标	预期性指标表格
基础设施和基本公共服务设施布局	基本公共服务设施规划	1、2、3、5、7、9、10、11	目标—执行	建设项目选址布点
			目标—计划	公共服务设施项目库
	给排水工程、电力工程、通信工程、环境卫生设施规划	1、2、3、4、5、6、7、8、9、10、11	目标—执行	建设项目选址布点
			目标—计划	公共服务设施项目库
农村居民点规划	农村居民点建设管控	1、2、3、4、5、6、7、8、9、10、11	目标—规则	居民点控制图则
	农村居民点布局引导	1、2、3、4、5、6、7、8、9、10、11、12	共识—目标	人口分户需求预测，宅基地规模预测
			目标—执行	修建性详细规划图则，空间设计
建筑风貌导引	建筑风貌控制	1、3、4、5、7、8、9、10、11、12	目标—执行	建筑风貌引导导则与意向图纸
村域国土空间治理与生态修复	国土空间治理与生态修复目标	1、2、3、4、5、6、7、8、9、10、11	共识—目标	凝练文字表达
	国土空间治理与生态修复措施	1、2、3、4、5、6、7、8、9、10、11、12	行动—目标	国土空间治理与生态修复项目库
	绿地系统与公共休闲空间规划	9、10、11	目标—执行	绿地系统与公共休闲空间布局图
历史文化传承与保护规划	历史文化遗存保护范围划定	10、11	目标—规则	保护措施
				"紫线"管控图则
	典型建筑保护与修缮	9、10、11	目标—规则	建筑保护措施
			行动—目标	典型建筑建档入库
	非物质文化遗产保护	9、10、11	目标—规则	具体保护措施
村庄安全和防灾减灾规划	消防、防洪排涝、地质灾害、其他灾害规划	1、2、3、4、5、6、7、8、9、10、11	目标—执行	防灾减灾安全防范范围及相关设施布点图纸
			目标—计划	防灾设施项目库
保障措施及近期实施计划	政策保障、组织保障、资金保障等措施	1、2、3、4、5、6、7、8、9、10、11	目标—执行	具体保障措施
	近期实施计划	1、2、3、5、7、9、10、11	目标—计划	近期实施项目库

面向精细化治理的村庄规划探索
——以溧阳市浒西片区村庄规划为例

Exploration of Village Planning for Refined Governance
—Taking the Village Planning of Huxi District in Liyang City as an Example

李 昊
Li Hao

[摘　要]　村庄规划属于国土空间规划体系下的详细规划，是助力乡村振兴、实现乡村精细化治理的重要抓手。近年村庄规划的编制，为各地提供了先行先试的经验，其以用地布局优化、产业发展引导等为目的编制规划，缺少从乡村治理、宅基地改革等层面的探索。本文以溧阳市浒西片区村庄规划为例，通过重点关注村民意愿、集体发展、分级管控和长效实施四个方面，实现乡村地区精准摸底、精准落位、精细控制和精明治理，为乡村精细化治理提供经验借鉴。

[关键词]　精细化治理；村庄规划；宅基地改革；存量利用；浒西片区

[Abstract]　Village planning is a detailed plan under the territorial space planning system, which is an important lever for assisting rural revitalization and achieving refined rural governance. In recent years, the formulation of village planning has provided pioneering experience for various regions, with a focus on optimizing land use layout and guiding industrial development. However, there is lack of exploration from the perspectives of rural governance and rural homestead reform. Taking the village planning of Huxi District in Liyang City as an example, by focusing on four aspects: villagers' willingness, collective development, hierarchical control, and long-term implementation, we aim to achieve precise mapping, precise positioning, precise control, and smart governance in rural areas, providing experience and reference for refined rural governance.

[Keywords]　refined governance; village planning; reform of homestead land; Stock utilization; Huxi district

[文章编号]　2024-97-P-016

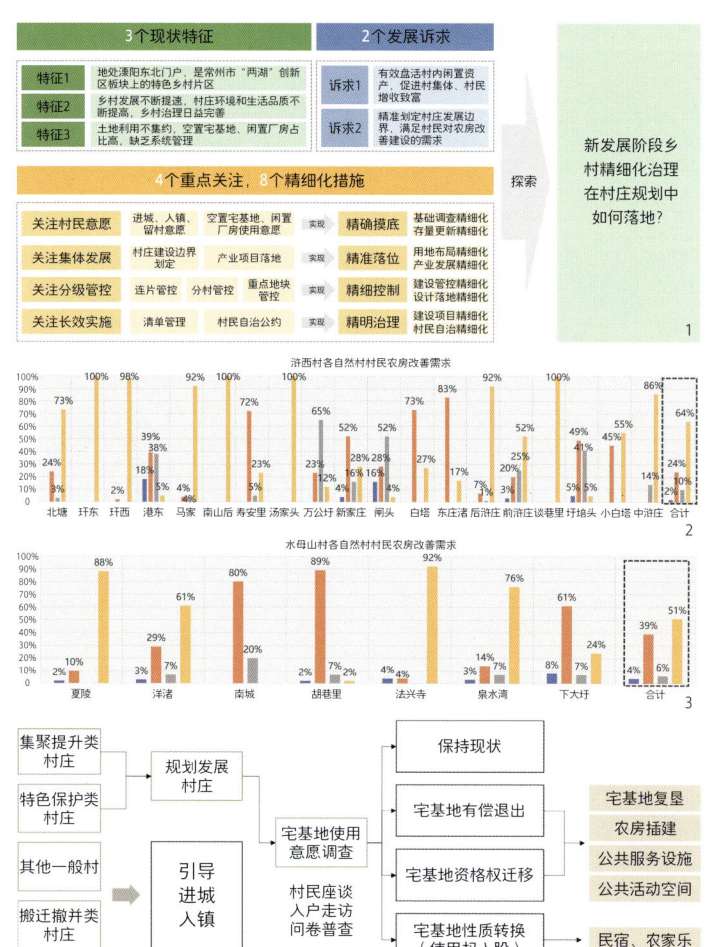

1.规划技术路线图
2-3.村民住房条件改善意愿分析图
4.宅基地盘活利用分析框架图

一、引言

2013年，中共十八届三中全会首次提出"国家治理体系和治理能力现代化"的改革目标，同时明确了分阶段的目标任务，为坚持和完善中国特色社会主义制度建设指明了方向[1]。2021年，《中共中央 国务院关于加强基层治理体系和治理能力现代化建设的意见》提出"基层治理是国家治理的基石""建立健全基层治理体制机制""提高基层治理社会化、法治化、智能化、专业化水平"[2]。2023年，《中共中央 国务院关于做好2023年全面推进乡村振兴重点工作的意见》指出"全面建设社会主义现代化国家，最艰巨最繁重的任务仍然在农村""扎实推进乡村发展、乡村建设、乡村治理等重点工作"[3]。

农村是一个复杂的社会经济体，是基层治理的主要阵地，是实现国家治理体系和治理能力现代化的关键领域。村庄规划作为农村地区的法定规划，在推动基层治理过程中发挥着不可或缺的作用。近年，业内学者从不同层面探索了乡村治理的实现方式。如马琰等从国土空间综合整治层面探索精细化治理助力乡村振兴的路径[4]；臧玲等从乡村治理视角探索村庄规划编制问题与改进的路径[5]；陈小卉等总结提出了江苏"规划统筹—行动协同—政策合力"助力乡村空间治理的路径[6]。本文旨在探索以精细化治理为抓手，以促进农村基层治理现代化为目标的村庄规划编制路径，助力实现乡村治理现代化。

二、浒西片区精细化治理总体思路

围绕现状特征和发展诉求，以精确摸底、精准落位、精细控制和精明治理等目标为导向，重点关注4个方面，提出8个精细化措施。

一是精确摸底，关注村民意愿。围绕住房条件改善、闲置资产利用，系统开展现状调查分析，精确摸底乡村存量空间。

二是精准落位，关注集体发展。系统分析全域用地空间潜力，精准落位乡村建设边界和产业布局空间。

三是精细控制，关注分级管控。立足全域全要素，从多维度构建"连片+分村+重点地块"三级管控体系。

四是精明治理，关注长效实施。从村民自治的角度，构建村庄自我更新、长效维护的实施管理机制。

三、浒西片区精细化治理的村庄规划实践

1.片区发展特征与诉求

溧阳市浒西片区总面积13.36km²，共有自然村26个，约2200户，近6300人。随着乡村振兴的不断推进，浒西片区在快速发展的进程中，呈现出以下三点特征和两点诉求。

（1）特征一——地处溧阳东北门户，是常州市"两湖"创新区板块上的特色乡村片区

浒西片区地处溧阳市东北门户区域，1号公路从片区穿越，坐拥长荡湖、中华曙猿地质公园、南山后特色田园乡村等优越自然资源，是常州市"两湖"创新区板块上的特色乡村片区。

（2）特征二——乡村发展不断提速，村庄环境和生活品质不断提高，乡村治理日益完善

随着乡村振兴的不断推进，浒西片区乡村发展不断提速。在新农村建设、环境卫生、生态文明、基层治理等方面初见成效，先后荣获江苏省新农村建设先进村、常州市文明村、溧阳市先进基层党组织等一系列荣誉称号，村庄环境和生活品质不断提高，乡村治理日益完善。

（3）特征三——土地利用不集约，空置宅基地、闲置厂房占比高，缺乏系统化管理

浒西片区现状农村住宅用地约1900亩，户均约0.52亩，不同自然村之间差异较大，分布在0.34~0.82亩/户，土地利用集约性有待提升。通过对现状宅基地调查分析，片区内有527户宅基地处于空置状态，占比约21.16%，有10家厂房处于闲置状态，占比约50%，空置宅基地和闲置厂房占比高，缺乏系统化管理。

（4）诉求一——有效盘活村内闲置资产，促进村集体、村民增收致富

闲置资产（空置宅基地、闲置厂房）是乡村振兴的重要资源，在宅基地改革和集体经营性建设用地入市的背景下，在增量扩张转向存量利用的时代中，浒西片区亟需盘活现状闲置资产，充分利用各类政策工具，使村集体、村民增收致富。

（5）诉求二——精准划定村庄发展边界，满足村民对农房改善建设的需求

浒西片区作为溧阳市宅基地改革试点区域，是上黄镇全域乡村人口跨行政村迁移的承载地。随着片区生活品质不断提高、乡村治理日益完善，村民对农房改善的需求不断增强。在现状土地利用不集约的情况下，在耕地"非农化""非粮化"的要求下，在满足村民对美好生活向往的同时，精准划定村庄发展边界，实现土地节约集约，是村庄发展的重要诉求。

2.主要内容及特色亮点

（1）关注村民意愿：围绕住房条件改善、闲置资产利用，系统开展现状调查分析，精确摸底乡村存量空间

一是以"户"为单位，详细开展调查分析，充分了解村民住房条件改善意愿。针对农房改善诉求，采用"问卷+座谈"的形式，全面开展村民意愿调查，详细了解村民宅基地使用情况、建筑面积、改善意愿等信息。结合调查数据，绘制宅基地信

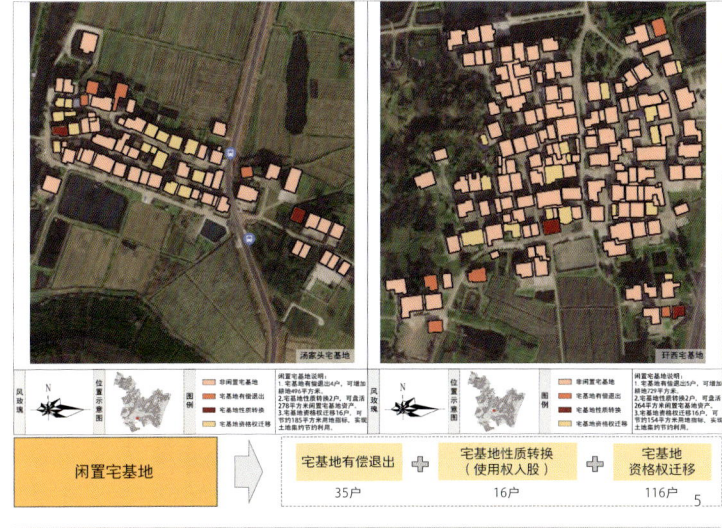

5.闲置宅基地盘活利用图　7.综合发展潜力评价分析路径图
6.闲置企业盘活利用图　　8.全域全要素综合发展潜力评价分析图

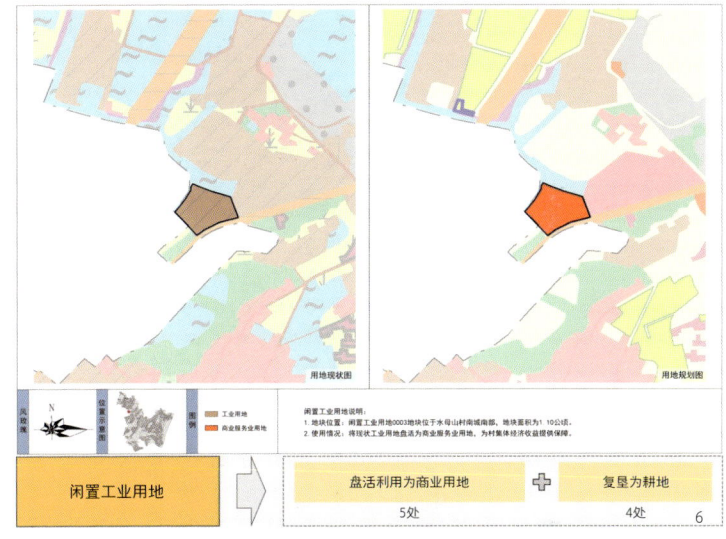

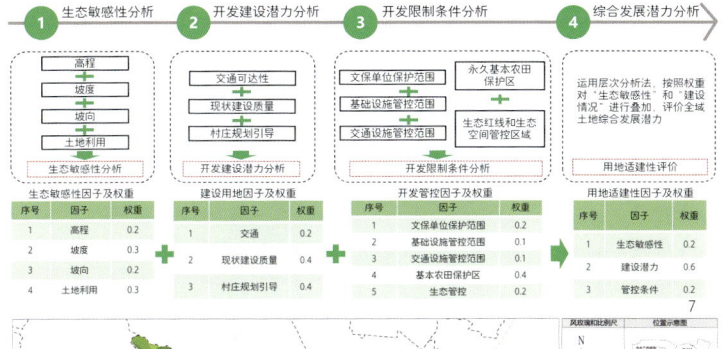

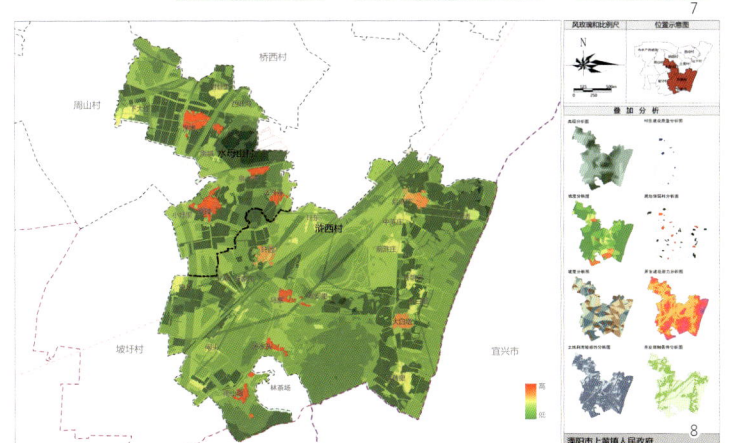

9.居民点详细设计管控图则示意图

息卡片,精准定位每一户宅基地,详细表达宅基地信息,为开展住房条件改善工作,提供基础数据支撑。

二是聚焦存量资产,详细盘整每一宗宅基地和企业用地,明确闲置资产利用方式。宅基地层面,基于宅基地信息卡片,进一步分析规划发展村内的闲置宅基地,结合宅基地改革政策,为村民提供宅基地有偿退出、资格权迁移和性质转换等多种选择方式。企业用地层面,充分对接村集体和企业发展思路,通过区位研判和质量研判,提出闲置资产的差异化利用方式,包括盘活利用为商业用地、复垦为耕地等。通过闲置资产的盘活利用,为农房插建、公共服务设施配建和公共活动空间打造等生活性需求提供用地保障,同时为民宿和农家乐等经营性需求提供使用空间。

(2)关注集体发展:系统分析全域用地空间潜力,精准落位乡村建设边界和产业布局空间

一是创新技术手段,通过多因子分析,研判全域空间用地潜力,在落实刚性管控要素的基础上,科学划定建设发展边界,为农房改善遴选适宜区域。通过生态敏感性分析、开发建设潜力分析和开发限制条件分析,同时运用层次分析法,按照权重对"生态敏感性""建设潜力""管控条件"进行叠加,评价全域土地综合发展潜力,科学精准划定建设发展边界,明确高潜力、次潜力和拓展受限村庄,为农房改善遴选最优区域,实现土地指标精准落位,促进建设用地节约集约。其中,生态敏感性分析选取"高程""坡度""坡向"和"土地利用"4个分析因子,确定生态环境敏感性。开发潜力分析选取"交通可达性""现状建设质量""村庄规划引导"3个分析因子,评价现状村庄开发建设潜力。开发限制条件分析选取"永久基本农田保护区""生态红线和生态管控区""文物单位保护范围""基础设施管控范围""交通设施管控范围"5个分析因子,评价全域空间开发建设的受限程度。

二是整合利用村庄优质资源,以1号公路为骨架,以特色资源为载体,串点成线,变闲置资产为优质空间。充分整合现状各类优质资源,融入溧阳1号公路全域旅游发展目标,串联中华曙猿地质公园、林茶场和养鹿场等生态资源,连接南山后(特色田园乡村)、法兴寺、泉水湾和夏陵等规划发展村庄,构筑浒西片区全域特色旅游观光环线。围绕特色旅游观光环线,引导环线周边空置宅基地和闲置厂房功能置换为游客接待中心、民宿、矿坑驿站等旅游服务设施,促进闲置资产变为优质服务空间,提升村民生活服务品质的同时,为村民创业提供了经营空间。

(3)关注分级管控:突出精细化管控,从多维度构建"连片+分村+重点地块"三级管控体系

村庄规划是国土空间规划"五级三类"体系中重落地、重实施的最后一公里,是乡村地区建设管控的重要抓手。针对浒西片区特点,通过构建多维度管控体系,强化片区精细化管理,为片区项目、行政村项目和自然村项目等不同层级项目提供管控支撑。

一是连片管控。统筹谋划片区发展,形成资源联动、交通互联、公服共享、指标统筹的空间格局。立足片区,从片区资源联动发展的角度,通过空间策划,对产业发展、功能业态等进行深入研究,明确提出片区产业布局和功能业态方向。从区域交通互联、公共服务共享的角度,通过"优内连外",明确内部优化提升线路和外部刚性管控廊道;通过打造便民生活圈构建公共服务设施共享体系,明确保留、新增和共享的公共服务设施。从指标统筹的角度,通过连片编制,以片区为单元,统筹布局建设空间和非建设空间,明确片区建设用地总体减量的控制要求。

二是分村管控。形成"分村图表+分村项目库"的管控数据,满足各行政村管理需求。立足行政村,为满足各行政村管理需求,规划在片区成果的基础

10.近期重点项目"清单制"管理一张图
11.重点地块管控图则示意图
12."连片+分村+重点地块"三级管控体系图

上，通过指标传导的方式，为各行政村提供了定制化的"分村图表+分村项目库"的管控数据，包括土地利用现状图、土地利用规划图、土地用途结构调整表和规划项目清单等，方便各行政村精准管理每一块土地，精确落位每一个项目。

三是重点地块管控。规划通过图则化的形式，对宅基地和集体经营性建设用地进行精细管控，作为乡村建设规划许可的依据。立足重点地块，为保障重点项目建设不走样，规划通过"地块指标+条文指引"的图则管控方式，对宅基地和集体经营性建设用地进行精细管理，为农房改善项目、产业发展项目提供建设指引。

针对宅基地改革项目，为能够让村民看得懂，规划同步开展居民点详细设计，通过宅基地分区划定、总平面和鸟瞰图绘制、农房效果图和重要节点空间展示，为村民提供身临其境的规划蓝图，便于改革项目顺利推进。同时，居民点详细设计内容将作为地块图则的重要组成部分，指导下一步施工建设。

（4）关注长效实施：从村民自治的角度，构建村庄自我更新、长效维护的实施管理机制

一是注重实施操作。运用"清单制"，形成年度建设项目清单，为建设实施提供简明化、可落地的依据。运用"清单制"，结合"十四五"规划，梳理五年建设项目清单51项，明确各年度项目类型、名称、位置及实施主体。同时以年度为单位，通过定期开展考核评议，切实保障每年度乡村建设项目高效、有序落实，支撑"十四五"规划期间乡村振兴高效推进。

二是注重长效治理。面向村民，制定"通俗易懂"的村规民约，通过可视化、读得懂的便民手册，提升乡村治理水平。围绕人才建设、乡村法治、道路整治、环境维护、农房建设、水系整治等方面绘制可视化、读得懂的手册。扎实做好群众工作，紧密联系群众，充分调动群众参与乡村治理的积极性，保障好农民群众的知情权、参与权，让农民自己建设自己的村庄，提升乡村治理水平，共同推动乡村振兴。

四、结语

村庄规划作为乡村地区的法定规划，在推动农村基层治理体系和治理能力现代化以及助力乡村振兴中发挥着重要作用。精细化治理的村庄规划能够为乡村地区的可持续发展提供有力支持。

在精细化治理村庄规划的指导下，浒西片区利用空置宅基地，打造1处"五堂一站"公共服务设施，为村民日常议事提供空间场所；利用闲置厂房，形成1条集生产、加工、文旅于一体的特色产业链，实现村集体增收、村民就地就业。如今，溧阳"五堂一站"已入选全国乡村治理典型案例。

参考文献

[1]新华社. 中共中央关于全面深化改革若干重大问题的决定[EB/OL]. (2013-11-15) [2024-03-20].https://www.gov.cn/zhengce/2013-11/15/content_5407874.htm.

[2]国务院公报. 中共中央 国务院关于加强基层治理体系和治理能力现代化建设的意见[EB/OL]. (2021-04-28). https://www.gov.cn/gongbao/content/2021/content_5627681.htm.

[3]国务院公报. 中共中央 国务院关于做好二〇二三年全面推进乡村振兴重点工作的意见[EB/OL]. (2023-02-13) [2024-03-20]. https://www.gov.cn/gongbao/content/2023/content_5743582.htm.

[4]马琰,雷振东,刘加平,等. 面向乡村振兴精细化治理的国土空间综合整治规划研究[J]. 规划师,2023,39(5): 26-33.

[5]臧玲,王兵. 乡村治理视角下村庄规划编制问题与改进路径研究——以河南省为例[J]. 国土资源科技管理, 2021, 38(6): 54-63.

[6]陈小卉,胡剑双. 江苏省乡村空间治理实践：阶段、路径与模式[J]. 城市规划学刊,2024(1):38-45.

作者简介

李　昊，江苏省规划设计集团江苏省城镇与乡村规划设计院有限公司一级主创规划师，注册城乡规划师。

微更新治理视角下的新疆特色村寨规划研究
——以伊犁州伊宁市伊宁县吉里于孜镇五道桥村为例

Research on Xinjiang Characteristic Village Planning from the Perspective of Micro-Renewal Governance
—A Case Study of Wudaoqiao Village, Jiliyuzi Town, Yining County, Yili Prefecture

谷 玥 田 鑫 郑伊含 刘 畅 蒋向荣
Gu Yue Tian Xin Zheng Yihan Liu Chang Jiang Xiangrong

[摘　要]　高质量的城市空间治理的目标是不断实现人民对美好生活的向往，增强人民群众的获得感、幸福感、安全感。特色村寨作为城市空间中较为普遍存在的城郊融合类村庄的代表，此类空间的高质量治理既是改善村民生产生活条件的基础要求，又是城镇功能承载空间的内涵式集约发展的重要途径。伊犁州伊宁市伊宁县吉里于孜镇五道桥村特色村寨规划以落实乡村振兴战略任务为前提，以文旅结合的业态为发展动力，从"振兴""安居""乐业""提质""乡愁""培才"六个方面展开研究，打造以自"游"乐巴扎、浪"慢"五道桥为定位的伊宁县城市微度假后花园，提高村庄人居环境品质，注入多元活力，助力村庄社会经济发展，规划通过"一套方案加一张清单加两本手册"的系统化工作思路，以期在城市更新的高质量空间治理中提供借鉴思路。

[关键词]　特色村寨；城市微更新；村庄整治；城郊融合

[Abstract]　The governance of high-quality urban spaces aims to continuously fulfill the aspirations of people for a better life and enhance their sense of satisfaction, happiness, and security. The characteristic village represents an integrated suburban community that is commonly found in urban areas. The high-quality management of such spaces is not only a fundamental requirement for improving the production and living conditions of villagers but also an important approach for the connotative and intensive development of urban function-carrying spaces. The planning of Wudaoqiao Village in Jiliyuzi Town, Yining County, Yili Prefecture, focuses on implementing the strategic task of rural revitalization as a premise and utilizes culture and tourism as driving forces for development. It addresses six aspects: "revitalization," "settlement," "employment satisfaction," "quality enhancement," "nostalgia," and "talent cultivation." Additionally, the construction of Yining County's urban micro-holiday back garden aims to enhance the quality of village living environments by injecting diverse vitality through features like bazars for touring and Wudaoqiao for leisurely activities, thereby contributing to social and economic development within the village. A systematic working idea involving "one set of plans plus one list plus two manuals" has been planned to provide reference ideas in high-quality spatial governance during urban renewal.

[Keywords]　characteristic village; urban micro-renewal; village regulation; suburban integration

[文章编号]　2024-97-P-020

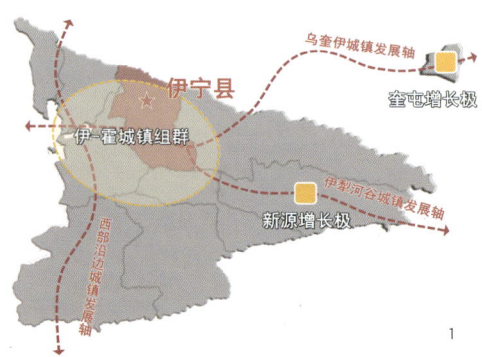

1.伊宁县在伊犁州位置分析图
2.五道桥村于伊宁县位置示意图

一、规划背景

新时代新阶段的发展必须贯彻新发展理念，必须是高质量发展。高质量发展的治理目标就是不断实现人民对美好生活的向往，增强人民群众的获得感、幸福感、安全感。以高质量发展为目标，以高水平空间治理为路径研究特色村寨规划，是新时代新阶段国土空间规划实践工作的一个创新探索。

特色村寨是乡村旅游发展的重要资源，是助力国家乡村振兴战略及城市更新行动的重要载体之一。五道桥村是伊宁县中心城区北侧的城郊融合类村庄，她所在的伊宁县，又称弓月城，这里是丝绸之路北上的重要城镇，这里的上吐鲁番于孜村是民歌《新疆是个好地方》的发源地，这里的墩麻扎镇托海村有林则徐组织军民修建的伊犁河北岸重要的水利工程——皇渠，这里的温亚尔镇布力开村有一位党支部书记，是"七一勋章"获得者买买提江·吾买尔，这里有天鹅泉，这里有天山花海，这里有杏花节，这里被人民誉为"杏乡"。

五道桥村作为伊宁县高质量发展、城乡共富战略中的重要节点，她始于跨越水渠的五座小桥，是伊犁回屯最早的居民点之一，有维吾尔族、哈萨克族、回族、汉族等居民，在这样一座具有浓重伊宁民族特色的村落里，村庄的原始风貌保持良好，民风淳朴友好，而如今却面临着产业结构单一、人口流失严重、居住环境下降等一系列问题。如何促进村庄产业振兴、改善人居生活环境，吸引人口驻留回流，重新焕发村庄活力，迫在眉睫。特色村寨规划结合国家、自治区、自治州相关政策和区域旅游发展格局定位，提出以整村整体塑造为模式，以文旅结合的业态为发展动力，以建设特色村寨为目标，明确五道桥未来发展的总体策略、空间塑造及实施路径。2023年，我院受伊宁县吉里于孜镇人民政府委托，以改善五道桥村人居环境、提升村庄发展动力并助力乡村振兴为目标，展开五道桥村特色村寨的规划设计研究工作。

二、研究对象

五道桥村位于新疆维吾尔自治区伊犁哈萨克自治

州伊宁市伊宁县吉里于孜镇北部，西侧与上吐鲁番于孜村隔吉尔格朗河相望，弓月古城遗址即伊宁县旧址位于五道桥村北侧。五道桥村位于中心城区北部，南以北一环路为界、东以友谊路为界、西以吉里格朗路为界，规划范围总面积约为82.27hm²。

三、规划思路与目标

规划从"五看"出发研究特色村寨基础条件，即政策机遇看背景、区域格局看前景、行业规范看发展、市场需求看方向、案例研究看模式，以建设特色村寨为目标，以落实乡村振兴战略任务为前提，以文旅结合的业态为发展动力，从"振兴""安居""乐业""提质""乡愁""培才"六个方面展开研究，打造以自"游"乐巴扎、浪"慢"五道桥为总体定位的伊宁县城市微度假后花园，提高村庄人居环境品质，注入多元活力，助力村庄社会经济发展。规划通过"一套方案加一张清单加两本手册"的系统化工作思路，用绣花功夫绣花巷，以工匠精神筑杏乡。

规划愿景为将伊宁县吉里于孜镇五道桥村打造成伊犁河谷城镇发展轴休闲驿站、伊犁州城郊融合类特色村寨、全国乡村振兴示范村、中国乡村旅游重点村。通过率先打造距离中心城区最近的民宿承载体，使五道桥成为"两霍两伊"城镇组群重要驿站、旅游产业发展环重要节点；以距离中心城区最近特色村寨为差异化发展路径，树立"新疆是个好地方"文旅融合品牌，打造丝绸之路文化展示点承接地、弓月风情特色片区重要节点；通过完善基础设施、提升公共服务、完善人居环境，创建"百县千乡万村"乡村振兴示范村，成为高质量发展、旅游兴疆战略的重要节点。

1.规划引领，建管并重

五道桥的整体设计需融会贯通城市哲学、城市美学和城市科学的相关知识，以科学规划精准描绘成长坐标，以"工匠精神"精心推进区域建设，以"绣花功夫"抓好精细化管理，以"景城资源"作为整体开发背景，以高起点规划、高标准建设、高效能管理助力五道桥实现活力品质双提升。

2.尊重规律，凸显特质

作为城市更新片区，五道桥应遵循城市发展规律，坚持尽力而为、量力而行，把功能提升放在首位，注重把握城市有机更新中的"留、改、拆、增"原则，注重补短板、堵漏洞、强功能，对公共空间供给整体风貌塑造持审慎态度，避免过度超前或重复建设。

3.精准定位，运营前置

五道桥特色村寨的产品供给主体模式为村民自发建设，规划将运营前置，通过对整体风貌、产品体系、空间设计、视觉设计等统筹规划，对民宿、农家乐产品体系进行整体设计，提出科学且有针对性的管控导则和实施引导方向，保证公区及院落能够内外兼修，营业空间与公共空间合理配置。

四、发展策略与路径

1.发展策略

（1）振兴——促高质量发展，打造伊犁城郊融合特色村寨

规划扩大研究视角，从全域到区域视角研究伊宁县周边辐射体系，从区域定位、支撑保障、协调关系、体系结构、产业带动、功能补充、交通连接等方面实现与伊宁县中心城区的城郊融合发展，实现协调发展，提升五道桥村的城镇承载能力，明确城镇功能定位，形成伊宁县的后花园腹地，提高村庄城郊融合能力，焕发特色村寨魅力。

（2）安居——导入未来乡村，提高村民居住生活环境水平

从区域协调视角分析基础设施、公共设施、产业创新、服务配套等方面的共建共享作用关键。规划从优化村庄功能结构、改善村庄道路交通、修缮改造村民住宅、提升村民居住环境、完善公共设施和基础设施配套着手，依据"未来乡村"三化六场景的建设标准，给村民提供居住舒适、环境宜人、设施便捷的生活空间。

（3）乐业——调整产业结构，增强村庄造血功能，促进就业

从资源禀赋视角入手，规划紧抓五道桥村区位、自然和文化资源，以园为题串联基地促ード线，以沿水慢行步道游线促业态，以路为架构串联业态促产业，以旅游业和农业为核心优化产业促转型，实现以文促旅、以旅带农，推进民族特色文化创意产业，推动乡村文化休闲旅游和农村发展相互渗透，提供给居民更大的创业空间和更多的就业机会。

（4）提质——依托生态资源，融入伊犁河谷生态景观脉络

规划基于"低干预"环境设计理念，打造原生态、高品质特色村寨风貌。以伊犁河、喀什河、吉尔格朗河、匹里青河等水系廊道为主体，打造吉河—匹里青河水系区域绿道、喀什河区域绿道和伊犁河区域

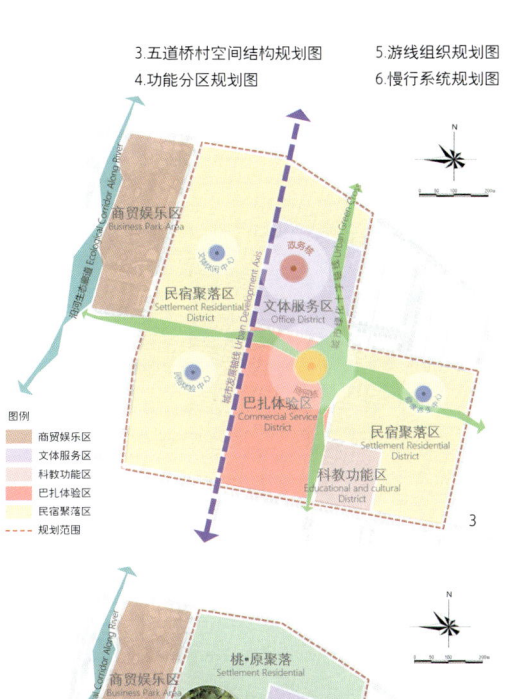

3.五道桥村空间结构规划图
4.功能分区规划图
5.游线组织规划图
6.慢行系统规划图

7-8.墙绘效果对比示意图
9.五道桥路设计效果图
10.文化大院——食文院组织活动现场照片

绿道,通过山水资源入城,形成吉尔格朗河滨水城区绿道,进而实现与周边伊犁河流域、吉尔格朗河和科尔古琴山脉等生态环境共融共生。

(5)乡愁——传承杏乡文化,打造伊犁河谷重要休闲驿站

规划从"物质"和"非物质"两个层面深入挖掘五道桥民族传统文化,保留乡村记忆,提炼游牧文化、弓月古城、皇渠文化、杏花文化、民歌、红色文化等元素,提取传统生活生产习俗,以文化"活化"传承的方式激发村庄内生动力。

(6)培才——提倡就业培育,搭建人才干事创新创业平台

规划提倡在服务业领域培训指导当地居民就业,包括民居民宿改造、农家乐、特色手工镶、民族文创店等项目;提供创新创业平台,吸引中青年返乡创业,成为农业创客、田园科创人、新匠人、新乡贤、家庭农场主、农村电商等新农人。

2.发展路径

(1)传承在地文化,树立"乐巴扎"品牌

特色村寨,文化是灵魂。规划尊重伊宁天空蓝风格,营造多类型本土文化特色空间,开展突出伊宁少数民族传统生产和生活的业态设计,以慢乐空间塑造为主,突出以"五道桥的一天"为主题的活动策划,通过感受哈迪克马车、品味卡瓦斯、试穿艾德利斯、体验一场奶茶议事会等沉浸式活动体验伊宁的文化魅力。

(2)尊重本土特色,用浪"慢"装饰街道

特色村寨,人居是保障。采用"场景化"设计手法,为村民、游客和创业者提供本土化的生活生产和休闲游憩空间。即塑造多元的"庭院+街巷"的"生活场景",感受五道桥居民的热情好客,请您进庭院品尝拉条子;塑造开放的"巴扎+花海"的"活动场景",感受五道桥丰富的味视体验,请您在花海中品尝面肺子。此外,规划依据"未来村庄"建设标准完善配套服务设施,提高基础设施水平,改善村庄人居环境。规划从开发强度上实现低密度控制与原生态保持,通过塑造"浪慢花巷"慢活空间,用浪"慢"装饰街道。

(3)运营前置思维,促进"农文旅"融合

特色村寨,产业是根基。以"游+赏""游+居""游+线"为脉络,提出以北部七个园子——杏园、桃园、梨园等为主体,结合冷链物流、采摘园、研学游等项目延长产业链条;以民族文化为抓手,发展文化创意产业,结合文化大院推出手工镶制作、卡瓦斯饮品品尝、艾德利斯民族服饰等传统手工艺品展示,设置手风琴艺术家、奇石、绘画和手工艺人工作室等;做活庭院经济,以多类种植型庭院为主导,辅以休闲型庭院;规划将村庄丰富资源转为乡村休闲产业,开展民宿、特色购物、餐饮休闲等服务业,引导村民自主创业;最后,打造村庄IP和"助农电商平台",提升村庄"乐巴扎"品牌价值。

(4)定制清单手册,规划伴落地实施

规划以一张清单(实施项目清单)、两本手册(街道空间微更新手册和导视系统手册)为实施路径,保障规划有效,确保落地有依据、实施有抓手。规划大力鼓励公众参与,以"村民自治"的形式,邀请村民自发地参与到从需求采集、意见征询、方案设计到改造实施的项目全过程中来。在实施过程中,采用"驻村乡村规划师"全程陪伴式规划的方式,以"新村民"的视角,感受当地、体验当地,发掘禀赋潜力,帮助五道桥特色村寨建立

起"镇政府引领"+"村集体开发"+"规划师指导"+"村民共建"的良性发展机制，以分期分段的方式进行渐进式改造开发。

五、实施情况与成效

1. 村民参与，实现"共建共治共享"

项目实施阶段由村委会协助搭建"共建共治共享"的平台，五道桥经济股份合作社组建的五道桥文化旅游有限公司已入驻五道桥村开展具体建设，驻村规划师深入乡村，与村民一起进行陪伴式的规划服务。在项目施工阶段，对民宿、庭院类等改造项目，村民结合自身需求并在乡村规划师的引导下进行改造建设，相关设施现已投入使用开始运营。

2. 环境提升，呈现自"游"浪"慢"生活

2023年，村庄整体环境和居民生活条件均得到了很大提升。协助申报项目金额495万，其中，乡村振兴投资80万元，基础建设投资415万元，供水系统、污水系统、供电系统已建成投入使用，获益示范户共计70余户，范围覆盖建筑30余栋。8个文化大院已挂牌落成，吸引游客入户参观游览，参与州级观摩等活动数次。7个独立式公共厕所选址已完成。

项目负责人： 谷玥

主要参编人员： 田鑫、郑伊含、刘畅、孙常元、郑佳鑫、田蕊

作者简介

谷　玥，哈尔滨工业大学城市规划设计研究院有限公司规划设计研究中心，高级城市规划师；

田　鑫，哈尔滨工业大学城市规划设计研究院有限公司规划设计研究中心主任，高级城市规划师；

郑伊含，哈尔滨工业大学城市规划设计研究院有限公司规划设计研究中心城市规划师；

刘　畅，哈尔滨工业大学城市规划设计研究院有限公司规划设计研究中心工程师；

蒋向荣，哈尔滨工业大学城市规划设计研究院有限公司规划设计研究中心副主任，正高级城市规划师。

11 吉日格朗路设计效果图　　13 五道桥一号民宿实施后实景照片
12 五道桥一号民宿实施前实景照片　14 驻村规划师驻村现场照片

和美乡村语境下多规合一实用性村庄规划及风貌整治规划实践
——以安徽省长丰县左店镇永丰社区为例

Practical Village Planning and Landscape Improvement Planning Practice in the Context of Harmony and Beauty in Rural Areas
—Taking Yongfeng Village in Zuodian Town, Changfeng County, Anhui Province as an Example

杨馥瑞 刘 征
Yang Furui Liu Zheng

[摘 要] 推进宜居宜业、和美乡村发展是落实乡村振兴战略的重要策略。本文通过剖析和美乡村内涵，探索和美乡村规划语境下的实践特征及实践框架，并以安徽省级美丽乡村试点永丰社区为例，基于多规合一的实用性村庄规划与风貌整治规划并行的规划编制实际情况，分别归纳总结和美乡村语境下实用性村庄规划和风貌整治规划的实践重点。本文认为，村庄规划方面的实践重点表现在三个方面：①以人为本，兼顾公平；②内生发展，全域联动；③和美并举，面向实施。风貌整治规划在衔接村庄规划编制内容后，实践重点表现为：①挖掘本底，重塑文脉；②系统梳理，景建融合；③政府引领，村民自治。

[关键词] 和美乡村；实用性村庄规划；风貌整治规划；长丰县永丰社区

[Abstract] Promoting livable and business friendly development, as well as promoting the construction of beautiful rural areas, is an important strategy for implementing the rural revitalization strategy. The article explores the practical characteristics and framework of harmonious and beautiful rural planning by analyzing the connotation of harmonious and beautiful countryside. Taking Yongfeng Village, a pilot project for beautiful rural areas at the provincial level in Anhui Province, as an example, based on the actual situation of planning and compiling practical village planning and landscape improvement planning in parallel with multi-planning integration, the practical focus of practical village planning and landscape improvement planning in the context of beautiful rural areas is summarized. Research suggests that the practical focus of village planning lies in three aspects: ① putting people first, balancing fairness; ② endogenous development, global land linkage development; ③ balancing harmony and beauty. After connecting the content of village planning, the practical focus of landscape improvement planning is to ① excavate the background and history, reshape the context, ② systematically sort out and integrate landscape and construction, ③ government guidance, and village autonomy.

[Keywords] harmony and beauty village; practical village planning; landscape improvement planning; Yongfeng Village in Changfeng

[文章编号] 2024-97-P-024

一、背景

为保障村庄规划实施效果，安徽省出台了"村庄规划三年行动计划"，积极推动美丽乡村建设与村庄规划同步编制实施，永丰社区入选2022年美丽乡村建设省级试点，其村庄规划编制对于安徽省乡村振兴实践探索具有示范和带动作用。

本次规划中，项目组针对传统村庄规划存在的"资料少、难收集、无积累"的痛点，建立详细的基础资料调查成果数据库，采用会议座谈、现场踏勘、入户访谈、问卷调查、无人机航拍等多种方式，丰富规划基础资料的收集和积累，为本次村庄规划编制打下坚实基础。

二、和美乡村内涵及实践特征

1.和美乡村内涵

建设"和美乡村"是党的二十大报告中的一项重要指示：发展乡村特色产业，拓宽农民增收致富渠道。巩固拓展脱贫攻坚成果，增强脱贫地区和脱贫群众内生发展动力。统筹乡村基础设施和公共服务布局，建设宜居宜业和美乡村。

和美乡村的提出进一步深化了村庄建设的内涵，强调村庄发展要内外并举。2022年中央农村工作会议，习近平总书记提出："建设宜居宜业和美乡村是农业强国的应有之义。""千万工程"经验多次明确：建设宜居宜业和美乡村也是"千万工程"深化发展的重要目标。

建设宜居宜业和美乡村需考虑人与自然、社会的和谐共生，强调人居环境和谐互融、村庄精神文明延续。同时，村庄的内生经济发展必须与和美乡村建设联系在一起考虑。2023年中央经济工作会议提出：集中力量抓好办成一批群众可感可及的实事，建设宜居宜业和美乡村。

1.永丰社区"一点、一线、一面"国土空间发展新格局示意图
2.永丰社区高速公路节点更新示意图

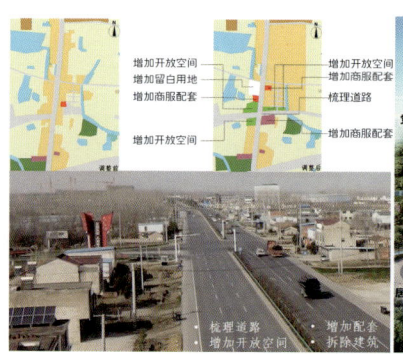

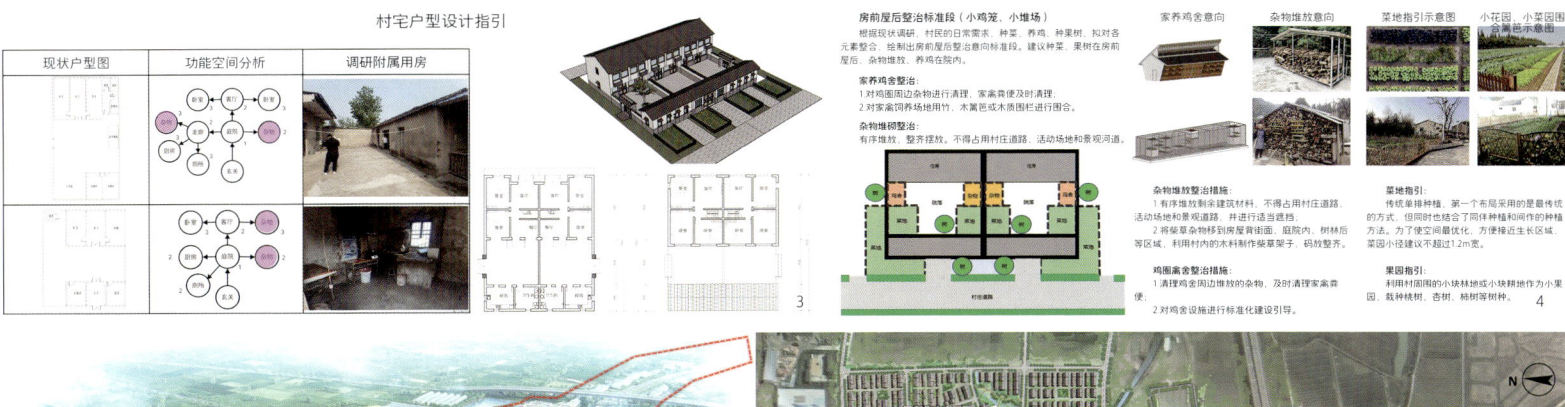

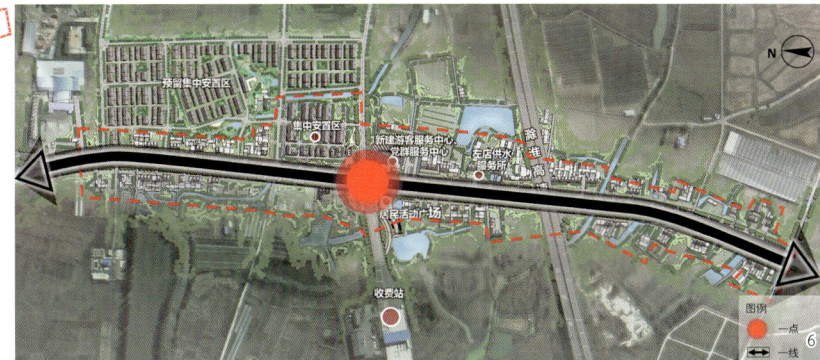

3.永丰社区配套附属用房设计示意图　　4.永丰社区民居菜园、鸡舍、杂物堆放区功能区设计示意图　　5-6.永丰社区合水路沿线风景带更新示意图

和美乡村建设是实现乡村振兴战略的重要手段。2024年《中共中央 国务院关于学习运用"千村示范、万村整治"工程经验有力有效推进乡村全面振兴的意见》再次提出打好乡村全面振兴漂亮仗，绘就宜居宜业和美乡村新画卷。

本次规划目的是贯彻落实国家乡村振兴战略20字方针（产业兴旺、生态宜居、乡风文明、治理有效、生活富裕），推进宜居宜业和美乡村建设，增强乡村发展聚合力和内生动力，实现乡村由表及里、形神兼备的全面提升。

2.和美乡村语境下的村庄规划实践特征

（1）多规合一的村庄规划与美丽乡村建设协同考虑、深度融合

将村庄功能、产业、空间布局等要素与村庄建筑、风貌建设统筹考虑，在村庄规划中更加注重加强资源集约节约利用、环境保护、民居宜居性等内容。深入挖掘村庄的特色风貌，延续村本底文脉传承。改善村庄公共服务设施、基础设施、村庄住房的品质，提升村民的幸福感与归属感。实现绿色发展，注重提升村庄经济、生态、人文等多重效益。

（2）强调激活村庄内生发展动力，兼顾内外发展并举

挖掘村庄发展内生动力是落实乡村振兴的重要抓手，也是保障村民生计的根本手段。依靠本地特色资源形成可持续的发展动力，落位环境空间，是村庄产业经济发展的内核。和美乡村语境下的村庄规划更加强调联动村域资源，以面向落地为基础加快村庄产业转型与升级。

同时，和美乡村的建设也需要内外并举的发展动力。"内"强调进一步了解村庄使用者的真实需求和村庄发展意愿，"外"强调控制好村庄建设强度、建设时序等外援驱动力，实现内外驱动力双轨推进。

（3）加强村庄治理体系建设，注重村庄建设公平与效率

和美乡村建设需要完善的村庄治理体系来支撑，包括优化村庄治理结构、提升村庄管理水平等方面，以保障可持续发展的村庄建设。既要抓物质文明建设也要抓精神文明建设，继而实现村庄形神兼备的全面提升。

和美乡村建设中，自下而上的村民自治作用更加凸显，有效促进提升村庄建设公平和效率。规划师的协调作用将更加凸显，需在做好村庄规划与风貌规划同时推进，并协调好各方利益主体。

（4）尊重村庄原有格局，注重村庄文脉和风俗传承，凸显本土化特色

强调尊重原有村庄格局，避免大拆大建，重点改善村庄人居环境和农业生产条件，保护和体现乡村特色风貌，改变当前村庄"千村一面"的现状。

和美乡村更加注重村庄文脉、风俗人情延续及社会文化发展。将村庄建设与本土化特色深度融合，在村庄发展中传承历史底蕴、弘扬传统文化。

三、永丰概况、认知及实践框架

1.案例概况

永丰社区位于安徽省合肥市长丰县左店镇，交通区位条件优越，距离合肥市65km、长丰县城12km，是左店镇内唯一拥有跨省级公路枢纽的村庄，通过滁淮高速、S102省道等可便捷连通到南京等周边大都市。

2021年现状人口4549人，规划范围内包括1个中心村、21个自然村。

村庄主导产业以一产为主，特色农产品包括草莓、瓜蒌等。村内存在小规模养殖业，主要为鸡、牛、猪、水产养殖等。村内有两个规模较大的田园综合体。

全域规划总面积1207.55hm²。土地利用现状以耕地为主，耕地面积为874.43hm²，存在少量林地21.28hm²、草地1.02hm²、园地1.86hm²。村庄建设用地为91.63hm²，区域基础设施用地为88.26hm²，其他建设用地2.17hm²，陆地水域142.29hm²。

2.永丰认知

本次规划基于深入调研与分析，将对永丰社区的认知总结为以下三点。

（1）永丰社区因永丰水库建设而形成，自然地理格局颇具特点

永丰社区是修建永丰水库时由两个半村部合并而成，水库建设历时5年，是长丰县第二大水库，至今仍灌溉着长丰县每一寸土地。永丰社区因环抱水库而建，

7.永丰社区全域资源串联示意图　9.永丰社区居民点建筑更新示意图
8.游客服务中心/党群服务中心效果图　10.永丰社区一层建筑改造示意图

部位	改造策略一基础	改造策略一提升	材质	色彩（主色—辅助色—点缀色）	备注说明
屋面	挑檐或硬挑悬双坡，增设防水	增设保温	树脂瓦，成品构件	灰色—暖灰色	彩钢板屋顶进行拆除，改为上人观景屋顶
墙面	白墙为主，局部青砖，增设防水	—	涂料、仿砖涂料、真石漆	白色—亮灰色—木色	山墙可增加灰色线条作为装饰
院墙	白墙为主，局部青砖	增设镂空装饰	涂料、仿砖涂料、真石漆、成品构件	白色—亮灰色—木色	镂空装饰可采用木色，花窗等形式
建筑门窗	更换普通门窗，增加木色窗套	更换节能门窗	铝合金	木色—深灰色—暗红色	符合风貌及节能要求的可保留，提取现状装饰元素
院门	更换仿木色金属防盗门	—	铁	木色—暗红色—古铜色	符合风貌要求的可保留，提取现状装饰元素
宅前屋后	绿化兼顾美观实用，体现当地特色	—	低矮木质栅栏	木色—灰色—绿色	结合生产生活情况选用蔬果种植、禽类养殖等
建筑细部	保留或提取风貌元素，避免过度装饰体现本地店镇现代及沿河水路的商业气息	—	成品构件、砖、仿砖涂料、木等	亮灰色—木色—暗红色	砖砌檐口、封檐板、屋脊装饰、增加商业牌画、灯笼、对联等

遵循永丰社区风貌特色，保证其居住功能，对屋顶、墙面、门窗、院门、宅前屋后等进行整体提升，局部增加装饰

地形东西狭长、南北较短，致使村庄东西两端居民生活不够便利。

（2）永丰社区交通优势突出，村庄资源丰富但缺乏整合

滁淮高速是安徽省"五横十纵"高速公路网的重要一环，永丰社区内有1处出入口；合水路在长丰县国土空间规划中定位为"城镇综合发展主轴"；永丰社区恰好处于滁淮高速与合水路十字发展轴的关键节点，交通优势十分突出。社区全域乡村资源丰富，田、塘、渠、村交织分布，草莓、瓜蒌种植颇具规模。乡村旅游基础好，拥有永丰水库、国有渔场、靠天收、巨有田园综合体等资源，但因缺乏整合导致吸引力不足，未能充分发挥交通优势。

（3）村庄建筑与村庄功能、景观未能深度融合，村庄风貌特色有待挖掘

永丰社区景观资源丰富，周边水系发达，部分紧邻优势景观的居民点却面临居民点空心化、建筑老旧等问题，建筑与风貌亟待整合更新。

现状公共服务设施基本能够满足村民日常需求，包含党群服务中心、超市、文化活动中心、卫生室、小学、供水服务所等，均位于中心村。道路与市政基础设施条件较好，村庄对外出行主要依托合水路，道路质量相对较好，周边道路均已硬化。

村庄建筑以一层二层为主，局部三层，多数村宅采用合院的布局方式。永丰社区现状村庄建筑风貌简洁大气，建筑色彩以灰瓦白墙为主，但在装饰构件、建筑立面、建筑功能等细节上，还可以进一步与社区资源本底特色与风俗传承深度结合。

3.和美乡村语境下永丰社区实践框架

基于永丰社区多规合一的实用性村庄规划和风貌整治规划实践，构建起"内在美"与"外在美"并举的"宜居宜业和美乡村"实践框架。

四、和美乡村语境下永丰社区村庄规划实践重点

1.以人为本，兼顾公平

尊重地域特色及村民意愿，将民生保障与产业生计相结合，凸显公平与效率。

充分考虑村庄地形狭长、生活不便的因素，将部分位置偏僻、搬迁意愿高的村庄统一移至永丰中心村集中安置，为其提供更好的发展条件，实现发展同权。

对于部分想要原址生活、位置较偏的自然村，增补近期急需的公共服务设施，提高生活便利性，满足就近耕种要求。

推动高标农田整理及土地流转，增加规划弹性，预留远期居住空间，应对村民未来搬迁意愿。

2.内生发展，全域联动

运用全要素织补手段，探索路村联动发展新模式，激活村庄发展内生动力。联动全域全要素资源，以道路为画笔，以村庄为底板，构建"一点、一线、一面"国土空间发展新格局。

"一点"为高速公路出入口景观节点。规划重组了出入口的空间秩

序；配置了商业、停车场等休闲服务功能；规划了游客服务中心，为本地居民及游客提供公共交往空间。

同时，规划还通过提升景观节点风貌增加了社区的吸引力，拆除对现状风貌影响较大的7处设施，将左店镇独有的商业文化特色融入到建筑设计中，如将游客服务中心屋顶设计成拱手相迎形象，寓意"八方客来"，契合了左店镇"左右清风来、店迎四方客"的美好愿望。

"一线"为合水路沿线风景带。规划对合水路沿线整体风貌提升作出指引，将其建设为展示乡村振兴的"黄金走廊"。

"一面"为全域人居环境整治与综合旅游示范区。充分尊重原有生态环境和自然肌理，以大盛自然村改造为引爆点，建构一处水景交融、原汁原味的乡村生活体验区。

联动永丰社区全域资源、产业及项目，以道路为画笔勾画丰富多彩的全域游线。

3.和美并举，面向实施

统筹兼顾横向覆盖与纵向推进，将美丽乡村建设内容纳入村庄规划整体谋划，打通村庄规划落地实施的"最后一公里"。

规划将美丽乡村建设要点聚焦在景观环境更新、建筑风貌重塑、道路交通梳理、市政设施更新四个方面，并结合规划用地布局对重要功能节点完成空间落位。

同时，充分尊重当地村民生活习惯，灵活配置与设计村民住宅，增加规划可实施性。如将厨房、厕所等配套附属用房结合院落进行整体设计；兼顾部分民宅改造为民宿的需求，突出规划的实用性；同时围绕村民日常实际生产、生活需求，对菜园、鸡舍、杂物堆放区等日常使用空间的配置原则和使用要求做出指引。

规划统筹考虑近、远期建设计划，优先落实美丽乡村建设项目库中的重点项目，结合政府财政预算、村集体资金筹集预算等因素形成"详细预算一本账"，最终实现"规划全程引领、村民自主决策"的实施机制。

五、和美乡村语境下永丰社区风貌整治规划实践重点

1.挖掘本底，重塑文脉

规划从长丰县地域特色、历史文化、环境融合等角度深入挖掘本地"淮风楚韵"的文化内涵，将其总结为南北合一、淮楚合一、天人合一三大特点。结合村庄风俗特点，总结村庄风貌特点，重塑村庄文脉。

深挖地域特色与文化根源，剖析建筑与环境的关系。从地域特色看，淮河流域历史上属于楚地，楚国都城历次迁都，最终迁都至寿春；从地域文化看，皖中地区属于江淮文化。地域建在整体布局、选址等方面体现出文化多元融合特点；村落特别注重与自然环境的关系，尤其是与水系的融合。

"左店"一词在当地解读为"左右清风来，店迎四方客"。村庄整体以塑造"淮风楚韵"风貌格局为基础，结合左店镇人民热情好客的特点和喜爱经营商贸的特色习俗，将建筑风貌定位为"商业、热情"，并融入到建筑设计中，形成独特建筑风格氛围。如建筑节点立面采用淮风楚韵结合现代特点的元素，通过具有楚韵风格的深出檐、建筑的虚实变化强化体量感，增加公共建筑氛围。建筑局部（如屋顶）采用弧形元素，同时增加红色装饰，与现状景观标识相呼应，强化入口节点的整体性。

2.系统梳理，景建融合

体系化梳理风貌整治规划重点，将风貌环境整治规划的工作重点放在建筑与环境融合、建筑风貌特征控制和建筑功能节点策划三个部分。重新审视村庄建筑和环境的关系，划分风貌整治功能分区，建立建筑更新调研库。结合环境、景观、建筑语汇等，融入乡村风貌指引与设计。

建筑与环境融合的工作以村庄功能提升和产业发展为基础，主要聚焦在景观环境整治、道路风貌整治、市政设施改造、防灾减灾规划、标识系统及夜景照明规划五个层面，做好村庄的美化、净化、亮化等工作。

建筑风貌特征通过控制建筑形式、建筑立面、建筑色彩、建筑构件、标识符号等主要内容，表达地方建筑装饰特点，形成建筑提升详细指引清单，实现本底凸显、文脉传承。如江淮地区讲究自然质朴，建筑以青砖的原色为主色调，古朴宁静，与自然融为一体。民居建筑屋面为双坡硬山顶，江淮传统建筑墙面以青砖、红砖为主。楚人有崇火信仰，建筑构件优先以红色、黑色为基调来点缀。

充分考虑后期可实施性，遵循"巧更新、微改造"原则，按需将村庄内建筑划分为重点整治区域和一般提升区域。对重点整治区域内的建筑单体进行逐一编号，精准施策，形成建筑提升详细指引清单，考虑减少改造投资的同时达到良好效果。一般提升区域则统筹考虑、按需整治。

3.政府引领，村民自治

将项目分为公共属性与非公共属性两类，建立近期落地项目管控数据库，并将其纳入"预算一本账"来监督实施。政府财政投入建设公共属性的项目及部分居民点，以点带面实现示范效果，激发村民参与积极性，使其自发筹资参与居民点风貌整治。进而推动村庄风貌建设的整体更新，通过村庄环境综合整治切实提升村庄服务功能，改善村民生活品质，实现村庄有效自治。

六、结语

以和美乡村建设为契机，推动多规合一的实用性村庄规划和风貌整治规划并行编制，有利于统筹考虑村庄各项功能和风貌整治之间的关系，实现村庄用地、产业布局、景观环境、建筑风貌、历史文脉等核心要素的有机融合，通过统筹生产、生活、生态三方面全面提升村庄的宜居性，引导村民积极参与村庄建设，助力村庄发展实现由表及里的提升。

本次规划成果内容极为丰富，除文本、图集、说明书之外，还增加了村庄风貌和环境整治本册，考虑到村民的文化教育及接受程度，规划还特别制作了村民手册，将村庄产业、宅基地建设、村规民约等事关村庄发展建设的核心内容用通俗易懂的方式进行说明，凸显了村庄规划的实用性。该项目已经成为安徽省村庄规划编制与美丽乡村建设协同推进的实践样板及示范基地，其示范效果在当地提升了村民的自豪感和归属感。

参考文献

[1]耿慧志,李开明,韩高峰.内生发展理念下特大城市远郊乡村的规划策略——以上海市崇明区新征村村庄规划为例[J].规划师,2019,35(23):53-59+75.

[2]葛丹东,童磊,吴宁,等.营建"和美乡村"——传统性与现代性并重视角下江南地域乡村规划建设策略研究[J].城市规划,2014,38(10):59-66.

[3]潘廉.城郊集约型乡村模式构建研究——以苏州为例[D].苏州:苏州科技大学,2016.

[4]王峰玉,闫芳.信阳郝堂村村庄规划整治探索及对美丽乡村建设的启示[J].小城镇建设,2015(7):62-66.

作者简介

杨馥瑞，天津市城市规划设计研究总院有限公司规划三院规划师，中级工程师；

刘征，天津市城市规划设计研究总院有限公司规划三院总工，正高级工程师。

可持续城市更新
Sustainable Urban Renewal

上海保障性租赁住房的空间特征与规划思考
Spatial Characteristics and Planning Thoughts on Shanghai Affordable Rental Housing

洪 成
Hong Cheng

[摘 要] 发展保障性租赁住房是上海转变超大城市发展方式、解决住房突出问题的重要举措,而空间布局是影响保障性租赁住房供给效率和社会效益的重要因素。通过空间分析发现,上海保障性租赁住房布局与新市民、青年人空间需求匹配度有待进一步提高,与工作岗位、公共交通站点的耦合度有待进一步加强。借鉴国外大城市相关经验,针对上海未来的保障性租赁住房规划建设,本文从建立住房调查与住房信息系统、加强保障性租赁住房供需预测、完善住房规划传导体系、细化分区域住房布局政策四个方面提出了优化建议,从异质需求、规模约束、城市融入三个方面进行了思考与展望。

[关键词] 保障性租赁住房;住房规划;住房空间政策

[Abstract] The development of guaranteed rental housing is an important initiative to transform the development mode of Shanghai's mega-city and solve the prominent housing problems, while the spatial layout is an important factor affecting the efficiency and social benefits of the supply of guaranteed rental housing. Through spatial analysis, it is found that the degree of matching between the layout of guaranteed rental housing and the spatial demand of new citizens and young people in Shanghai needs to be further improved, and the degree of coupling with jobs and public transportation stations needs to be further strengthened. Drawing on the relevant experience of large foreign cities, we put forward optimization proposals for the future planning and construction of guaranteed rental housing in Shanghai in terms of establishing a housing survey and a housing information system, strengthening the forecast of supply and demand for guaranteed rental housing, perfecting the transmission system of housing planning, and refining the policy of housing layout in sub-regions, as well as reflecting on and looking forward to heterogeneous demand, scale constraints, and urban integration.

[Keywords] affordable rental housing; housing planning; residential space policy

[文章编号] 2024-97-P-028

一、研究背景

发展保障性租赁住房,对国家而言,有助于推进以人为核心的新型城镇化;对上海而言,是转变超大城市发展方式的重要举措。空间选址是影响保障性租赁住房供给效率和社会效益的重要因素之一,对上海保障性租赁住房的空间特征与规划布局进行研究,具有积极的现实意义。

上海的保障性租赁住房主要面向新市民、青年人,以小户型、低租金为基本特征,在规划建设上主要利用存量土地和房屋建设,在投资运营上充分发挥市场机制作用,引导多方参与。上海的新市民、青年人超过1000万。根据上海市房地产科学研究院的问卷调查,发现新市民、青年人的租住意愿存在以下特征:缴纳住房公积金的新市民、青年人更倾向于租住保障性租赁住房;随着年龄的增长,新市民、青年人保障性租赁住房的需求呈现下降趋势;非沪籍新市民、青年人及农业户口的新市民、青年人对保障性租赁住房需求更为迫切;高学历的新市民、青年人更有意愿选择保障性租赁住房;不同工作区域的新市民、青年人对保障性租赁住房的需求具有差异化。

二、发展概况

上海聚焦城镇户籍收入、住房"双困"家庭和住房困难的新市民、青年人两类群体,按照"保基本、全覆盖、分层次、可持续"的要求,逐步构建起包括廉租住房、保障性租赁住房(含公共租赁住房)、共有产权保障住房、征收安置住房在内的"四位一体"、租购并举的住房保障体系。其中保障性租赁住房打破了户籍和收入的限制,相对于廉租住房、共有产权保障住房、征收安置住房,保障性租赁住房可以面向更加广泛的群体。

宏观层面来看,上海保障性租赁住房空间布局基本符合城市总体规划和住房发展规划的导向。据"上海建设交通党建"发布数据,截止到2023年底,上海市保障性租赁住房项目分布在16个行政区及临港新片区,其中中心城区约占61%。新建类保障性租赁住房项目位于中心城区的占比为42%、外环外占比58%,选址在轨交站点周边的占比接近50%。此外,新建类保障性租赁住房项目大都辐射覆盖各类高校及科研院所、科创园区、产业集聚区、商业商务集聚区等区域。但是从中微观层面来看,上海保障性租赁住房的空间供需匹配程度还有待进一步提高。城市不同板块供应的保障性租赁住房占比,与新市民、青年人的人口分布并不完全一致。同时,部分保障性租赁住房项目存在通勤不便的问题,保障性租赁住房与就业岗位、轨道交通站点的匹配度有待加强,导致项目利用率低,造成资源浪费。基于以上分析,上海保障性租赁住房在中微观层面的布局规划和引导政策有待进一步强化。

三、策略建议

1.加强住房调查,建立住房信息系统

纽约、伦敦等国际大都市都已建立起比较完善的住房信息系统,例如伦敦的城市数据仓库持续更新全市各类住宅的规模、供应需求情况、成本价格等多项数据,并定期发布数据报告,来支撑规划编制、政策

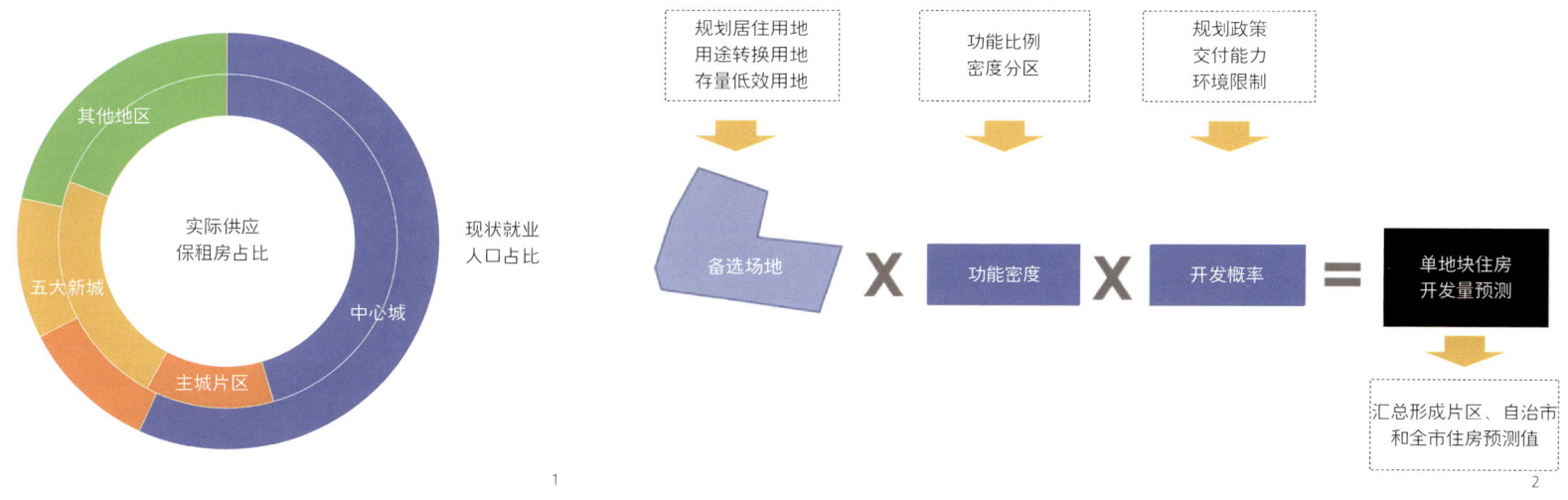

1.上海保障性租赁住房空间分布与现状就业人口对比图（材料来源：根据《上海城市发展战略规划研究报告2023》改绘）
2.伦敦住房开发量潜力评估方法框架（材料来源：London Strategic Housing Land Availability Assessment）

制定和项目策划。

上海目前的住房基础数据相对薄弱，部分数据分散在人口普查、自然灾害普查等数据当中。未来应当加强上海市住房普查和抽样调查。结合目前普查工作实际情况，上海市住房普查可以跟人口普查、国土调查、灾害风险普查这些工作结合起来，尤其要做到数据口径统一。在此基础上，建议上海强化各类群体的住房需求调查，在以人本需求为核心的基础上建立"人—房—地—钱"相对应的住房基础信息平台，辅助住房规划与住房政策的出台。

2.加强保障性租赁住房供需预测

伦敦对住房需求预测的方法步骤和所需的数据源进行了统一规定，甚至对于部分具体数理公式作出了规定和说明，形成了易操作、索引式的编制指南。在具体实践中，根据"核心思路保持稳定、具体方法不断优化"的思路逐步迭代，伦敦形成了逻辑性和科学性较强的住房预测方法体系。在此基础上，伦敦根据自身住房发展和治理体系特征，形成了全市统一的住房开发潜力评估机制，通过评估地块的区位、开发潜力、发展可能性等条件，最终综合得出包含公共租赁住房在内的各类型住房可供给量。《伦敦战略性住房用地可行性评估》对全市可进行住房建设的用地进行了详细摸排，形成具体地块层面的住房供给潜力预测结果，再汇总形成片区和自治市的预测值。

建议上海建立人房地钱联动的规划机制，以人的需求为核心，以人定房，以需定房，以需定地，以需定钱。在保障性租赁住房需求集中的地区，还应当梳理用地现状、空间规划与供地情况，评估保障性租赁住房实际供给能力。通过供需对比，为住房规划的编制实施提供坚实的基础。

3.完善住房规划传导体系

在住房规划体系方面，美国波特兰和英国伦敦的经验可供借鉴。波特兰通过住房专项规划对可负担住房和公共住房提出明确的建设要求，而它的落地与实施，是通过专项规划向法定规划传导来实现的。波特兰按照2035住房规划的结论，在用地区划当中形成了住房叠加区，将住房规划的要求直接落到地块分割和开发强度的层面。同时，波特兰每年发布住房发展报告，评估可负担住房的建设和分布情况，反过来调整优化住房规划，形成了规划体系的闭环。伦敦的住房规划体系包含了法定规划、专项研究、补充导则和监测评估报告等4个部分，其中专项研究关注当前市场反馈和未来需求，补充导则就规划细节和新兴政策问题进行专项指导，监测报告用于评估和审查伦敦规划的实施情况，三者共同为法定规划提供重要的指引和支撑，确保规划整体的承接性和实施性。伦敦从战略层面、分区层面和实施层面共同构建了住房规划的传导路径，对各地区的公共租赁住房建设提出了详细指引。

上海目前通过住房专项明确全市保障性租赁住房的建设规模和布局要求，在空间规划当中，2035总规、单元规划、控制性详细规划中都有专门篇幅来阐述住房保障，但规划传导体系还不畅通，由于单元规划对保障性租赁住房的规划引导不足，导致总体规划的布局导向与详细规划的用地布局之间缺乏衔接层次。在上海目前的控制性详细规划当中，保障性租赁住房与商品房的规划深度并没太大区别。从规划控制的角度来看，商品住房的市场属性较强，适宜留给市场更多的弹性，而保障性租赁住房具有公共要素属性，有必要在详细规划中加强规划控制。未来建议上海参照国外大城市经验，完善住房规划与空间规划之间的衔接传导机制，细化分解不同地区的保障性租赁住房建设任务，并建立起保障性租赁住房规划动态评估机制。

4.细化分区域住房布局政策

布局政策方面，伦敦的经验可供借鉴。大伦敦规划根据城镇中心、就业规模、轨交站点、公共交通可达性因素，划定了若干个城市发展"机遇区"，作为公共租赁住房布局的重点地区。跟其他地区相比，"机遇区"的住房政策将公共租赁住房放到更加优先的位置，综合采用容积率政策、财税政策和存量利用政策，促进公共租赁住房的供给。例如，《伦敦战略性住房用地可行性评估》提出，促进高密度的住房项目向城镇中心和"机遇区"集聚，其中城镇中心周边的住房建设密度约为基准密度的1.1~1.2倍，"机遇区"住房建设密度约为基准密度的1.7~2.3倍（表1）。

上海目前的保障性租赁住房规划土地政策力度较大，但空间导向性不强，现有的Rr4用地新建政策、商品房配建政策、企事业单位自有土地建设政策、产业园区配套建设政策、集体经营性建设用地建设政策、非居住存量改建保障性租赁住房政策均未体现区位布局上的导向性。未来建议针对上海中心城区、轨道交通站点附近等需求集中区域，通过专项政策促进

表1　　　　　　　　伦敦住房评估密度分区表

类型	交通可达性 区域类型	低可达	中可达	高可达
基准密度	中心地区	300	650	1100
	城镇地区	250	450	700
	郊区	200	250	350
城镇中心	中心地区	350	750	1250
	城镇地区	300	550	800
	郊区	—	—	—
机遇地区	中心地区	750	1000	1400
	城镇地区	310	650	1100
	郊区	350	450	700

数据来源：*London Strategic Housing Land Availability Assessment*

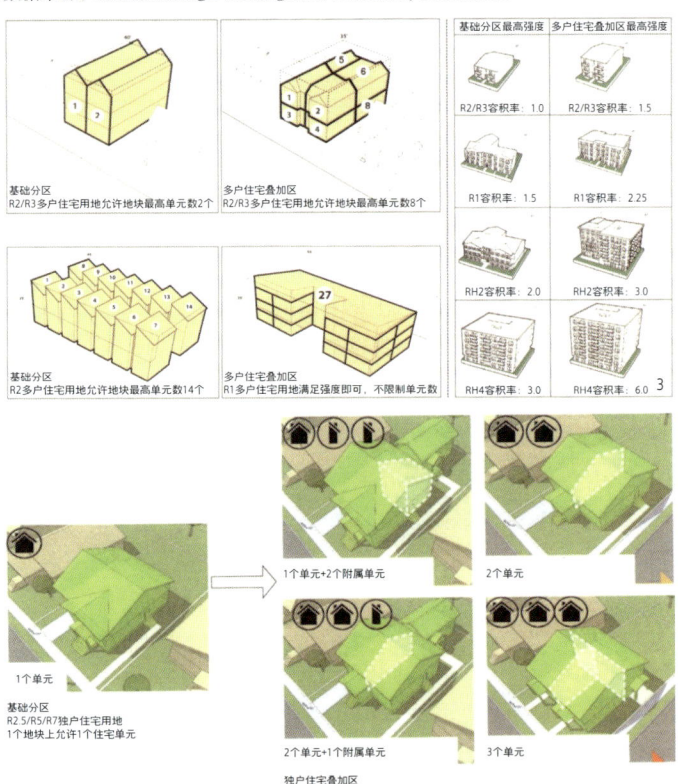

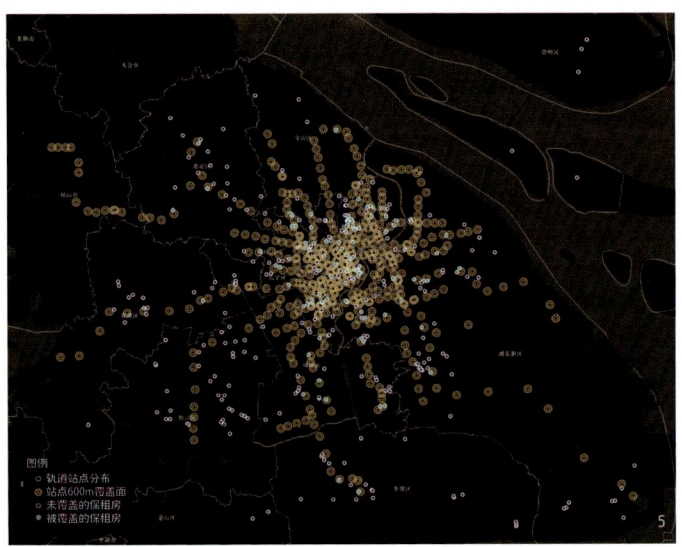

在城市更新中盘活存量资源，支持低效存量建筑再利用和存量用地转型供应保障性租赁住房。针对五个新城、临港新片区、长三角一体化示范区等战略性地区，加强引导保障性租赁住房规划供应与产业培育、就业增长相匹配，建设职住匹配、功能混合的城市片区，优化保障性租赁住房在新增住房供应中的占比。针对产业园区，加快宿舍型保障性租赁住房房源供应，推动产业园区向产业社区转型升级。

四、延伸讨论

1.满足异质需求

保障性租赁住房的目标群体和保障目标存在一定的异质性，这对增强供需适配性带来了挑战。例如，对于新就业毕业生和各类人才，保障性租赁住房解决的是阶段性住房困难，对于城市一线工作人员，保障性租赁住房解决的是长期稳定居住需求。不同职业人群在户型、区位需求方面也存在较大差异。如何通过标准创新和预留弹性，推动因区施策，而避免一刀切的供给，还需要更多的探索。

2.应对规模约束

在减量化的规划导向下，上海各区均面临空间资源紧缺的问题，保障性租赁住房由于难以对财政产生直接贡献，其发展规模会受到限制。从规划的角度来看，如何建立起地随人走的机制，让相应的建设指标随着新市民、青年人在城市之间与城市内部不同区域间流动转移，还有待进一步的机制创新。

从开发建设的角度来看，保障性租赁住房投入成本高、建设周期长、回报率偏低，会影响到市场主体的参与积极性。未来需要进一步强化政策支持，创新运营方式，来实现降本增效。

从融资运营的角度来看，保障性租赁住房资产流动性较差，回本周期较长，导致融资与可持续运营面临困难。如何通过优化规划政策和实施细则，跟市场规则做好衔接，打通规划、融资、建设、运营之间的各个环节，建立正向循环的收益机制，也需要进一步的研究探索。

3.实现城市融入

保障性租赁住房并不是一种孤立的住房产品，其规划建设会对整个城市的空间结构和住房体系产生重大影响。从城市的角度来看，保障性租赁住房人员流动性较大，给基层治理和设施供给带来挑战；保障性租赁住房享受政策和租金优惠，在一定程度上对城市住房租赁市场带来影响；商品房业主与配建型保障性租赁住房租户之间存在社区融合的问题。从市民的角度来看，人一生的住房需求呈现阶段性特征，随着年龄提高和职业发展，可能会由租赁住房转向产权住房、由保障住房转向商品住房。在保障性租赁住房规划建设当中，如何最大化纳入符合条件的保障群体，同时又能识别和满足不同群体的异质性住房需求和消费能力，未来还需要更多的思考与创新。

相关研究负责人：严荣

主要参与人员：张黎莉、李钱斐、王逸邈、洪成、代伟华、范良辰、陈圆圆、王希冉等

参考文献

[1]上海市房地产科学研究院著.上海住房保障体系研究与探索[M].北京：人民出版社，2012.

[2]严荣，张黎莉.上海保障性租赁住房发展研究[M].北京：中国建筑工业出版社，2023.

[3]本刊评论员.编制好住房发展规划[J].上海房地，2024 (4)：1.

[4]李强，张敏清，梁英竹.伦敦保障性租赁住房发展特征研究及对上海的思考 [J].上海城市规划，2023

(2): 81-86.

[5]朱亚鹏, 孙小梅. 重新理解中国住房模式：基于深圳住房发展的案例研究 [J]. 社会学研究, 2022, 37 (3): 1-22+226.

[6]张吉康. 住房规划的做法及启示——以美国为例 [J]. 资源导刊, 2022 (5): 54-55.

作者简介

洪　成，上海市房地产科学研究院，高级工程师。

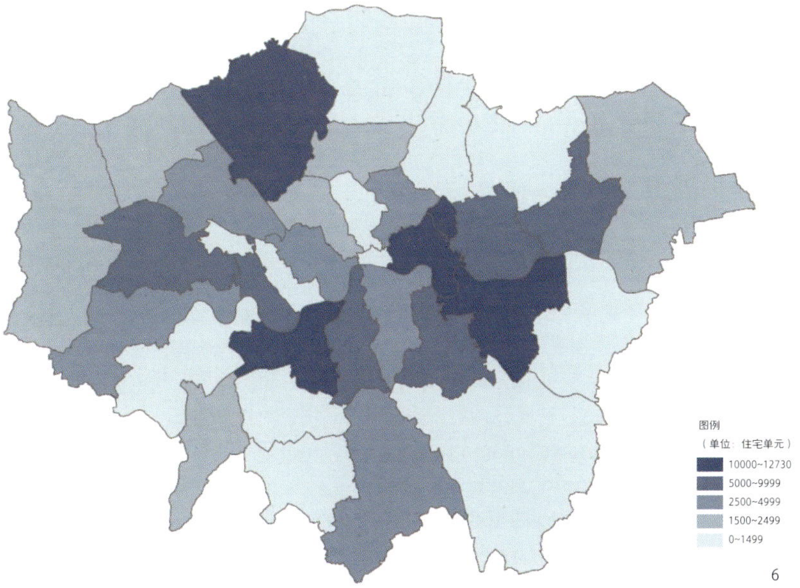

3.波特兰多户住宅叠加区政策示意图（材料来源：《美国波特兰市住房规划研究与启示》）
4.波特兰独户住宅叠加区政策示意图（材料来源：《美国波特兰市住房规划研究与启示》）
5.上海保障性租赁住房空间分布与轨道交通站点对比示意图（材料来源：根据《上海市人居环境体检报告》改绘）
6.基于规划用地的伦敦住房开发量潜力评估分析图（材料来源：*London Strategic Housing Land Availability Assessment*）
7.基于项目计划的伦敦住房开发量潜力评估分析图（材料来源：*London Strategic Housing Land Availability Assessment*）
8.基于潜在发展地点的伦敦住房开发量潜力评估分析图（材料来源：*London Strategic Housing Land Availability Assessment*）

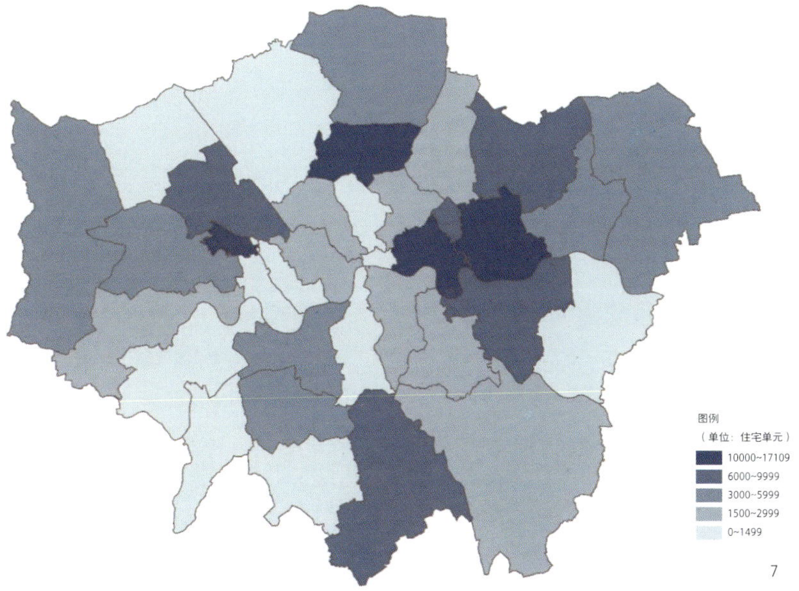

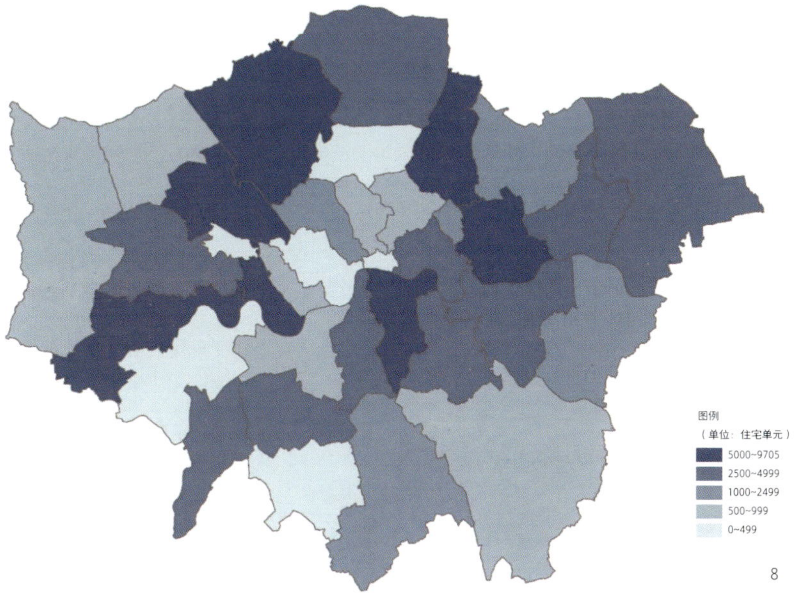

城市更新背景下的沈阳工业遗产综合保护利用规划与实施探索

Exploration of the Planning and Implementation of Comprehensive Protection and Utilization of Shenyang's Industrial Heritage Under the Background of Urban Renewal

李晓宇　王红卫　金锋淑　胡顺江　宋春晓
Li Xiaoyu Wang Hongwei Jin Fengshu Hu Shunjiang Song Chunxiao

[摘　要]　工业遗产的保护利用在打造文化新业态、促进存量资源更新、提升城市能级发展等方面发挥日益显著的重要作用。本文以老工业基地城市沈阳为例，系统梳理了工业发展历程和工业遗产保护利用工作，分析当前城市更新趋势下工业遗产保护利用面临的问题与挑战；并结合近年来沈阳工业遗产综合保护利用规划和实施探索，总结回顾"暖城计划"的成效与经验。

[关键词]　工业遗产；暖城计划；综合保护利用；规划与实施

[Abstract]　The protection and utilization of industrial heritage plays an increasingly significant role in creating new cultural industries, promoting the renewal of stock resources, and enhancing the development of urban capabilities. Taking Shenyang, a city of old industrial bases, as an example, this article systematically sorts out the process of industrial development and the protection and utilization of industrial heritage, analyzes the problems and challenges faced by the protection and utilization of industrial heritage under the current trend of urban renewal, and summarizes and reviews the effectiveness and experience of the "Warm City Plan" based on the exploration of the planning and implementation of comprehensive protection and utilization of industrial heritage in Shenyang in recent years.

[Keywords]　industrial heritage; warm city plan; comprehensive protection and utilization; planning and implementation

[文章编号]　2024-97-P-032

一、城市更新背景

沈阳作为典型老工业基地城市，素有"共和国工业长子"和"东方鲁尔"的美誉，在中国工业发展史上具有举足轻重的地位。自1896年奉天机器局创办起，逐步形成了产业门类齐全、影响力突出的工业体系，积累了坚实的工业基础，保留了丰富的工业遗存，沉淀了厚重的工业文化。但伴随着20世纪90年代末以来城市化快速发展和产业转型升级，大量工业厂区面临着拆迁腾退、记忆消退等问题挑战。

2020年6月，发改委等五部委联合印发《推动老工业城市工业遗产保护利用实施方案》，沈阳是试点城市之一。2021年11月，沈阳又获批为全国第一批城市更新试点城市。由此，沈阳近年来以工业遗产保护利用为突破口，探索老工业城市更新路径，让工业遗产从被"遗忘"到"珍藏"、从"沉寂"到"活力"，从"冰冷"到"暖度"，从"灰色"到"颜值"，促进城市转型、产业转型、社会转型。

二、沈阳工业遗产保护价值再认识

沈阳是我国最早的综合性民族工业城市，近现代工业发展经历了清末民初、伪满、计划经济、市场经济四个时期，在国家工业发展史上占有重要地位。

清末民初沈阳近代民族工业崛起，官办、民营、外来企业兴起同步发展，初期以陶瓷、纺织、饮品等轻工业为主。后期以大东、惠工工业区建设为主，机械制造业迅速发展，沈阳成为我国最早的综合性民族工业城市之一。

伪满时期，日本帝国主义以满铁附属地为基础，以全面实施殖民入侵为目标，通过辟建铁西工业区、扩建大东工业区，相继建成了一大批机电、冶炼、建材、纺织、化工制药类工业企业，沈阳成为见证日本发动太平洋战争、全面侵华战争的工业城市。

1949年后，以"一五"和"二五"计划为基础，沈阳迅速扩大建设了铁西、大东工业区，新建三台子、沈海工业区，建成了全国工业厂区最密集、规模最大、规划理念最先进的铁西工业区，建设了全国第一批工业配套住宅区（铁西工人村、和睦路工人村、三台子工人村）。在新中国建设的前30年，沈阳工业支援了全国解放、抗美援朝和三线建设，向全国输送近40万中高级人才和机床20多万台，到改革开放初期，沈阳成为以机械工业为主、门类齐全、配套设施完善的综合性工业城市。

在经历了从计划经济向市场经济体制转轨的阵痛后，沈阳积极采取了"东搬西建、腾笼换鸟、退二进三"等发展战略，伴随着东北振兴战略的实施，沈阳凭借自身在装备制造业方面存量优势，抓住了国际产业梯次转移的趋势，打造了沈阳经济技术开发区、沈阳高新技术开发区和大东欧盟经济区三大工业基地，正朝向国家先进制造中心的目标迈进。

三、沈阳工业遗产保护规划再建构

坚持"保护优先、以用促保"，搭建沈阳工业遗产保护规划体系，建立从顶层设计—提升策略—到行动实施的三阶段"贯穿式规划"路径。

1.梳理一本资源台账

（1）梳理工业发展脉络

基于我国工业发展演变为背景，自1896年以来沈阳工业发展历程划分为2个时代、4个时期、8个阶段。综合分析各时期工业整体概况、空间发展特征及代表性企业，确定"沈阳工业发展是国家近现代工业发展的缩影"的历史地位。

（2）摸底工业遗存资源

通过文献查阅、现场摸底、问卷调查等手段系统梳理家底，借助倾斜摄影等新技术手段，建立标准统

一、内容翔实工业遗存信息库,纳入统一多规信息平台。

(3)建立工业遗产名单

构建3个一级指标+20个二级指标+N个子项沈阳工业遗产评价体系,确定沈阳工业遗产名单,包括1片历史文化街区、4片工业遗产聚集区、7项省级以上工业遗产、5条工业遗产廊道、9片历史地段、12处文物保护单位、70处历史建筑以及200处具有价值的工业遗存。

2.形成一套规划体系

(1)明确沈阳工业遗产保护底线内容

基于核心保护价值基础上,与沈阳历史文化名城体系紧密衔接,建构从工业遗产廊道—工业遗产片区—工业历史风貌区—工业遗产建(构)筑物和工业非物质文化遗产"三重尺度、五种形态、N个要素"层级明晰的保护框架。

(2)明确分级分类保护利用控制要求

全面对接规划管理,针对四种尺度要素分级提出保护控制要求及更新利用建议引导。以"技术指引+典型实例"的形式,形成便于规划和管理操作的技术文件。

(3)提出沈阳工业遗产活化利用

以突出沈阳工业文化遗存特色为基础,结合城市文脉演变与空间发展格局,构建"一环四区七片多点"工业文化展示利用骨架。

3.夯实一套保障机制

面向实施,建立传导体系,以沈阳工业遗产暖城营造为目标,通过"提指引、落实施、强支撑",形成一整套的行动计划内容体系,由暖城行动项目清单+建设指导手册+政策保障建议三部分构成,确保行动计划的可实施性、可操作性。指导了一系列政策法规制定出台,包括M0用地管控、资金奖励、容积率转移、建筑改造等相关政策,为工业遗存保护利用提供保障。

四、沈阳工业遗产保护实施再升级——暖城计划

针对沈阳中心城区特有的优势与不足,以提升城市活力为目标,提出六大行动计划,实现从"锈厂"向"秀场"转变。自暖城行动计划实施以来,综合成效显著。推动红梅文创园等10处文化创意产业园落地建成;助力申报国家级工业遗产1处、省级工业遗产2处;完成50栋老旧工业类历史建筑活化利用;完成20栋锅炉房改造为城市书房等暖心工程;推动沈阳老龙口酒博物馆被评为全国工业旅游示范景点。

1.暖邻行动

坚持党建引领,践行"两邻"理念,通过"一拆五改三增加",以共建共治共享为路径,改善人居环境,重塑大院精神内核,打造有温度、更具人情味社区。推动铁西工人村、三台子工人村等20片老旧工业类住区更新改造。和平区进华里为例,充分利用社区闲置锅炉房、自行车棚、历史建筑等资源,补充新增1处社区党建中心(1000m²),2处社区服务用房,2处文体活动场所,2所托儿所,1处中小学活动中心(一经二校与二经二校公用),同时补充增加"宜

1.沈阳工业文化价值体系图
2.沈阳暖城计划编制路径图
3.沈阳工业遗产保护层次图

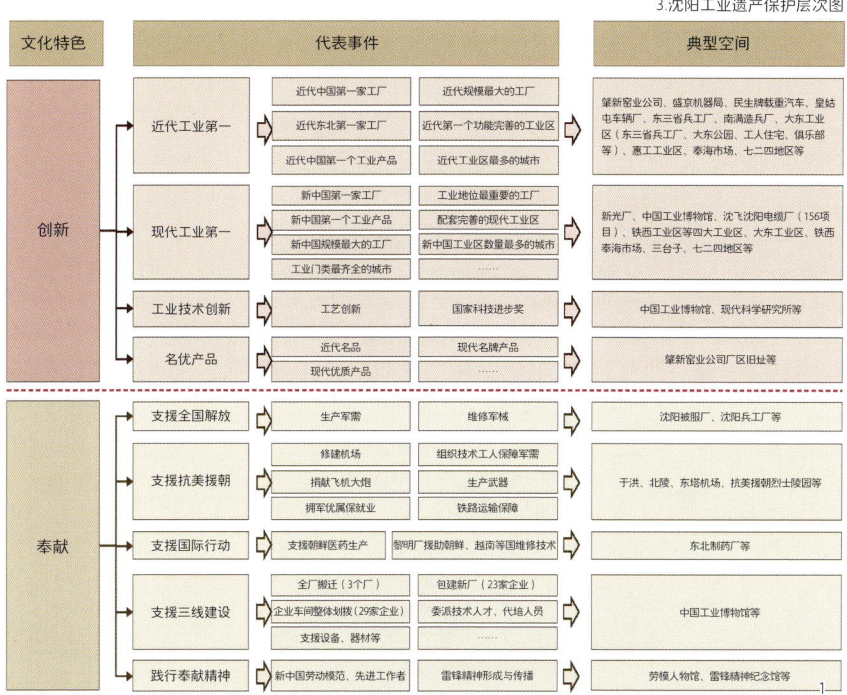

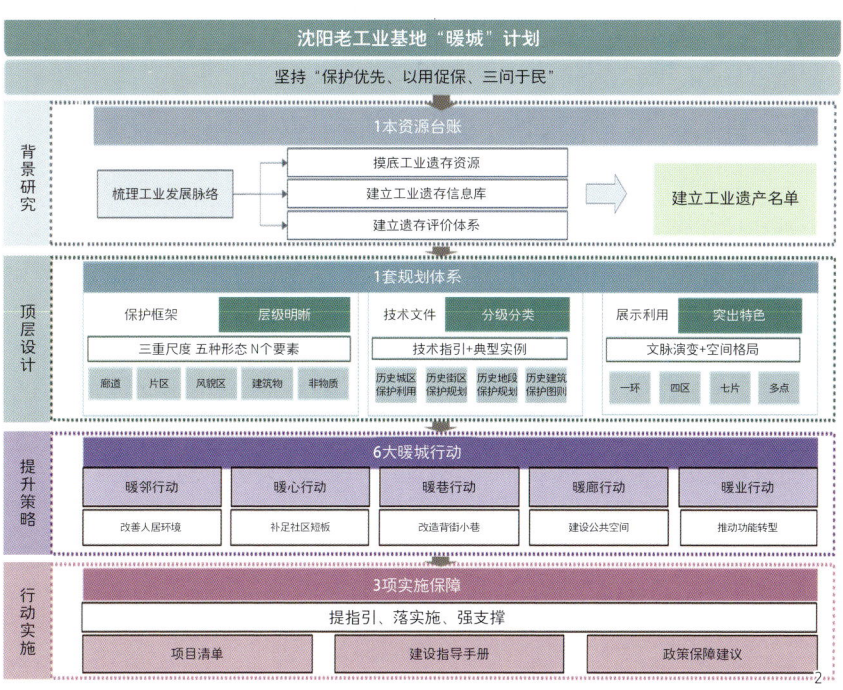

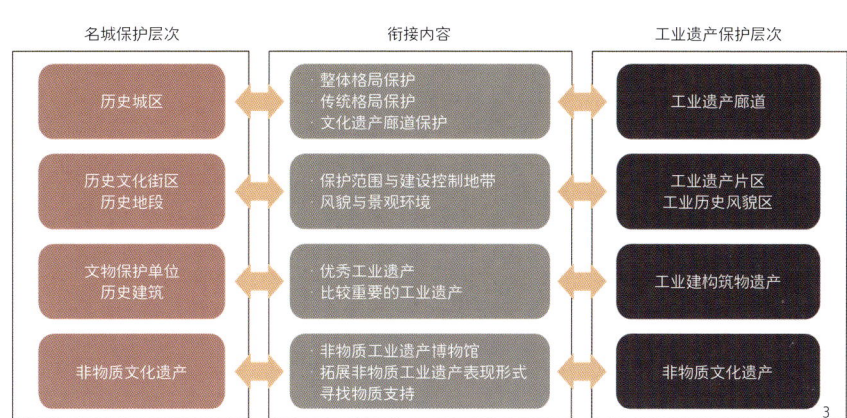

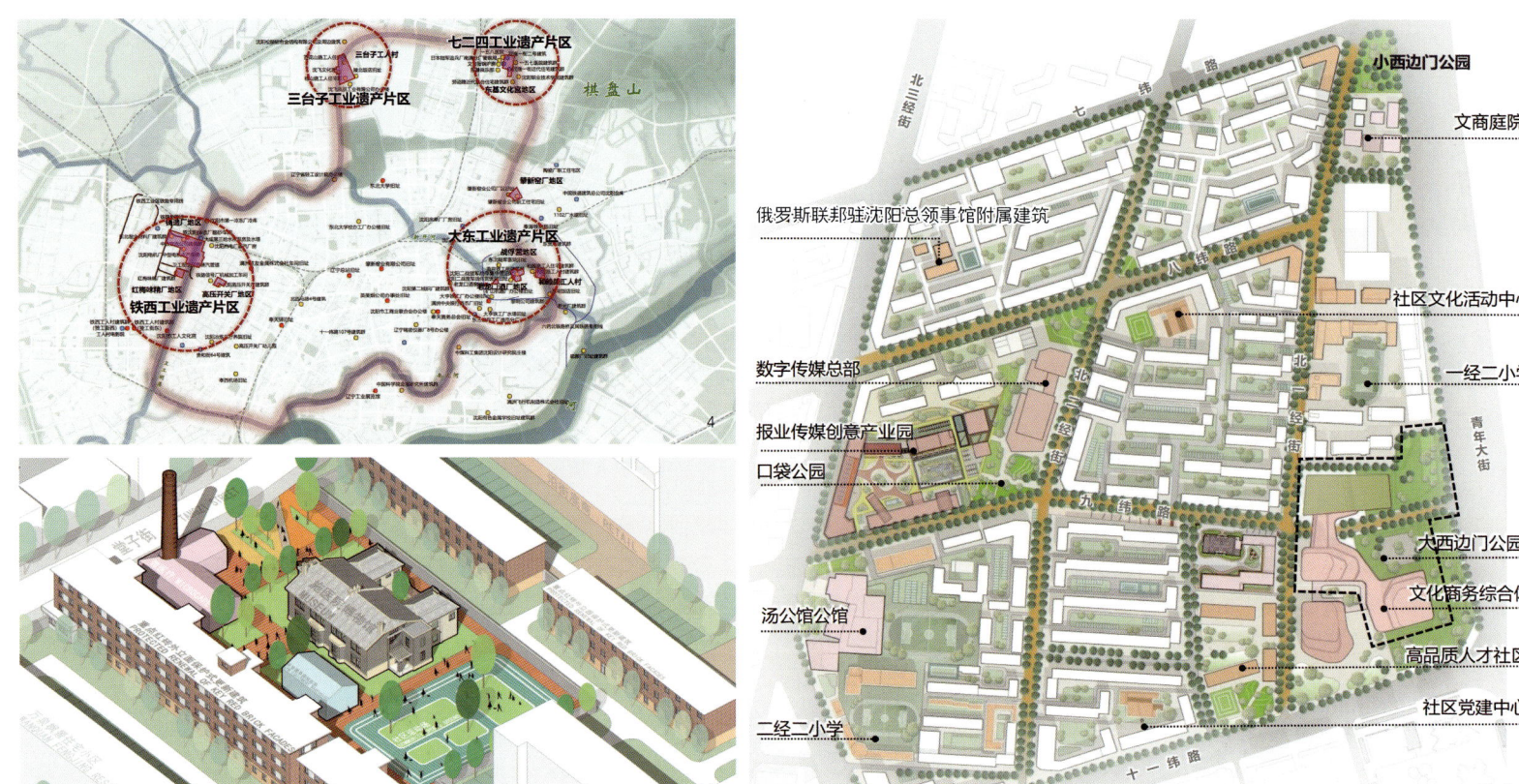

4.沈阳工业文化分布图
5.盛京施医院西侧街角空间建设口袋公园效果图
6.进华坊社区暖邻行动方案设计图

学、宜业、宜居、宜育、宜乐"5类青年友好设施，包括报业传媒文创园艺术中心、美术馆、网红直播基地、康养中心、数字传媒基地、人才驿站等，打造"青活彩塔"品牌。

2.暖心行动

充分利用老旧住区周边闲置百栋锅炉房实施更新改造，补齐社区短板，实现嵌入式公共服务设施建设。重点补充城市书房、社区文化活动中心、社区食堂等社区公共服务设施，吸引居民参与，提升社区温度。

3.暖巷行动

挖掘具有工业文化底蕴且贴近市民生活的背街小巷，通过针灸式改造手法，通过增设具有工业符号街设家具、雕塑小品、景观照明、文化墙等方式，对50条进行U形断面全要素提升，同时对两侧业态进行优化，实现"小投入、大提升"，留住老城烟火气，提升居民幸福感。

4.暖廊行动

挖掘线性廊道类工业文化资源，对三类大工业时带状工业遗存实施激活行动，将原来灰空间打造成活力的城市公共空间，供人休憩、交往、活动、闲谈，促进工业遗产廊道由工业锈带向生活秀带转变。

铁西卫工明渠作为见证铁西工业发展演变的重要见证，经过2008年、2019年两次重大改造，滨水慢行环境得到重大改善，但现状仍存在滨水空间亲水性不足、慢行舒适性不佳、工业特色彰显不充分、滨水两侧休闲设施不足等系列问题。建设通过借鉴韩国清溪川改造经验，将卫工明渠打造成市民休闲的城市公共空间，让市民能够走近水岸亲近水体，治理长度约6km，沿线增加休憩、运动休闲等服务设施，植入铁西工业文化主题标识等，新增口袋公园5处。

5.暖园行动

盘点老城区内边角空间、灰色空间，依托工业遗产建设城市公共空间等，打造城市金角银边，点亮城市生活，兜住百姓幸福。中心城区范围内重点开展5处大型工业类城市公园改造、5处城市广场、100处工业类口袋公园。

6.暖业行动

推动低效厂区功能转型升级，促进工业遗产与文化创意、科技创新、体育休闲等功能融合，促进功能转型升级，实现从锈厂向秀场转变。原来灰空间打造成有城市温度、富有活力的城市公共空间，供人交休憩、交往、活动、闲谈，促进工业遗产廊道由工业锈带向生活秀带转变。

五、"暖城计划"再思考

暖城系列行动计划极大提升了沈阳工业文化的影响力和知名度，获得广大市民、游客广泛好评。与沈阳文化旅游相结合，打造3条工业遗产旅游线路，丰富沈阳文化旅游产品，2023年国庆假期工业类旅游景点吸引游客近300余万人，同比增长近50%。

1.新路径：基于"全生命周期"沈阳工业遗产保护利用实施路径

因地制宜地挖掘工业遗产利用的现实价值和可持续发展途径，加强对沈阳市中心城区范围内工业遗产全生命周期管理，统筹工业遗产在功能、业态、运营等方面的利用发展。研究制定工业遗产容缺运营方案，通过机制创新、各方协作推进文化展示、游览参观、经营服务、公益办公等配套功能落地，逐步建立沈阳工业遗产五步走操作流程，促进区域内工业遗产活化利用。

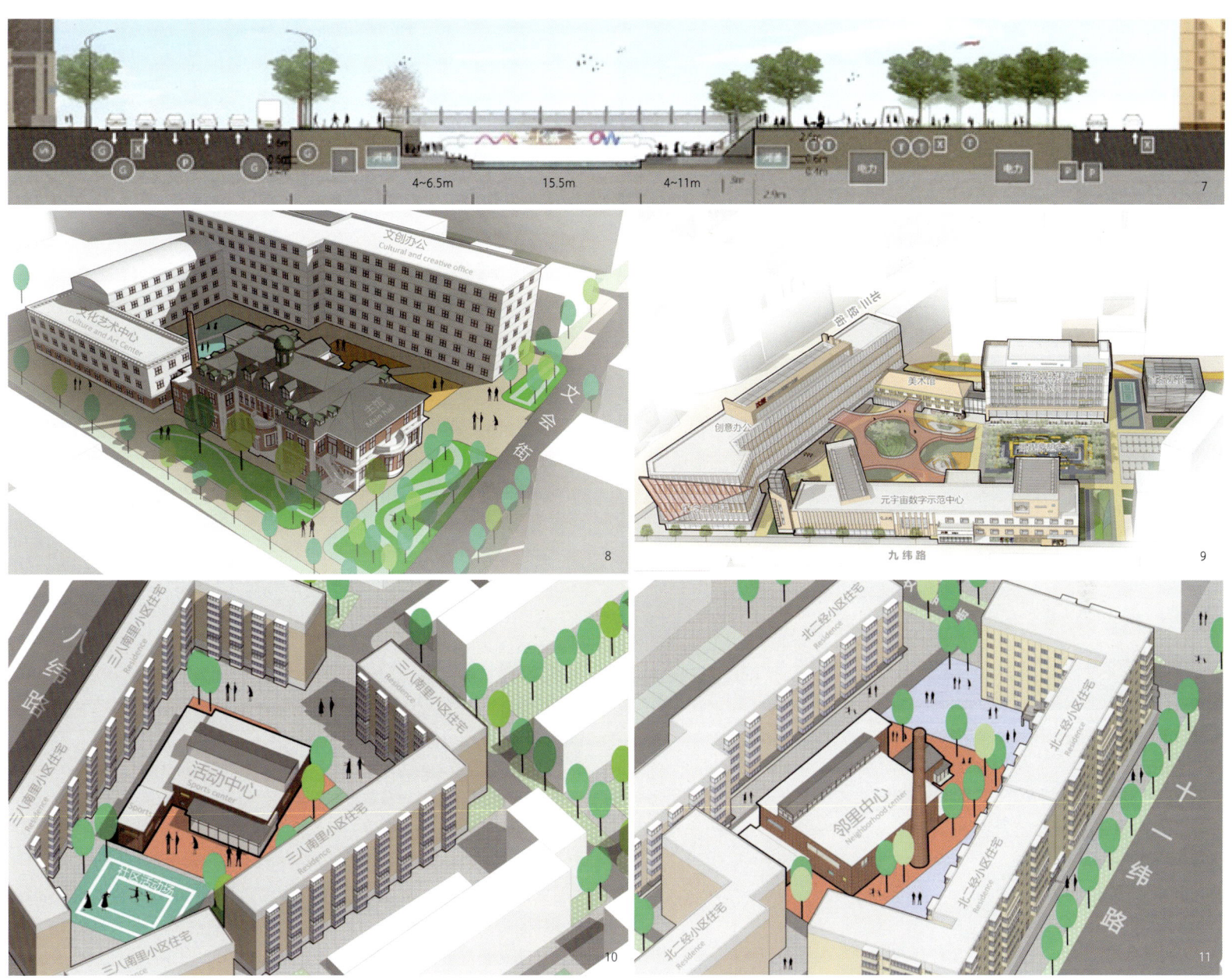

7.卫工明渠更新改造后断面图
8-9.张寿懿公馆改造为博物馆及沈阳报业改造为报业文化传媒文创园区效果图
10-11.暖心行动——文荟里社区锅炉房改造为社区邻里中心、文体中心效果图

2.新内容：基于"整体保护"理念下丰富完善沈阳工业遗产类型

引入HUL方法，突出工业遗产要素系统关联的整体保护，延续工业整体格局、补充增加线性工业遗产廊道、聚集区以及挖掘大院精神、劳模精神等非物质遗产类型。

3.新模式：基于"公平正义"下探索沈阳工业遗产活化利用模式

通过LBS、POI等数据分析，综合考虑不同人群使用需求，以保护为前提，强化公共性、公益性属性，完善城市功能，提出了"四区、七类"活化利用模式，增强身份认同、空间正义，避免遗产利用"绅士化"趋向。

4.新机制：基于"共同缔造"理念建立沈阳工业遗产保护利用

建立了多元主体参与机制，全过程充分听取各方意见，组织百余次工作会议，并通过网络、报刊与新闻等媒体和展览馆进行公众参与。通过伴随式规划服务和全过程跟踪服务，对具体建设工作进行长期跟踪，确保行动精准落地。

六、结语和展望

当下我国城市发展方式已经从增量式发展向存量发展的转变，工业遗产保护利用成为城市更新无法回避的问题。随着对工业遗产价值的深入挖掘和广泛认可，对工业遗产的保护与合理利用是必然趋势，况且工业遗产还占据城市价值高的地段，对城市更新意义重大。沈阳市作为"共和国工业奠基地"，借助沈阳实施城市更新行动契机，围绕工业遗存实施暖城计划，完善配套政策或制度，特别是加大财政资金的投入力度，进一步提高全社会的保护共识，将曾经城市

中的"被遗忘空间"激活为提升人民群众幸福感的"生活秀场",推动沈阳从工业文明时代的"优秀生"蝶变为生态文明时代的"模范生"。

参考文献

[1]解学芳, 黄昌勇. 国际工业遗产保护模式及与创意产业的互动关系[J]. 同济大学学报(社会科学版), 2011, 22 (1): 52–58.

[2]张春风. 印象沈阳[M]. 沈阳: 沈阳出版社, 201.

[3]刘伯英, 李匡. 北京工业建筑遗产保护与再利用体系研究[J]. 建筑学报, 2010 (12): 1–6.

[4]丁海斌. 沈阳城市发展史(现代卷) [M]. 沈阳: 沈阳出版社,2018.

[5]哈静, 李超, 解思雨. 沈阳经济区工业遗产空间格局[M]. 广州: 华南理工大学出版社, 2017, 9.

[6]单霁翔. 从"功能城市"到"文化城市"[J]. 建筑与文化, 2007(8): 10–13.

[7]刘伯英. 工业建筑遗产保护发展综述[J]. 建筑学报, 2012(1): 12–17.

[8]张晓云, 董志勇, 顾琼, 等. 从战略规划到概念规划——沈阳东北老工业基地振兴规划实践[J]. 规划师, 2008, 24(1): 39–43.

[9]刘伯英, 冯钟平. 城市工业用地更新与工业遗产保护[M]. 北京: 中国建筑工业出版社, 2009.

[10]王建国. 后工业时代产业建筑遗产保护更新[M]. 北京: 中国建筑工业出版社, 2008.

[11]刘伯英. 中国工业遗产保护利用的新机遇与新任务[J]. 建筑实践, 2021(11): 16–25.

作者简介

李晓宇,沈阳市规划设计研究院有限公司副总规划师,正高级工程师;

王红卫,沈阳市规划设计研究院有限公司名城保护与有机更新所项目总监,高级工程师;

金锋淑,沈阳市规划设计研究院有限公司城市创新规划所项目总监,高级工程师;

胡顺江,沈阳市规划设计研究院有限公司名城保护与有机更新所工程师;

宋春晓,沈阳市规划设计研究院有限公司名城保护与有机更新所工程师。

12 暖巷行动——会武街更新改造前实景照片
13 暖巷行动——会武街更新改造设计效果图
14 卫工明渠更新改造前实景照片
15 卫工明渠更新改造设计效果图

科创营城引领城市更新的路径探索
——以天开高教科创园核心先导区规划设计为例

Exploring the Path of Science and Innovation City-Building Leading Urban Regeneration
—Taking the Planning and Design of the Core Pilot Area of Tiankai Higher Education Innovation Park as an Example

黄晶涛　陈明玉　白文佳
Huang Jingtao　Chen Mingyu　Bai Wenjia

[摘　要]　在全球科创园区从以产值为核心的1.0版本向以科技人才为核心的3.0版本迭代的演变趋势下，探讨未来如何更好地依托高校人才和科创潜能，植入科创产业，实现城市复兴成为重要议题。项目以天开高教科创园核心先导区为例，深度探索了科创产业植入引领发展的逻辑与更新设计思路，提出以科创驱动城市更新模式破解天津中心城区空心化，塑造完整科创生态的办法。在自主式、渐进式、多元化、定制化更新思想的指导下，借助空间数据采集分析和实地调研方法，构建包含"一地一策，有机更新""增存并举，共同缔造""分型同构，大题小做"的三个创新性规划策略推进设计方案的近、远期建设实施，为从政府收储的单一模式向多元化土地供应模式转变提供路径参考。

[关键词]　城市更新；科创营城；中心城区空心化；城市设计

[Abstract]　As the global science and technology parks evolve from the 1.0 version centered on output value to the 3.0 version centered on scientific and technological talents, it has become an important topic to explore how to better rely on university talents and scientific and technological innovation potential in the future, implant scientific and technological innovation industries, and realize urban revitalization. Taking the core pilot area of Tiankai Higher Education Innovation Park as an example, the project deeply explores the logic and renewal design ideas of implanting scientific and technological innovation industries to lead development, and proposes a way to solve the hollowing out of Tianjin's central urban area and shape a complete scientific and technological innovation ecology by using the science and technology innovation-driven urban regeneration model. Under the guidance of the autonomous, gradual, diversified, and customized regeneration ideas, with the help of spatial data collection and analysis and field research methods, three innovative planning strategies including "one area one policy, organic regeneration", "increase and preservation, co-creation achieving", and "differentiation and isomorphism, big topic and small work" are constructed to promote the short-term and long-term construction and implementation of the design plan, providing a path reference for the transformation from the single mode of government acquisition and storage to the diversified land supply mode.

[Keywords]　urban regeneration; science and innovation city-building; central city decentralization; urban design

[文章编号]　2024-97-P-037

本研究获得天津市2023年度哲学社会科学规划青年项目、积极老龄化视角下的城市"双老化"社区社交环境优化方法研究（TJSRQN23-005）资助

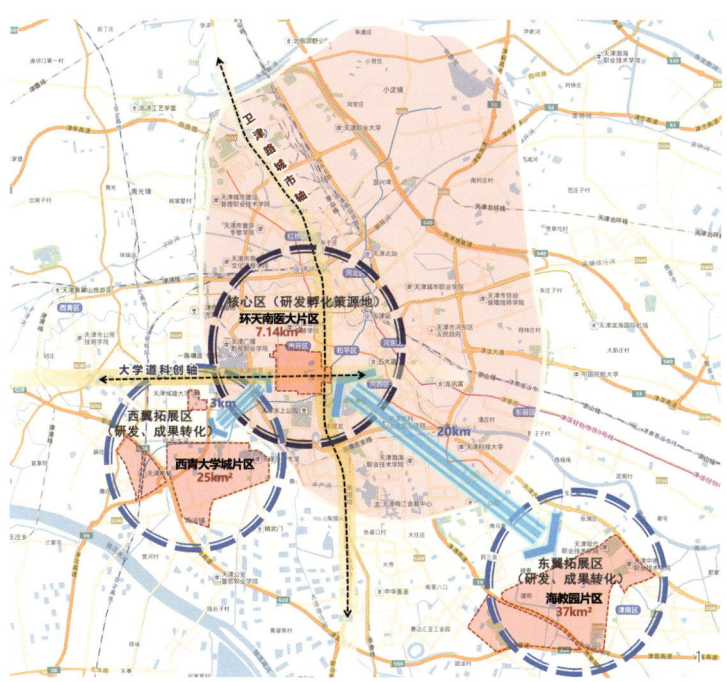

1.天津天开园"一核两翼"总体发展布局图

一、融入大局：聚焦科技创新关键变量，把握历史发展机遇

当今世界正经历百年未有之大变局，科技创新正从关键变量演变成为经济发展的最大增量。全球创新格局出现向亚洲和发展中国家转移的趋势。中国迈入创新型国家行列，但与发达国家仍有差距。为深入贯彻党的二十大和中央经济工作会议精神，积极融入国家科创发展大局，天津市委、市政府将中央战略部署具体化，实施科技兴市人才强市和中心城区更新提升行动，高水准建设高教科创园区。天津科技创新工作围绕聚焦建设创新策源地，着力提升创新发展能力的目标。天津市人民政府于2023年3月28日印发《天开高教科创园建设规划方案》，该方案提出把天开园打造成为科技创新策源地、科研成果孵化器、科技服务资源集聚区，同时将其纳入天津市区两级国土空间总体规划，深化天开园核心区规划设计的编制工作，引领区域高质量发展，促进其成为国际领先的高教科创园示范样本。

二、破解僵局：科技创新与城市有机更新结合，实现城市复兴

科技创新和城市有机更新结合是破解天津中心区空心化困局，实现城市复兴的

2.天开园核心先导区总平面图
3.天开园核心先导区远期鸟瞰效果图

2

3

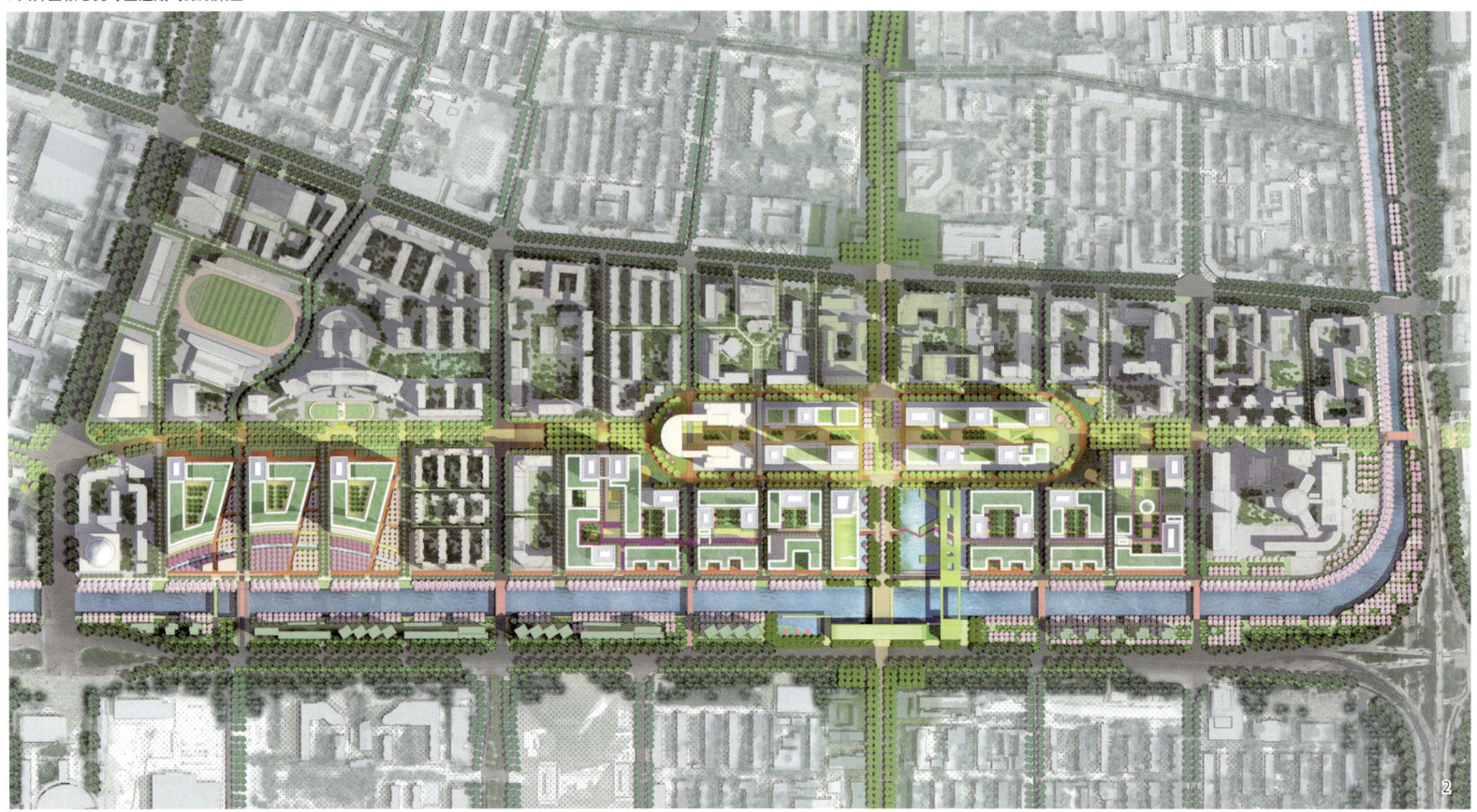

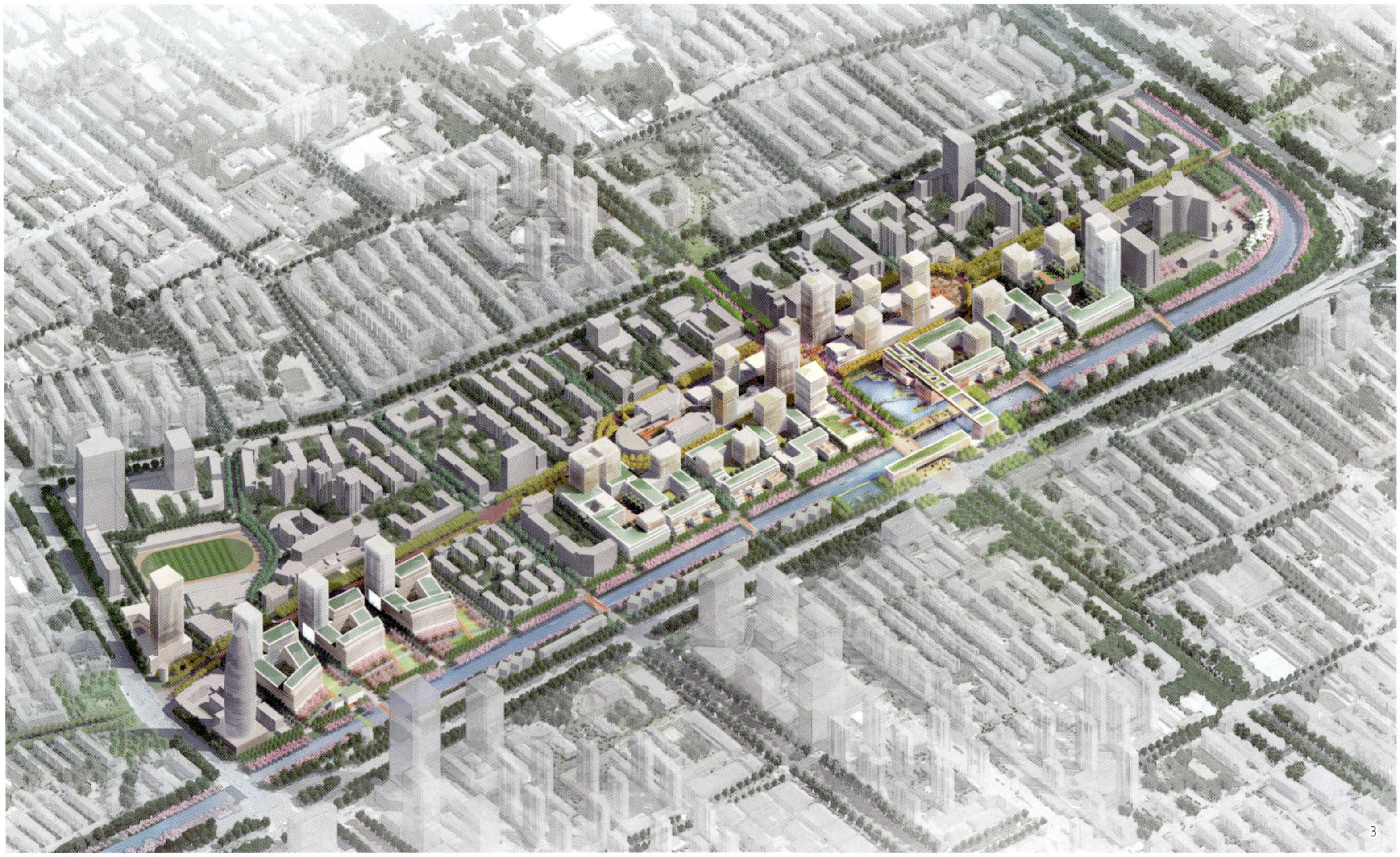

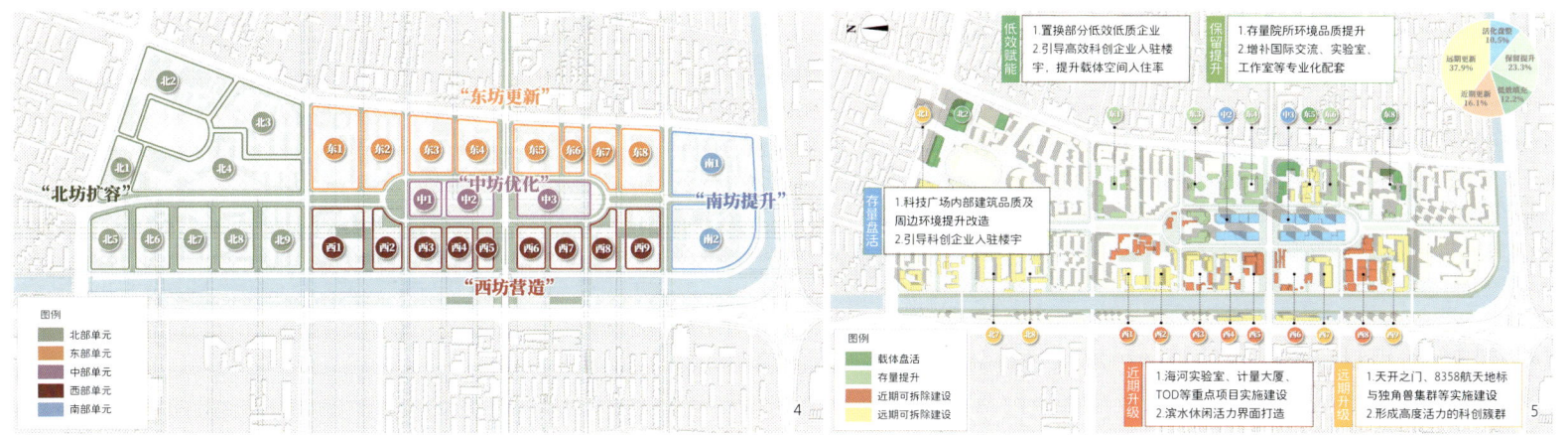

4.天开园核心先导区"一园五区"格局图
5.天开园核心先导区四个更新手段的空间分布图

密码。第七次全国人口普查数据显示,近10年间,北京、天津、南京、沈阳的中心城区(主城区)的人口均呈现出负增长特征,而环城区县的人口却有较大幅度增长。人口和产业"去中心化"是城市化发展中后期呈现出的特点,随着我国城镇化进程进入到深度阶段,如何破解城市"空心化",保持老城区经济活力成为社会各界关注的重点议题。而激发城市发展潜能是破解人口、产业空心化问题的必要路径。我国科创园区的发展历程经历了1.0版本的国家科创园区、2.0版本的城市科创街区发展和3.0版本的市民科创社区这一系列的演替过程,体现了从以产值为核心到以科技人才为核心的理念变化。科技园区的概念已经从单一的生产科研聚集区逐渐演化为科学与艺术相互融合的城市专业特色中心区域。

为此,聚焦中心城区的高校资源优势,通过城市与大学的双向赋能驱动科创中心城区更新,形成对中青年人口具有持续吸引力的活力片区。在此背景下,本项目提出科创驱动城市更新模式的三个原则:①以人和企业的需求为核心,包括创新人才、原产权单位、科创企业、学校和原住民等;②在国土空间承载力总量控制的前提下,尽可能多地满足多方主体需求,提供弹性发展机会;③采用精细化管控,实现人与空间的高质互动的人居生活场景,激发城市创新活力。以科创园区4.0版为目标,突破性实现从单一功能的传统园区载体到多元复合社区生态,从侧重筑巢引凤到着力搭建国际高水准的科创平台,从重资产"量"的积累到轻资产"质"的飞跃,从终极蓝图式管控到动态化治理与弹性规划,从彰显城市形象到注重科创空间使用的实效化。

三、重塑格局:总体谋划"一核两翼",成就天津科创新格局

在深入推进京津冀协同发展重大国家战略,依托高校凝聚智慧、汇聚人才、集聚产业,全力建设高水平创新型城市的思想指导下,围绕科创园区发展规律和要素特征,结合区域资源禀赋和发展需求,规划构建天开园"一核两翼"辐射全市的总体空间发展布局。在功能上形成以研发孵化为主的"一核"和以研发转化产业化为主的"两翼",充分发挥高校创新优势和策源功能,充分显现科教融合、产教融合。在空间上,带动南开区、西青区、津南区、华苑科技园等多个区域连片发展,形成区域创新走廊,推动形成大学与城市相互滋养、相互赋能、相辅相成的良性发展格局。在定位上带动全市科技创新高地建设,规划成为具有全球影响力的新知识、新技术、新业态重要发源地,打造带动全市高质量发展的重要动力引擎和新的增长极。

四、开创新局:以科创策源和四区融合,联动升维科创都市感

1.以科创生态圈理念重塑核心区科创资源

上承"一核两翼"总体要求,天开园核心区落位水上公园北路、红旗路、双峰道、气象台路围合的约7.14km²范围内。研究借鉴科创回归都市的硅巷、硅滩、硅谷等不同类型科创的空间需求、规律与经验,确定核心策源地的定位、研发孵化的功能以及都市型的空间形态特征。由此形成"三轴一U"的空间架构,分别为卫津路千年城市轴、大学道百年人文轴、科研路先导区科创轴以及津河与卫津河形成的科创U湾。

具体的规划设计以"校区、园区、社区、城区"四区融合升维科创都市为理念思路,以先导区作为转型催化剂形成"科创生态圈",并以创新策源引领区、科研平台聚集区、创业孵化示范区、城校互融活力区为核心区定位,形成"双轴脉动,U谷创新,策源先导,天开智湾"的空间成长结构。通过串联天南医大巍巍百年学府研学的大学道精神轴线,和环核心区津卫蓝绿水岸为"U谷珠链",焕活各类科创空间载体资源,由此营造出"天开十景"魅力公共开放空间推进交流联动,突出"书卷学府、活力创新、文艺津沽、科创未来"的繁荣活跃科创都市的特色风貌气质。此外,构建科创导向下都市更新发展为策略导则路径,充分发挥中心区历史、文化、人才、服务资源富集的优势,梳理评估各类科创资源,释放高校创新动能,促进科创生产、生活、服务的体系化发展。在供载体、强服务、活社区、畅交通、链生态、显魅力的六大导则下,明确先导区先行先试指引原则和近期实施任务安排,推进核心区科创升级发展,建构健康可持续发展的科创生态圈。

2.分型同构,以科创单元指引先导区更新

天开高教科创园核心先导区由红旗路、鞍山西道、白堤路、复康路围合而成,占地面积约1.1km²。作为天开高教科创园的先行先试区,该片区是提升中心城区科创功能的关键空间载体。项目深度探索了科创产业植入引领城市更新发展的设计思路,将"科技创新的策源地、科技服务的集聚地、科创平台的汇聚

6.科创微单元空间构成模式图
7.天开园核心先导区科研院所类型划分及分布图
8.天开园核心区"三轴一U"空间架构图
9.苏堤南路道路断面改造示意图

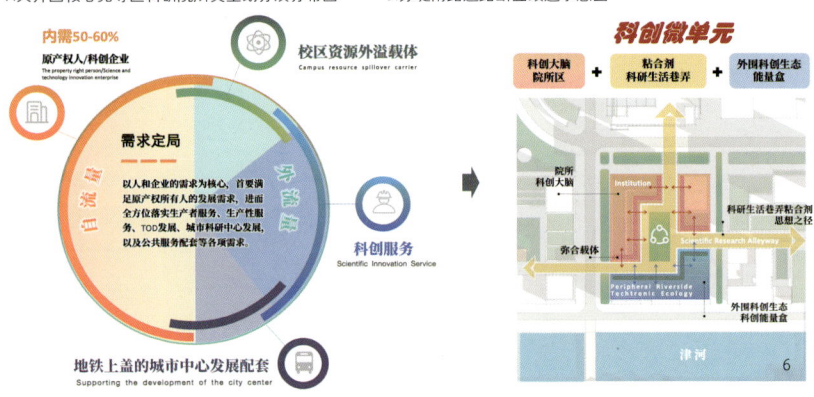

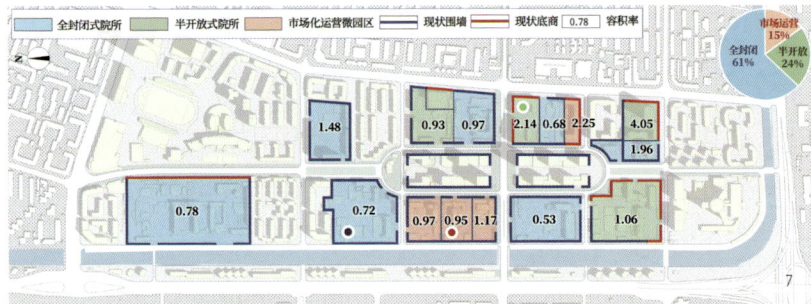

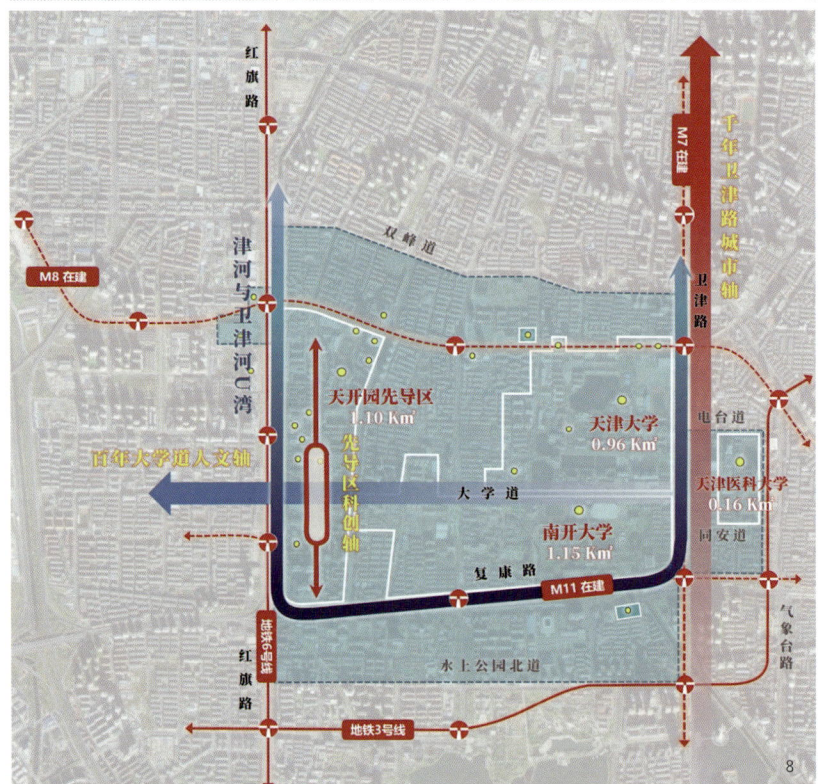

地、科创人才的落脚地、科创文化的打卡地"作为规划定位。规划设计旨在提交科创与都市相互赋能的、有机更新的天津方案，营造天津科创生态最完美的1km²，实现"强科创芯、筑天南魂、赶国际潮、留天津味"的风貌意向，汇集天津城市科技与人文的多元流量。

项目借助空间数据采集分析和对实地调研方法，将先导区划分为31个更新单元，对其逐一建立数据库作为城市设计的基础。由此分析得到五个掣肘城市更新的问题：①空间格局业已成型，用地以科研功能为主导（占比为20.63%），但近70%的地块容积率不足2，土地空间价值亟待挖潜；②交通系统问题突出，总体路网密度偏低，内部微循环不畅，且存在停车供需不平衡，科创流量有待激活；③科创载体相对集聚，有多家省部级工程中心和重点实验室，公共服务资源配套相对齐全，但居住建筑质量参差不齐，科创服务有待升级；④科创空间闭合低效，有围墙的全封闭式院所占比超过一半，其他为内部有社会化合作的半开放式院所和全部交由市场化运营微园区，科创动能有待释放；⑤现状植被繁密，生态环境宜人，但滨水优美的自然生态与滨河空间界面未实现无界融合，科创场景有待匹配。

在遵循权属、开源纳新的自主式更新，因势利导、迭代成长的渐进式更新，制度引领、市场运维的多元化更新以及问题导向，精准施策的定制化更新思想的指导下，提出三个创新性的规划策略推进规划方案的动态实施。

（1）一地一策，有机更新

在政府不整体收储的背景下，区划更新类型，制定空间导则，以政策的精准定制和规划的伴随服务，培育科创空间的智慧成长。确定"东更新、西营造、南提升、北扩容、中优化"的空间发展格局，基于此锚定园区更新微单元的规划目标。

（2）增存并举，共同缔造

释放存量空间资源，叠加科创服务业态，同时以科创服务的增量来盘活科创资源的存量。采取存量盘活、保留提升、低效赋能、更新升级（近期与远期）四类更新手段确定可释放出的空间资源，并增添科创生活服务、科创金融与商务服务、科创中介平台、市级科创文化服务、地铁上盖综合服务及政策支持等满足初创人员、技术人才、科研精英、带眷家庭和科创企业等主体的多样需求。

（3）分型同构，大题小作

重构院所单元的分型机理，完型科创生态功能，提升开放空间品质，同构科创总体格局。充分尊重产权人诉求，确定企业需求规模（拟为地块总建筑面积的60%）作为科创大脑，同时鼓励开源纳新，在原地块上利用剩余建设量（地块总建筑面积的40%）植入外延科创配套服务。并设置串联科研院所内部的步行巷弄和弥合载体，使其成为科创黏合剂促成创新思想交互和科研氛围的集聚。

以基地内的全封闭式院所激光技术研究所的动态更新为例，通过渐进式更新方式，开源纳新，利用剩余容积植入外围科创生态。此外，预留垂直于津河滨河绿带的街巷空间，形成新的城市公共空间。

最后，先导区城市设计方案形成了"一叶方舟，两条轴线，三里花堤，四坊开源，五巷织锦，六个梯度，七桥八径"的规划体系。具体包括，设置连续的城市街道界面，维系渐进式更新的阶段品质，同时以焕活津沽特色、花堤蔼蔼的滨水生活盛景为导向，划定三级开放空间体系，将自然生态、建筑美学、科技创新、生活方式等要素融为一体。在功能布局

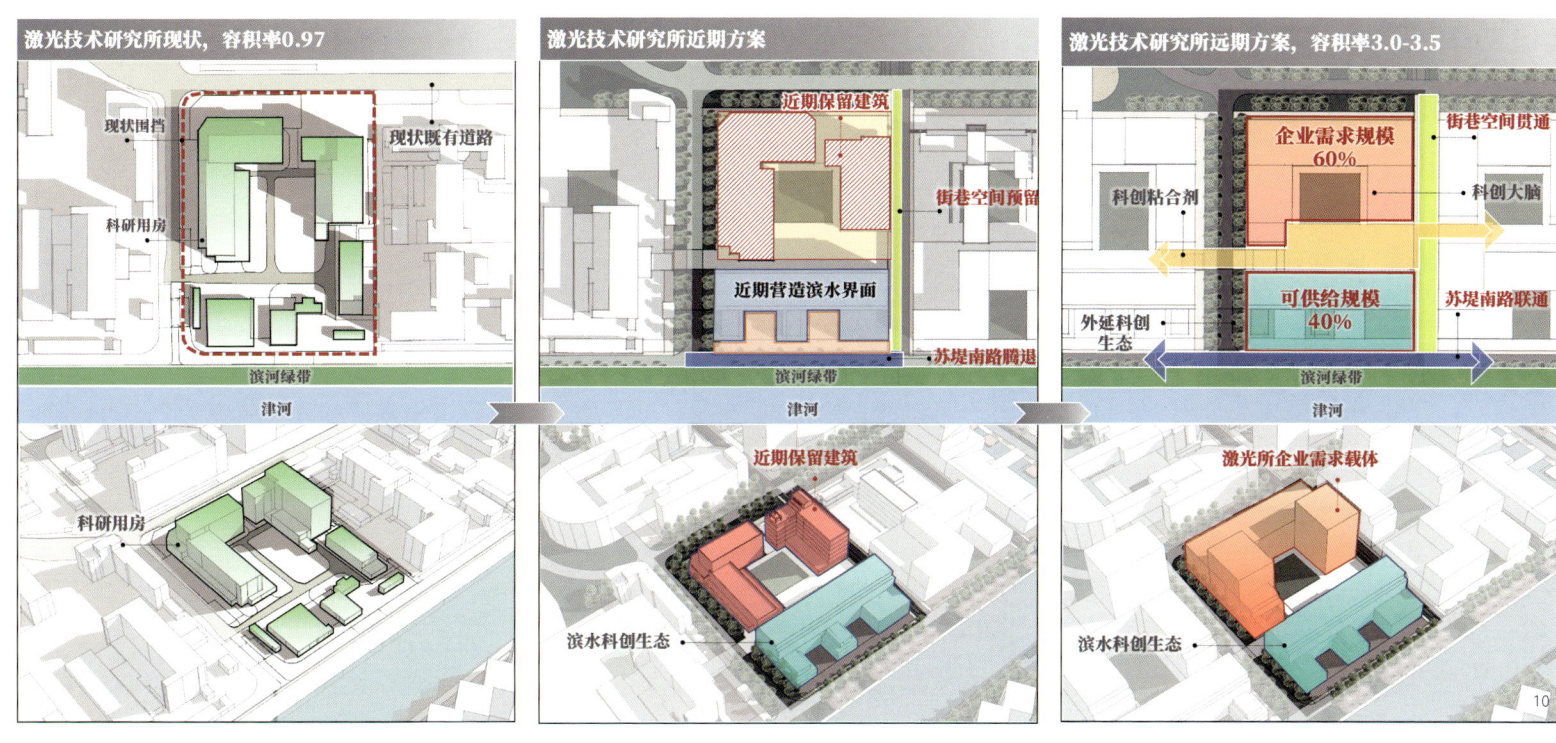

10.天开园核心先导区激光技术研究所分型同构方案发展示例图

上,界定更新单元,锚定更新目标,落位科创服务,完型科创生态,形成科创院落复合单元、科创立体复合单元、市级文化公服单元、地铁上盖综合单元以及居住生活服务单元。在空间形态上,传承天津滨水城市空间管理精髓,形塑有序而律动的城市天际线,形成六个梯度的高度控制。在交通系统上,畅连现状道路骨架,织补疏通路网毛细,增设三座跨河桥梁,设计形成道、路、街、巷、岸五种街道断面,提升科创载体功能。其中苏堤南路道路断面改造,通过优化滨河步行和骑行环境,增设外摆空间等提升品质。

最后,以弹性化、动态化推进规划方案的近远期建设实施,近期新增科创载体和科创服务配套建筑面积约12万m²(上下浮动10%),远期新增科创载体和科创服务配套建筑面积约48万m²(上下浮动10%)。通过城市设计导则引导以及持续性地项目跟踪与指导,形成延续大学道百年人文轴线和先导区科创中轴并塑造出智慧彼岸、三里花堤、无界之径、方舟之芯、科技广场、大学之道、天开之门等标志性场景。

五、千帆竞渡,未来已来:以伴随式服务和运营思维把控品质

天开园核心先导区规划设计围绕"科技创新和城市有机更新的结合,是科技和产业的城市更新版"这一核心目标,借助地段的中心区位优势,在原有低效用地土地上保持传统科研院所的向心发展,同时利用剩余容积构建科研生态服务科创驱动城市更新范式的"新方法"。以改造模式灵活多元、科创需求精准满足、居民生活品质提升、规划管控保持弹性为核心开展设计,在天开园的规划设计上积极谋求人、地、境三者关系的统一。在方案生成过程中探索建立全生命周期的陪伴式规划引导和管控设计管理运营一体化,以应对从"终极蓝图式"管控到动态化治理与弹性规划的行业转型。

同时,在空间制度和政策激励机制方面的内容上提出以制度设计引领科创生态更新的实践方法,将设计与可持续、动态实施有机结合起来。通过细化导则维系园区高品质科创公共空间和设施体系的搭建,以此因势利导、完型园区的迭代成长,为培育科创人才和企业提供有营养的土壤,构建完整的、富有接纳性、前景性和生命力的自然科创生态。为逐步达成阶段性目标并最终实现该片区的远期效果,项目通过优秀项目持续入驻,创业服务陆续补足,奖励政策及时兑现,创新创业生态营造等方式持续细化政策措施,促进建设运营的可持续发展,提升社会、环境、经济效益。

(感谢天津大学建筑学院城乡规划系李津莉老师在天开园核心区层面的工作指导,以及先导区项目团队成员马龙、肖晗宇等人的制图和分析工作。)

作者简介

黄晶涛,天津大学建筑学院城乡规划系教授;

陈明玉,天津大学建筑学院城乡规划系助理研究员;

白文佳,天津大学建筑学院城乡规划系博士生。

规划韧性与韧性规划
——北京市韧性城市空间治理探索与实践

Planning Resilience and Resilience Planning
—Exploration and Practice of Space Governance of Resilient Cities in Beijing

李 翔 张朝晖 张 嫱 穆修帆
Li Xiang Zhang Zhaohui Zhang Qiang Mu Xiufan

[摘 要] 随着全球环境危机日益加深，极端灾害频发，人民生命财产、生产安全面临的形势复杂严峻，面对各类突发灾害，韧性城市建设的重要性和紧迫性凸显。北京作为首都超大城市脆弱性更加突出，本文把握韧性城市的内涵与特征，搭建"规划韧性"和"韧性规划"相互嵌套的整体框架，统筹实现以新安全格局保障新发展格局，提出了综合风险评估体系、韧性空间标准体系、韧性空间治理体系、动态实施管理体系四个体系化的空间规划内容，推动韧性规划实施，为高质量、可持续发展提供坚实保障。

[关键词] 韧性城市；空间治理；北京

[Abstract] With the deepening of the global environmental crisis and frequent occurrence of extreme disasters, the situation of people's lives, property and production safety is complex and severe. The importance and urgency of building resilient cities are highlighted in the face of various sudden disasters. As the capital megacity, Beijing is more vulnerable. This paper grasps the connotation and characteristics of resilient cities, and builds an integrated framework of "planning resilience" and "resilient planning". To ensure the new development pattern with the new security pattern as a whole, this paper proposes four systematic spatial planning contents: the comprehensive risk assessment system, the resilient spatial standard system, the resilient spatial governance system, and the dynamic implementation management system, so as to promote the implementation of the resilient planning and provide a solid guarantee for high-quality and sustainable development.

[Keywords] resilient city; spatial governance; Beijing

[文章编号] 2024-97-P-042

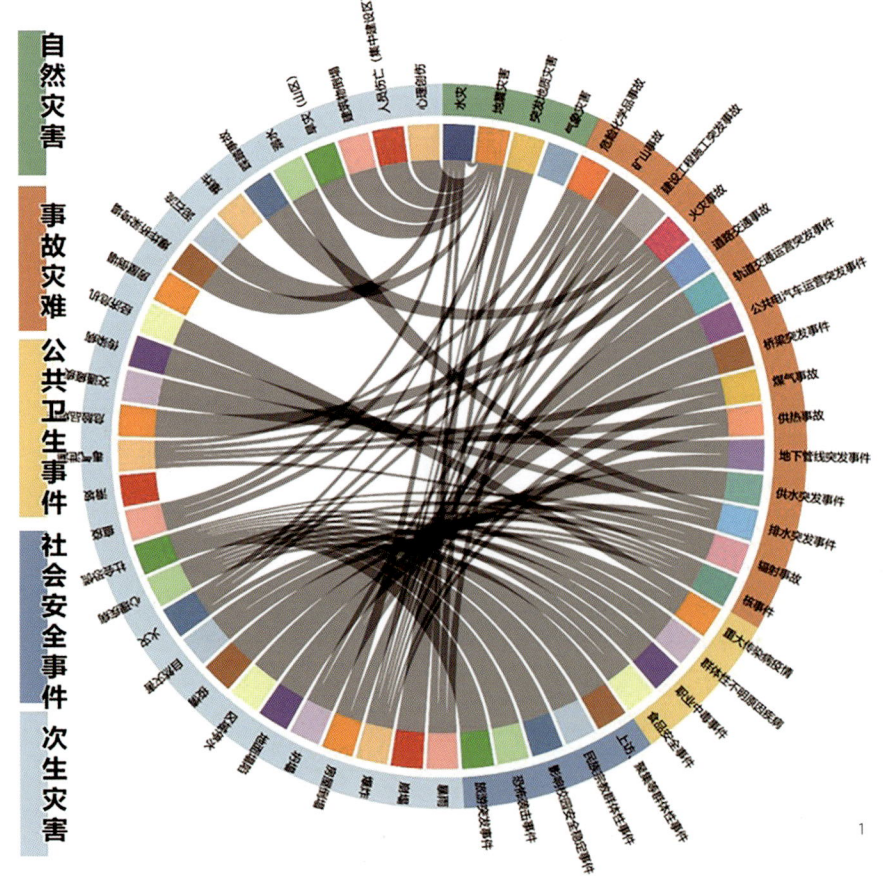

1.北京市面对的主要灾害风险分析图

一、整体背景

近年来，"七下八上"期间降雨量突破历史极值的站点数大幅增加，极端天气多发频发态势愈加明显。海河"23·7"流域性特大洪水，"9·4"厦门暴雨，"9·5"福州暴雨，"9·7"香港、深圳暴雨，极端自然灾害与城市系统之间引发的级联反应，给人民生命财产、生产安全产生了更大的影响与威胁。

1.灾害风险的趋势与特征

随着全球环境危机日益加深，当今世界重大自然灾害频繁发生，并且呈现巨灾化、频率高、破坏严重的特点，世界范围内防灾形势严峻，仅2022年全球就发生较大自然灾害321次，造成3.1万人死亡，约1.86亿人受影响，直接经济损失2238.37亿美元[1]。

我国地质构造条件和自然地理环境特殊，是世界上遭受自然灾害最严重的国家之一，我国58%的国土、82%的省会、60%的地级市、54%的县处于7度及以上地震高烈度区[2]。21世纪以来，我国平均每年因自然灾害造成的直接经济损失超过3000亿元，因自然灾害每年大约有3亿人次受灾[3]。

城市发展与灾害风险相伴而生，充满不确定性。随着城镇化水平不断提高，风险也日益复杂多变。由于规模的巨型化和人口的复杂化，超特大城市成为各类风险的聚集区和重灾区，城市安全受到严重威胁。

北京所处的地理位置决定了多种自然灾害的长期并存，作为超大城

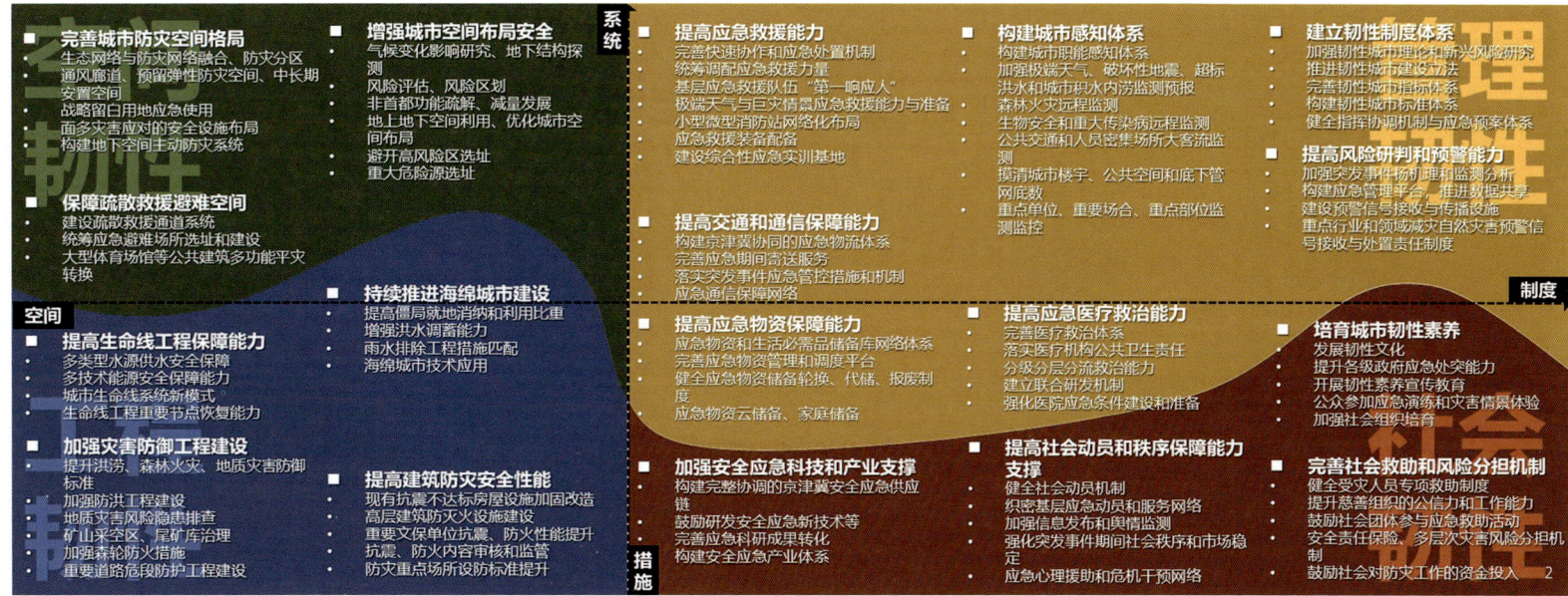

2.《关于加快推进韧性城市建设的指导意见》主要内容示意图

市,城市资源环境总量有限,社会、经济活动和人口高度聚集,城市脆弱性更加突出。灾害的复杂性、叠加性、连锁性和动态性等特点,给城市风险治理和应急响应带来了重大的冲击和挑战。

2.韧性城市的要求与部署

面对各类突发灾害,韧性城市建设的重要性和紧迫性凸显。党的二十大报告明确提出加快转变超大特大城市发展方式,实施城市更新行动,加强城市基础设施建设,打造宜居、韧性、智慧城市[4]。建设韧性城市是以习近平同志为核心的党中央对新时代城市工作作出的重大战略部署。

2021年北京市委、市政府办公厅发布《关于加快推进韧性城市建设的指导意见》,从统筹拓展城市空间韧性、有效强化城市工程韧性、全面提升城市管理韧性和积极培育城市社会韧性四个方面提出推进韧性城市建设的主要措施[5]。

3.北京的实践与探索

2018年,北京市在国内率先开展北京韧性城市规划纲要研究,从韧性城市的本源出发,以城市风险和韧性度评价为核心,形成从理论体系、技术方法、规划响应到实践应用的架构[6]。

按照2023年北京市政府工作报告中"深入开展韧性城市建设""制定韧性城市空间专项规划,系统提升城市本质安全水平"的工作部署,后由市规自委、市应急局组织开展了《北京市韧性城市空间专项规划(2022年—2035年)》编制工作。

二、何谓韧性

韧性城市作为统筹城市安全和发展的新理念,近年来国内外专家学者对韧性城市开展大量的研究,如何正确理解认识韧性城市,在韧性城市规划研究中如何正确把握内涵与要点,是推动韧性城市建设走向实处、韧性城市规划走向深处的关键。

1.韧性城市的内涵

《关于加快推进韧性城市建设的指导意见》提出:韧性城市是具备在逆变环境中承受、适应和快速恢复能力的城市,是城市安全发展的新范式。韧性城市不同于城市安全或防灾减灾,工作重点关注设防标准之上的灾害风险,尤其是低频次高损伤灾种,重在通过策略措施以有限空间和资源应对复杂风险挑战,加强城市运行的灾时维持力和灾后恢复力。核心目标是保障人民生命安全、维持城市正常运转。

韧性城市更加强调城市系统对不确定性因素和未知风险的适应能力,为应对城市危机、保障城市安全提供了全新的思路,围绕集中与分布、确定与不确定、刚性与柔性有三个思路上的转变。

稳定性更强调创新集中加分布式的空间布局体系。立足资源统合与系统拟合,不断提升城市各项功能在韧性方面的耦合度,提高城市各系统之间的连通性,有力支撑城市韧性的稳步提升,通过逐步优化国土空间格局,确保在极端灾害来临一个区遭受破坏的情况下,其他区域还能独立运作,最大限度提升灾害风险维持力。

适应性是指以空间的确定性应对灾害的不确定性。面向复杂多变的内外部环境,客观认识自然灾害、事故灾害、公共卫生事件、公共安全事件等不同灾害的形成原理和演化机制,着力破解链式反应和放大效应。

经济性则重点关注在设防标准以上的精准施策。以经济、安全、高效为原则,通过合理调配资源,将各类风险带来的损失降到最低,通过构建多层次的韧性城市建设综合目标,实现不同程度的韧性度,而非全部追求高韧性。

2.韧性城市规划的特点

基于灾害发生的时间顺序为线索,韧性城市规划应把握"三个力"的规划主线,以"韧性曲线"对韧性城市建设进行逻辑统筹,实现灾时维持力、灾中恢复力、灾后转型力的全方位韧性能力。

城市系统面对灾害风险时第一个阶段的韧性是"维持力",即维持系统的主要功能不变,要求城市生命线工程在灾害来临时具有足够强大的"鲁棒性",保障城市居民正常的生活生产秩序得以运行。

第二个阶段是"恢复力"发挥作用的时期,即城市遇到特大灾害时,某些重要系统已经崩溃,但具有韧性的系统可以很快恢复、服务功能能够基本恢复到原有水平。

第三个阶段是"转型力",即城市在恢复常态之后通过迅速的"补短板"转型提升城市整体韧性的能力,通过搭建能够实现自适应、自组织的基本空间单元,从整体上实现韧性城市建设的未来转型力。

在规划思路上搭建"规划韧性"和"韧性规划"相互嵌套的整体框架。其中,各级各类规划编制中面向设防标准已嵌入韧性理念,属于"规划韧性"

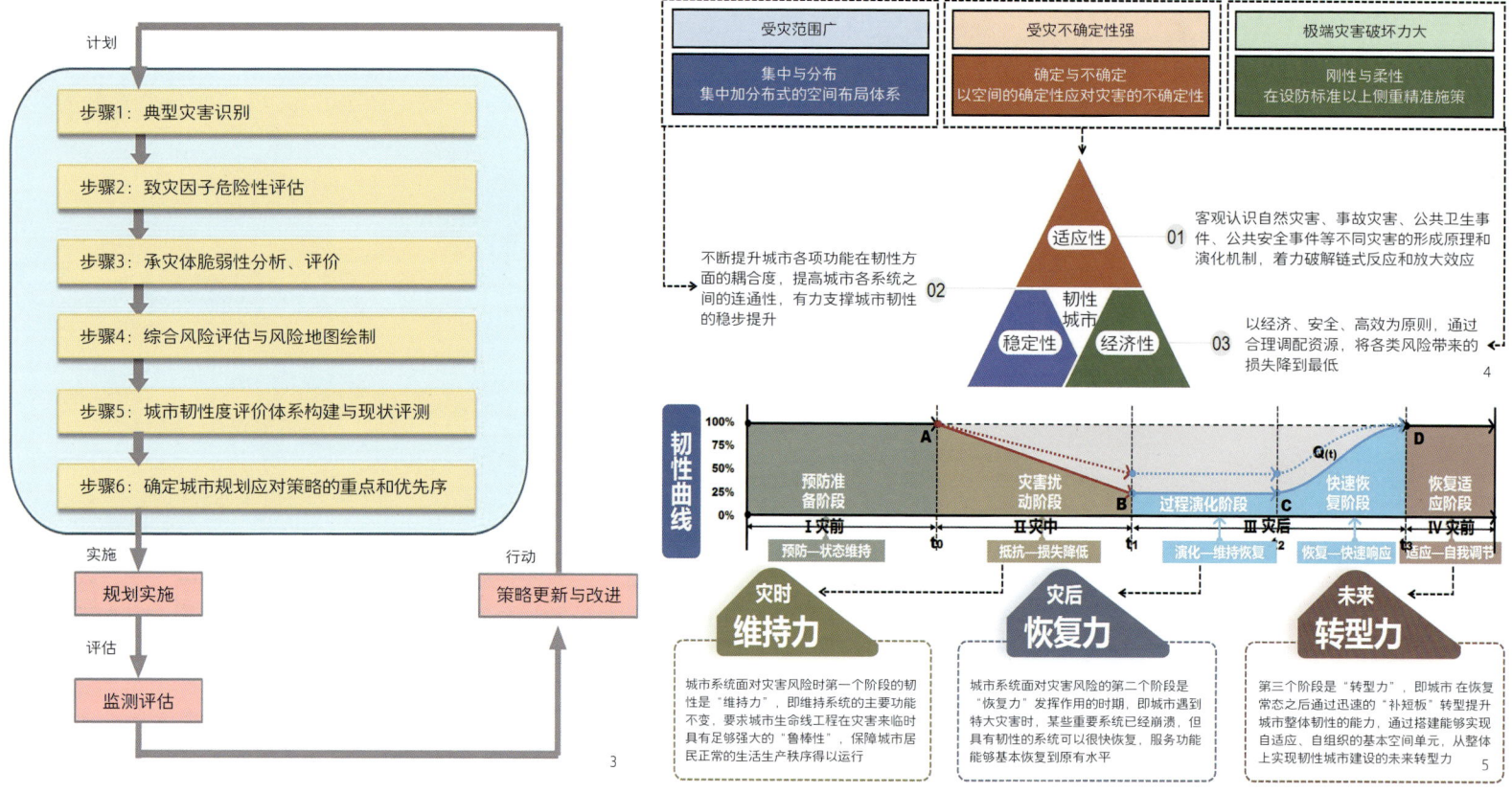

3.《北京韧性城市规划纲要研究》主要技术路线图
4. 韧性城市的三方面思路转变示意图
5. 韧性城市规划的三个力示意图

范畴，是保障城市韧性的底线，应加快推动按规划实施。同时，巨灾和极端情况是常规规划和设施建设标准无法覆盖的，属于"韧性规划"范畴，需强化极端情景分析及推演模拟。

从"规划韧性"来看，在北京城市总体规划的总领下，围绕国土空间、综合防灾、专项防灾、韧性城市等方面已开展了各项系统性工作，韧性理念、措施、指标、任务已全面覆盖国土空间规划三级三类四体系，细化"规划韧性"的纵深实施，重点在于提炼出"补短板、强弱项"推动实施的内容[7]。

从"韧性规划"来看，针对极端灾害风险，补充"韧性规划"应对措施。通过数字孪生，推演模拟极端情况下人群疏散条件和风险、生命线和设施受损、次生灾害等情况，预判在城市空间中需要超前谋划的各项措施，最大限度地减少城市系统的运行影响，保障人民生命财产安全。

三、韧性施策

把握韧性城市的内涵与特征，加强空间领域的顶层设计和规划引领，韧性城市空间专项规划在"风险识别—状态评估—规划响应—适应性管理"PDCA Cycle的基础上，在韧性城市空间专项规划中形成综合风险评估体系、韧性空间标准体系、韧性空间治理体系、动态实施管理体系四个体系化的空间规划内容。

1. 数据岩层与风险评估

基于首都超大城市特点，对灾害频度和破坏程度进行筛选，聚焦中高冲击的主要灾害类型，通过搭建数据岩层，夯实灾害风险数据库，搭建涵盖"灾、承、供、救、用"全流程的城市韧性现状评估，进行空间定量化评估，形成致灾因子综合风险评估图。

结合北京特点，对灾害频度和破坏程度进行筛选，聚焦19种中高冲击的主要灾害类型，通过搭建数据岩层，夯实灾害风险数据库，进行空间定量化评估，形成致灾因子综合风险评估图，识别各类灾害易发区。

2. 数字孪生与极端风险

通过数字孪生识别极端风险。考虑"都"的定位和"城"的基底，选取极端情景开展规划分析，深化"韧性规划"，利用数字孪生手段进行极端情景模拟推演和灾情反演，细化空间影响区域和重要设施。

结合海河"23·7"流域性特大洪水灾害，搭建"灾前—灾中—灾后"数字孪生系统，综合叠加山区数字高程模型（DEM）、卫星影像和沟域范围，模拟洪水淹没情况，辅助分析还原灾情，形成灾后重建规划的数据底盘。

3. 系统耦合与空间分级

进行系统耦合构建韧性空间治理体系。以极限思维为导向，构建兼具维持力与恢复力的韧性城市空间布局体系，创新提出市域格局、圈层要点、组团划分、街乡单元和社区生活圈构成的"集中式+分布式"的5级韧性空间规划布局体系。在韧性城市组团划分过程中，重点对行政区划、人口、用地、供水、污水、能源、应急交通等12类城市分区进行科学拟合。

市域层面结合总体规划战略布局，立足京津冀协同发展，在更大范围配置资源，在市域层面构建"三环八廊多支点"的韧性支撑体系，推动生态网络和防灾网络融合布局，加强城市生命线工程建设，增强干线系统供应安全，提升运行保障能力和韧性支撑作用。

圈层层面统筹发展和安全，细化韧性要点。结合"一核一主一副，两轴多点一区"城市空间结构，基于空间系统演变规律，结合城市风险的内在机理，根据空间本底与风险特征，提出差异化圈层韧性要点，促进全市抵御风险的韧性能力全面提升。

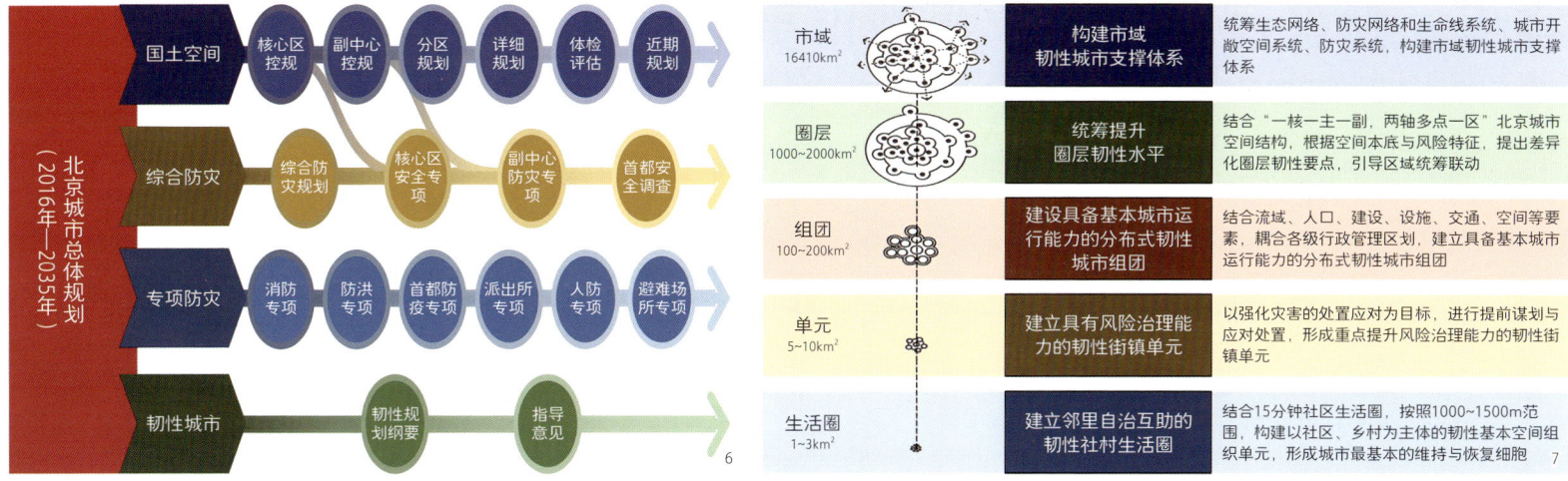

6.北京市国土空间规划"规划韧性"探索示意图
7."集中式+分布式"的5级韧性空间规划布局体系图

组团层面针对北京城市空间结构特征与地理格局特点，对行政区划、人口、用地、供水、污水、能源、应急交通等12类城市分区进行科学拟合，将全市划分为39个具备基本城市运行能力的分布式韧性城市组团，实现城市基本功能维持与快速响应恢复。

街镇层面以强化灾害处置应对为目标，综合考虑基础本底、风险特征、韧性要求等，结合街道（乡镇）行政边界，划定具有风险治理能力的韧性街镇单元并细化分类，根据风险灾害特征，可细化为指挥型、支援型等5类单元，分类分重点推动安全设施建设、应急通道建设、应急物资储备、应急通信保障、抗震加固工作、防洪排涝治理、地质灾害防治等措施，全方位提升各单元韧性水平。

社村层面整合各类防灾空间资源，将各项韧性措施与韧性设施在基层层面整合创新。结合15分钟社区生活圈，按照1000~1500m范围，构建以社区、乡村为主体的韧性基本空间组织单元，建立邻里自治互助的韧性社村生活圈，通过加强资源统筹配置、应急组织动员，形成能够自适应、自组织、自协调的基层防线。

4.资源效益与精准施策

把握资源效益进行精准施策。以空间针灸为重点，聚焦重点环节和薄弱点，在韧性理念指引下，通过针对性、精准化施策，提出韧性城市空间提升的针对性策略与措施，实现以有限代价提升城市面对复杂风险挑战的适应能力。

推动京津冀广域韧性城市体系搭建，面向极端情景的补足韧性应对措施，重点推动重点薄弱环节韧性治理，大力推进灾后重建，强化社会共治的精细化治理能力，打造一批"平急两用"公共基础设施，提高生命线实施保障能力。通过体系化的空间举措，将韧性城市理念进一步嵌入首都规划之中，构建安全可靠、灵活转换、快速恢复、有机组织、适应未来的首都韧性城市空间治理体系。

四、结语

将韧性城市理念进一步嵌入首都规划之中，强化战略部署与系统应对，坚持韧性城市与城市更新相统筹、空间布局与风险治理相统筹、防治措施与精细管理相统筹，制定突出前瞻性和长远性的韧性发展目标，构建安全可靠、灵活转换、快速恢复、有机组织、适应未来的首都韧性城市空间治理体系。推动规划韧性要有"一张蓝图绘到底"的战略定力，久久为功。强化韧性规划，更要坚持底线思维、极限思维，始终把人民群众的生命安全和身体健康放在第一位，为城市与区域发展提供切实保障，为高质量、可持续发展提供坚实保障。以长远的、全局的、变化的眼光来看待城市复杂系统，不断提高应对冲击和风险的适应和转型能力。

参考文献

[1]应急管理部-教育部减灾与应急管理研究院. 等. 2022年全球自然灾害评估报告[R]. 2023.
[2]王久平. "体检"山河 "对症"防灾——第一次全国自然灾害综合风险普查观察[J]. 中国应急管理, 2023(4):18-27.
[3]应急管理部. 我国自然灾害风险形势严峻 须强化综合防范[EB/OL].(2019-09-20)[2024-03-12].https://mempe.org.cn/news/show-41143.html.
[4]习近平. 高举中国特色社会主义伟大旗帜 为全面建设社会主义现代化国家而团结奋斗——在中国共产党第二十次全国代表大会上的报告[R]. 2022.
[5]中共北京市委办公厅, 北京市人民政府办公厅. 关于加快推进韧性城市建设的指导意见[EB/OL]. (2021-10-27) [2024-03-12]. https://www.beijing.gov.cn/zhengce/zhengcefagui/202111/t20211111_2534214.html.
[6]北京市城市规划设计研究院. 北京韧性城市规划纲要研究[R]. 2018.
[7]路林. 北京城市总体规划中韧性城市建设的战略谋划和系统构建[J]. 城市与减灾, 2022(5): 53-57.

作者简介

李　翔，北京市城市规划设计研究院总体所主任工程师，高级工程师，注册城乡规划师；

张朝晖，北京市城市规划设计研究院总体所所长，教授级高级工程师，注册城乡规划师；

张　嫱，北京市城市规划设计研究院总体所工程师，注册城乡规划师；

穆修帆，北京市城市规划设计研究院总体所工程师。

容积—财务逻辑下的广州城市更新

Reflections on Guangzhou's Urban Renewal Development Under Volume-Financial Logic

吴锦海　王　璇　林　静
Wu Jinhai Wang Xuan Lin Jing

[摘　要]　2009年以前增量发展时代，广州市城市更新更多是一种小范围的探索。2009年广州实施"三旧"政策改造以来，城市发展逐渐由增量转向存量，城市更新开始走向大规模的拆除重建模式。在这过程中，村民和开发商从政府中争取到的高容积，在房价高速增长的催化下，获得了超额财富，但也造成城市所有者权益的直接损失。这种模式严重依赖"高房价、高容积、高周转"的土地金融运转，在增量时代房地产快速发展阶段能够取得很大效益。但是，如今房地产市场下行、城市化接近尾声，土地融资市场已经饱和，许多城市房地产市场几乎"崩盘"，让极度依赖土地金融的"旧改"模式无法继续。本文从政府视角，借助财务分析的工具，剖析广州市城市更新发展过程中的财务逻辑、问题与出路。

[关键词]　广州市；城市更新历程；容积—财务逻辑；未来思考

[Abstract]　Before 2009, in the era of incremental development, Guangzhou's urban renewal was a small-scale exploration. Since Guangzhou implemented the "old villages, old factories, and old towns" renovation policy in 2009, urban development has gradually shifted from incremental to stock, and urban renewal has begun to move towards a large-scale demolition and reconstruction model. In this process, villagers and real estate companies obtained high volumes from the government, which enabled them to gain excess wealth under the catalysis of rapid housing price growth, but also caused direct losses to the equity of urban owners. This model relies heavily on the land financial operation of "high housing prices, high volume, and high turnover", which can achieve great benefits in the rapid development stage of real estate in the incremental era. However, now that the real estate market is down and urbanization is nearing its end, the land financing market has been saturated, and the real estate market in many cities has almost "collapsed", making it impossible for the "old renovation" model that is extremely dependent on land finance to continue. From the perspective of the government, this article uses the tools of financial analysis to analyze the financial logic, problems and solutions in the process of urban renewal development in Guangzhou.

[Keywords]　Guangzhou; urban renewal process; volume-financial logic; thoughts on the future of urban renewal

[文章编号]　2024-97-P-046

本研究获得广州市城市规划勘测设计研究院有限公司青年基金课题"财政发展视角下的城市更新模式研究"［2023科研（院）25］资助

1.城市更新1+1+N政策体系图
2.做地的1+1+N政策体系图

一、引言

根据城市更新的投入要素，城市更新的价值可以分为三大部分：建安价值、土地价值、容积价值。

（1）建安价值

包括建筑材料、施工、水电工程等房屋建筑成本和房屋设施设备安装的价值。

（2）土地价值

包括土地"七通一平"的整理成本以及教育、医疗等公共配套设施产生的价值等。

（3）容积价值

包括受城市发展状态、人口、供需关系、资本市场等多方面因素影响[1-4]。

城市的持续发展，单个项目之外的区域基础设施、公共服务系统的不断完善，都会带来城市容积价值的升值。这部分价值并不是单个项目内部投资带动的效益增加，而是城市整体发展给单个项目带来的正外部效益，属于城市群体的利益（即城市市民的所有者权益）。

相对于建安和土地价值的收益主要来源于主动投资产生的相应物质实体的价值，容积价值的收益主要来源于对城市资产价值增值的占有，即在一个单位面积对应一个单位城市资产增值效益的占有下，单位面积越多则占有的城市资产的增值效益越多。也就是城市更新中的容积不仅代表了建筑面积，其大小更是代表了能够享受多少公共服务和基础设施权利以及城市发展的红利。所以容积率并不仅仅是"技术指标"，而且还是城市公共服务提供

		《关于深化城市更新工作推进高质量发展的实施意见》
1		
1		《广州市深化城市更新工作推进高质量发展的工作方案》
N 配套指引		《广州市城市更新实现产城融合职住平衡的操作指引》
		《广州市城市更新单元设施配建指引》
		《广州市城市更新单元详细规划报批指引》
		《广州市城市更新单元详细规划编制指引》
		《广州市关于深入推进城市更新促进历史文化名城保护利用的工作指引》
		《广州市旧村全面改造项目涉及成片连片整合土地及异地平衡工作指引》
		《广州市城中村改造合作企业引入及退出指引》……

分类	类型	文件名称
1	总体安排	广州市支持统筹做地推进高质量发展工作措施
1		广州市统筹做地推进高质量发展工作方案
N	运行机制	广州市统筹做地指挥部工作方案
		广州市统筹做地指挥部办公室工作专班工作方案
	工作指引	广州市统筹做地范围划定及做地主体审查指引
		广州市统筹做地方案审查指引
		广州市征收补偿工作指引（试行）
		广州市做地补偿及收益分成指引（试行）
		广州市城中村改造收回集体土地和征收土地流程指引
	编制模板	广州市统筹做地片区范围划定及主体建议报送模板
		做地方案文本框架
		做地收储补偿协议模板

3.猎德村实景照片
4.琶洲村实景照片
5.杨箕村实景照片

者（政府）创造出的所有者权益。卖地所得并不是自由现金流，而是相当于股权融资。在大拆大建的城市更新中，政府为了满足市场的需求，往往大幅度提高项目的容积，以实现项目的财务平衡。这种模式，在错误的会计法则中，政府貌似没有付出多大成本就实现了城市更新，获得了固投增加，实现了GDP增长。事实上，容积并非"无偿"获得，而是需要对应新增的公共品以及城市资产价值（包括资本市场的供给需求、城市化发展水平、人口变化等等）。在城市更新中公共品数量不变以及城市资产增值量一定的条件下，提高了改造后的容积，就意味着原本业主的所有者权益被稀释了。本文以广州市城市更新为例，通过财务分析工具，从价值视角阐述城市更新的逻辑，研判城市更新的未来。

二、广州市城市更新的发展历程

1. 初步探索时期（2009年之前）

20世纪八九十年代，广州城市更新以改善居住环境为目的，以老城区危破房改造为主。但由于政府财力不足，引入外资、私企等市场主体参与，一度造成拖欠工程款、地块烂尾等问题。针对市场参与更新带来的不良影响，1999年广州市出台《广州市危房改造工作实施方案》，暂停市场资金参与危房改造，将危破房作为社会福利工程由政府征收、拆除重建。2006年广州市发展提出的"中调"战略方针，强调中心城区的"调优、调高、调强、调活"。中调战略下，为推动旧城的快速改造，在政府财力有限的情况下，广州市城市更新再次尝试引入市场。这一时期最为典型的案例为猎德村改造，其模式初步形成"三旧"改造的雏形。

2. "三旧"改造时期（2009—2015年）

2008年3月，温家宝总理在参加十一届全国人大第一次会议广东代表团审议政府工作报告时提出，希望广东成为全国节约集约利用土地的示范省。同年12月，广东省政府与国土资源部签订合作共建节约集约用地试点示范省的工作协议，开展"三旧"改造政策创新试点。2009年8月，广东省政府发布《关于推进"三旧"改造促进节约集约用地的若干意见》（粤府〔2009〕78号）。同年12月，广州市发布《关于加快推进"三旧"改造工作的意见》（穗府〔2009〕56号），正式进入"三旧"改造时期。这一时期的政策特点主要是：①突破以往必须由政府作为主体征收土地进行改造的规定；②突破以往集体建设用地转为国有建设用地必须由政府进行征收的规定；③突破以往土地权属人只能按原用途获得补偿款的规定；④突破以往历史用地必须拆除且恢复原状的规定。这一时期涌现琶洲村（第一个完全交给开发商运作的城中村改造项目，整体打包出让融资）、林和村（第一个村企合作的城中村改造项目，村集体与企业共享土地增值和运营收益）、杨箕村（耗时最长的旧村，改造中"钉子户"、改造后"村—企"相互诉讼"等案例。这一时期由于更新政策体系尚未完善，村民与企业在更新的增容中获得了较大的利益。

3. 系统性更新时期（2015—2023年）

为了使利益分配关系更加完善、增加财政收益，广州市政府收紧政策，系统优化政策体系。2015年出台《广州市城市更新办法》以及三个配套文件，形成"1+3"更新政策体系。2017年《广州市人民政府关于提升城市更新水平促进节约集约用地的实施意见》（穗府规〔2017〕6号）继续完善更新管理制度，细化旧厂房改造的细则，避免"工改居/商"的套利行为。2019年《广州市深入推进城市更新工作实施细则》（穗府办规〔2019〕5号）扩大改造成本范畴，首次提出市区统筹平衡，意在加快推进城市更新。2020年印发《关于深化城市更新工作推进高质量发展的实施意见》，建立"1+1+N"政策体系，制定三、五、十年工作计划，制定一系列配套指引，完善各项政策和实操路径。这个政策体系将广州市城市更新范畴拓展至九项重点工作，提出公服设施配置的更高标准、分区明确产业建设量占比的要求、以更新项目用地支持历史文保项目等指引要求。这一时期的更新政策体系更为成熟：改造主体从单一主体改造转向多权属主体改造，改造形式从单一整备方式转向多类型改造融合方式，改造范围从原地整备转向异地、跨区整备。这一时期仍然是"三旧"政策的延续期，没有脱离增容实现改造项目平衡的本质。政府在治理上虽然更成体系，城市更新的公共效益也更明显，但是村民与企业仍然获取了改造中城市发展的大部分红利。

4. 新时期更新模式（2023年至今）

2023年国家高层多次会议强调推进城中村改造。围绕着中央一系列政策，广州市也开始了新一轮城市更新转型，构建了以做地为主的城市更新模式——制定"1+1+N"的做地政策体系，形成"做储结合、滚动开发"的做地模式。同时，加强城市更新的法律保障，出台《广州市城中村改造条例》《广州市旧村庄旧厂房旧城镇改造实施办法》等，明确征地补偿标准不得以任何方式提高、降低或另行补偿。这一模式构建的核心目的是希望回归政府、回归人民，避免城市发展红利落入少数群体中。

三、广州市过去城市更新的财务逻辑

1.城市化发展红利流向少数个体

根据广州"三旧"改造政策,开发主体进入原本由政府严格垄断的一级市场后,可以与村民自由协商搬迁补偿。为了获得与村集体合作开发的资格、减少拆迁中的阻力和时间与机会成本,开发主体往往会与村民形成利益联盟,私底下达成高额赔偿协议——促成开发商对村民的违章违法建筑也给予较高的赔偿,形成所谓的"补砖头"赔偿模式,脱离了政策规定的法定赔偿面积,导致赔偿面积越来越大、违法违章建筑越来越多。按照建筑面积赔偿意味着建得越多越高,得到的赔偿收入也就越大。在这样的潜规则下,城中村村民大幅度抢建私房,加高私房,增加建筑面积。人人违法意味着法律的架空,同时也意味着遵守法律会带来自身利益的巨大损失,使得违章建筑大幅度增加,拆迁赔偿标准也节节攀升[5]。在高标准的拆赔模式下,城市化发展产生的土地增值收益流向了少数个体,城市化发展的红利难以转化为城市大多数群体共享的公共利益。

2.通过增容实现单一项目财务平衡

过去城市更新主要以大拆大建、增容式开发项目为主,极度依赖容积率增加实现单个项目的一次性财务平衡,用增量的方法解决存量问题。由于各个项目的开发主体不同,或者即使相同的开发主体在不同的项目中也会成立不同的项目公司,单独计算财务账本。因此各个项目相对独立,为了顺利推动项目,则需要保障单一项目的财务平衡。而对于城市更新而言,增加项目营收的主要方式就是通过增加居住或商服的容积,然后利用其出售后的高价格平衡原先改造的高成本。所以改造或赔偿成本越高,用于平衡单一项目财务的容积就越多。

3.低成本增容稀释城市所有者权益

如前文所述,城市的容积是政府管理城市的最大"资产",也是大拆大建式更新中各方利益的来源。城市更新项目的超高容积,其实是城市"资产"转移的结果。由于容积不仅需要城市公共服务设施和基础设施支撑,也是城市重要商品,除了消费功能,还有一定的金融属性,尤其是对于具有较大融资价值的居住空间,需要一定的保值增值能力。过多的容积供给不仅让政府承受增容带来的公共服务设施和基础设施维护成本支出,而且造成容积金融市场上的供给过多,容易造成容积价值下跌,造成已购买容积的城市所有者以及容积未来供给者(政府)的权益的损失。

四、广州城市更新行动的未来思考

要推动城市更新"改得好、改得动",促进城市更新助力超大特大城市高质量发展、成为带动城市发展的新动能,就要从获取短期开发效益的理念全面转向长期可持续发展的理念,围绕土地资源的高效配置,形成人、地、房、钱的良性循环互动,对城中村改造形成系统性的管控与引导。

1.改造手段:从"全面拆除"到"全域全周期统筹"

改变广州过去普遍采用"全面拆除"的城中村改造手段,转变广州以增加容积率和提升居住用地面积为资金平衡工具的土地融资模式,采用全区域、全周期、全要素的城市运营思路统筹城市更新投融资管理。一方面,以全市统筹、区域统筹为出发点,合理安排土地资源、改造资金和规划指标,采取"肥瘦搭配"的方式,通盘考虑营利性项目与公益性项目、经营性项目与现金流项目,促进改造资金综合平衡、动态平衡。另一方面,统筹项目的建设与运营阶段在财政上的全周期平衡,例如城中村改造中居住空间的土地出让金与基础设施投资的平衡、产业空间的税收与公共空间的运营成本平衡;城中村改造后的高容积率对区域基础设施的挤占式占用、改造后的空间供应影响全市供求关系等,影响财政长期投入与收益的综合平衡;城中村改造对相关联的产业劳动力成本、人才吸引等方面的影响,进而影响财政资金在城市长期运营中的动态平衡。

2.改造方式:分类分策推进,多种模式齐头并进

大片区做地开发面临的现状情况复杂,为了避免"挑肥拣瘦"式开发,保证连片成片,做地时可针对不同情形,结合旧城更新、土地储备、综合整治等多种模式,采取不同的策略。例如对于征拆难度大、现状容积率高、长期难以收储的城中村,可在片区统筹收储中采用综合整治策略,提升城中村的居住品质,作为城市保障性住房的一类;对于老旧小区,按照"谁受益、谁出资"的原则,通过自主协商、自主筹资、自主改造的方式,不大规模增加容积率、不增加城市公共服务和基础设施的承载压力和城市运营管理压力,实现税收、GDP、财务长久平稳发展;对于低效利用的村级工业、闲置用地等,可积极推进土地收储再利用或者积极引导产业转型升级,多种城市更新模式齐头并进,保障土地市场的供应以及城市良性发展。

参考文献

[1]赵燕菁.土地财政:历史、逻辑与抉择[J].城市发展研究,2014,21(1):1-13.

[2]朱介鸣.假说需要实证:论大卫·哈维的资本论对城市空间重构的解释[J].国际城市规划,2021,36(1):120-123.

[3]张俊.我国城市土地增值收益分配理论与制度架构[J].安徽农业科学,2007,35(35):11638-11639+11654.

[4]满燕云,康宇雄.转型中的中国地方公共财政[M].北京:经济管理出版社,2012.

[5]黄晶.深圳市城中村违建的利益逻辑[D].上海:华东理工大学,2012.

作者简介

吴锦海,广州市城市规划勘测设计研究院有限公司城乡规划工程师;

王璇,广州市城市规划勘测设计研究院有限公司助理规划师;

林　静,广州市城市规划勘测设计研究院有限公司城乡规划工程师。

片区更新策划流程再造
——以宁波中河片区为例

Process Reengineering of District Renewal Planning
—Taking the Zhonghe District in Ningbo as an Example

季辰晔 廖 航

Ji Chenye Liao Hang

[摘　要]　片区更新策划是提升存量地区建设品质的基本规划技术手段。传统的片区更新策划面临各方满意难、项目落位难、资金安排难、政策保障难四大难点。本文以宁波中河片区为例探索了片区更新策划新流程：首先，通过片区体检生成三张清单，进而生成项目库；其次，通过城市设计统筹项目高质量落位，继而通过多方筹资和政策支持促进项目的近期排布和实施落地。

[关键词]　片区更新策划；流程再造；中河片区

[Abstract]　District renewal planning is a basic planning technical means to improve the quality of construction in existing areas. Traditional district renewal planning faces four major difficulties: difficulty in satisfying all parties, difficulty in project positioning, difficulty in funding arrangement, and difficulty in policy guarantee. This article takes the Zhonghe District in Ningbo as an example to explore a new process for district renewal planning: Firstly, three lists are generated through district physical examinations, and then a project library is generated; Secondly, high-quality project placement is coordinated through urban design, and then the recent layout and implementation of projects are promoted through multi-party financing and policy support.

[Keywords]　district renewal planning; process reengineering; Zhonghe District

[文章编号]　2024-97-P-049

1.中河片区融合三大国家试点要求示意图
2-3.中河片区现状人口和居住建筑情况分析图

伴随着城镇化进入下半场，城市增量土地愈发有限，"增存并举""存量提升"逐步成为主导土地利用方式。在此背景下，虽然"片区更新策划"在我国现行法律法规文件中尚无明确定义，但不管是规划管理，还是规划设计均将片区更新策划作为下阶段城市发展建设的重要手段。过去快速发展时期，通过外围土地征迁开发，城市政府能够获得较为丰厚的土地出让金来反哺旧城地区的设施提升。但随着城市扩张的降速，旧城地区面临持续更新资金来源的问题，解决的方式便是通过片区更新策划盘活存量空间，以运营微利来支撑城市服务设施的持续投入。之所以以片区为单元，核心是片区能够体现三个"最"：第一，片区是最小的经济综合平衡单元，在有限空间范围条件下，着眼于城市的远期利益，寻求商业开发、项目运营、物业升值、特许经营、税收支撑等多种收益在较长时间维度下的资金综合平衡，让时间换空间、增量化存量成为可能；第二，片区是最小的城市功能控制单元，一个片区就是一个产业功能区、一个新型城市街区/社区、一个控制性详细规划单元，能够实现整体可控和一张蓝图绘到底；第三，片区是最佳的政企合作平衡点，过大的范围使得政府力不从心，过小的地块导致企业短视逐利，片区恰恰是全流程、长周期、可持续的空间平衡点，能够实现政府与企业利益捆绑，着眼长远[1]。

一、传统片区更新策划的实践反思

片区更新策划方案编制和项目实施过程中涉及利益主体、资金、政策等多元要素，传统片区更新策划对于如何让各方满意、统筹项目落位实施路径缺乏关注，致使在技术流程上主要面临四方面难点。

1.各方满意难

大多数片区更新策划中，访谈调查、专家评审、规划公示、公众听证会等传统多方参与形式，在一定程度上有助于提升策划编制的科学性，但仍是政府部门主导的决策机制，对于深层次的社区组织与社会资本尚未重视。面对片区更新周期内的社区资源配置、产业功能置换、土地产权重构等动态调整问题时，存在居民理解支持困难、社会资本认知薄弱、更新共识难以达成等局限性[2]。

2.项目落位难

当前不少片区更新策划已经认识到不同于增量型规划的"宏大场景"塑造，存量型片区策划应转向关注"平民叙事"的日常生活空间改善，方案应立足于建成区环境改善、空间品质提升及特色塑

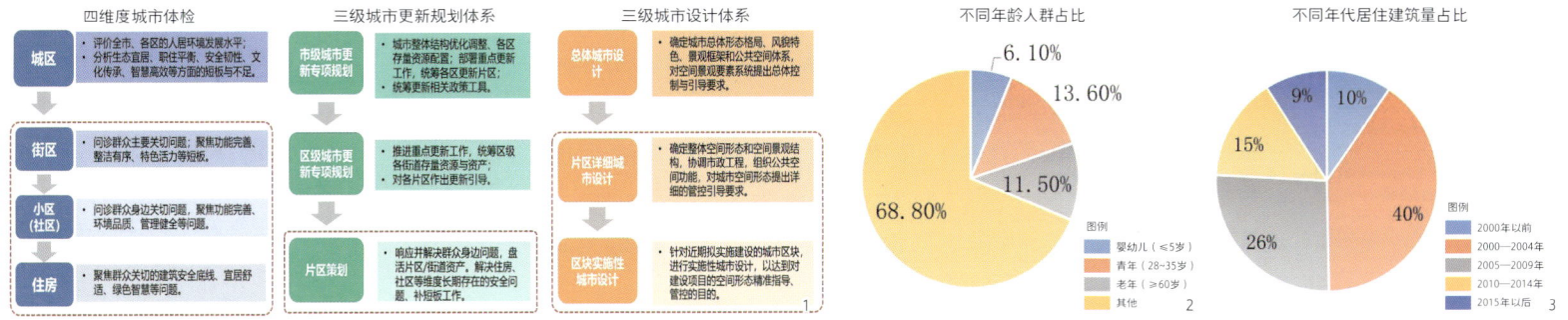

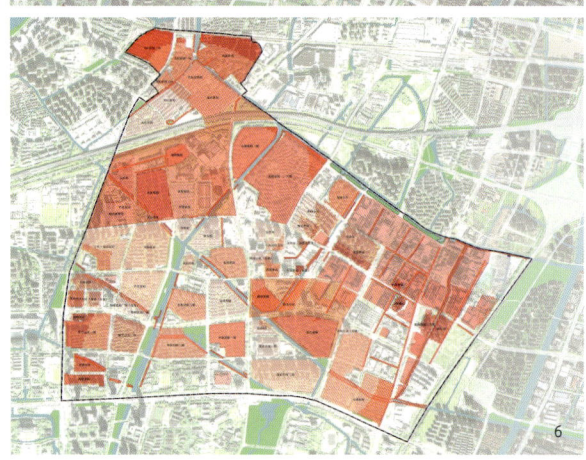
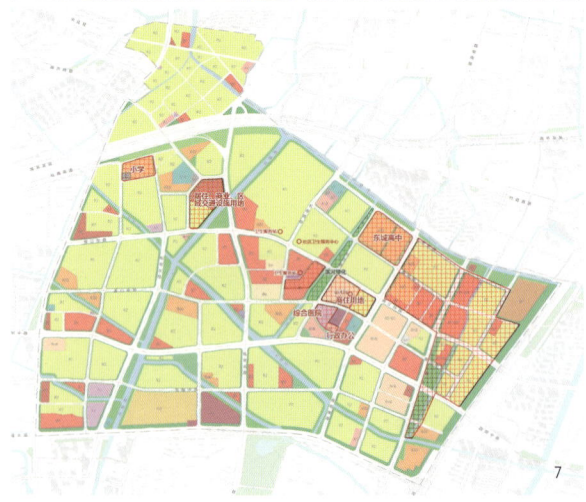

4.中河片区区位示意图
5."意愿地图"示意图
6."问题地图"示意图
7."发展地图"示意图

造，以公共空间和特色资源利用、民生设施改善为主导[3]。但在编制中，仍以更新策略制定、空间结构布局、支撑系统指引等为主，无法达到指导具体项目开发的方案深度。特别是存量片区存在各利益相关者反复博弈的复杂情况，结构性的策划方案无法指引项目落地。

3.资金安排难

资金可持续是实现片区更新长期持续健康发展的重要保障。传统片区更新路径往往以政府投入为主，但在当前全球经济下行和资源环境约束趋紧的多重压力下，城市更新给地方政府财政带来较大负担[4]。在缺乏社会资本投融资的前提下，单靠政府投入难以长期保持片区更新有序运转。

4.政策保障难

片区更新策划涉及多方权责部门，传统的政府自上而下、收储再出让等更新方式存在地块调整工作过程复杂、时间周期长、灵活度不够等局限，导致更新项目难以适应快速变化的市场需求。在市场利益诱导下，在无法通过政府快速实现合规改造情况下，少部分市场企业开始私下进行违规改造，这其中还存在将低效地块改造为公共服务设施的符合公众利益的违规改造案例[5]。

二、片区更新策划的新要求

1.通过城市体检发现真需求

2023年，《住房城乡建设部关于全面开展城市体检工作的指导意见》[6]指出，坚持人民城市人民建、人民城市为人民，把城市体检作为统筹城市规划、建设、管理工作的重要抓手。坚持问题导向，划细城市体检单元，从住房到小区（社区）、街区、城区（城市），找出群众反映强烈的难点、堵点、痛点问题。同时，该文件进一步指出，把城市体检发现的问题作为城市更新的重点，聚焦解决群众急难愁盼问题和补齐城市建设发展短板弱项，有针对性地开展城市更新，整治体检发现的问题。因此，一方面，"无体检不更新"，开展片区更新策划需基于片区体检成果，另一方面，片区体检不能停留在面上数据剖析或是局部表征描述，而是需要对一栋栋楼房、一个个小区、一条条街巷进行"地毯式"排查和深度"把脉问诊"。

2.通过城市设计引领高品质

早在2016年，《中共中央 国务院关于进一步加强城市规划建设管理工作的若干意见》[7]提出，鼓励开展城市设计工作，通过城市设计，从整体平面和立体空间上统筹城市建筑布局，协调城市景观风貌，体现城市地域特征、民族特色和时代风貌。当前，控制性详细规划已越发不能适应旧城更新地区的改造提升，原因是控制性详细规划主要任务是解决地类、设施的"有和无"，并不能解决建设品质的"好和坏"。开展片区层面的城市设计，特别是精准指导管控建设项目空间形态的实施性城市设计，对于片区整体形象和建设项目的高品质落位有着突出作用。

3.通过机制创新保障落地性

2021年，住房和城乡建设部办公厅发布《关于开展第一批城市更新试点工作的通知》[8]，要求探索城市更新可持续模式，特别是构建多元化资金保障机制，加大各级财政资金投入，加强各类金融机构信贷支持。同时，要求建立城市更新配套制度政策，包括创新土地、规划、建设、园林绿化、消防、不动产、产业、财税、金融等相关配套政策。由此可见，片区更新除了需搭建更新项目库，更需为项目实施落地"保驾护航"，一方面，需明确近期更新项目的资金来源，另一方面，需进行政策的创新突破来打通项目落地过程中的各类堵点。

三、片区更新策划流程再造

1.宁波中河片区特征

第一，中河片区是试点城市的试点片区，集成创新有条件。宁波集城市设计、城市更新、城市体检的三大国家试点于一身，既是2017年第一批城市设计试点城市，又是2021年第一批城市更新试点城市，也是2023年深化城市体检工作制度机制试点城市。从试点工作构架来看，城市体检分为城区、街区、小区（社区）、住房四个维度，城市更新规划分为市级城市更新专项规划、区级城市更新专项规划、更新片区策划三个层次，城市设计则分为总体城市设计、片区详细城市设计、区块实施性城市设计三个层级。中河片区是宁波城市体检试点街道、城市更新先行片区，作为政策叠加区，能够融合三大国家试点，作集成创新的文章。

第二，中河片区是街道统筹的更新片区，民生补短板具有代表性。宁波城市更新专项规划划定了55个更新片区，由三类统筹主体主导建

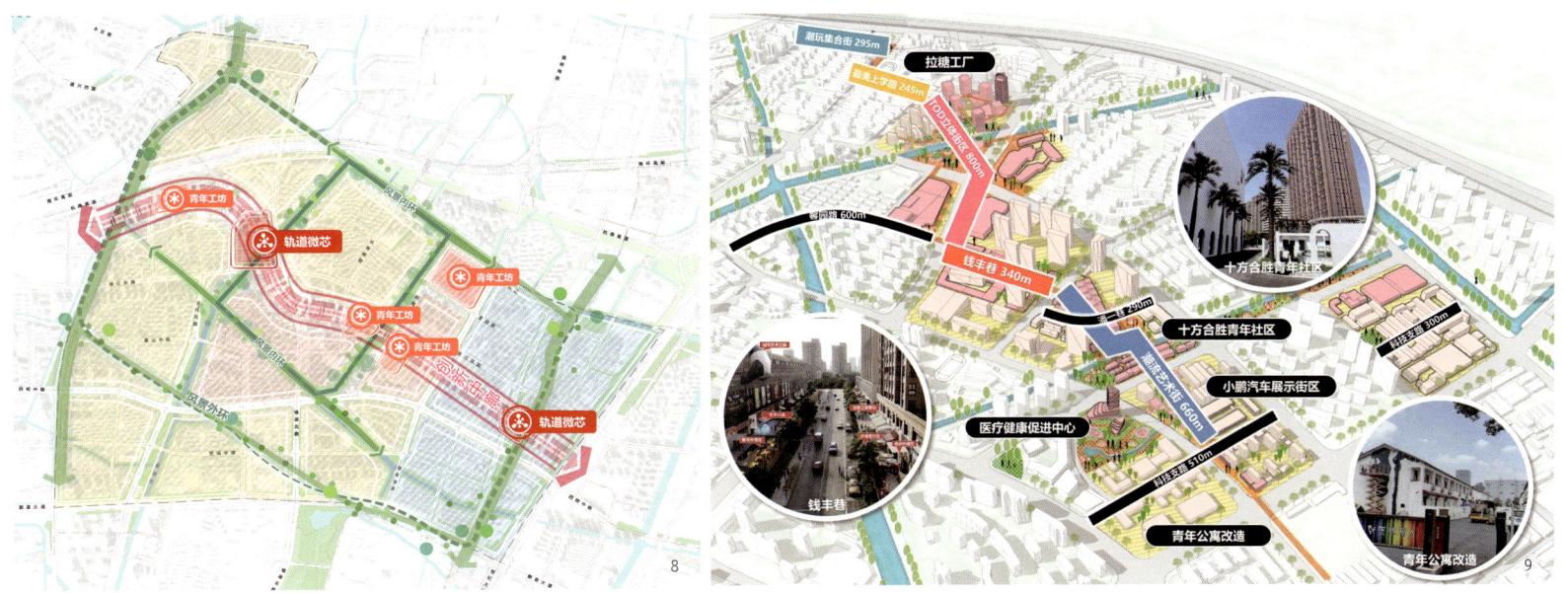

8. 城市设计结构图
9. "创新中廊"组合效益示意图

设。第一类是国企平台，往往聚焦近郊城中村地区和产业园区，注重经济效益；第二类是管委会，往往落位在重大功能区，注重整体城市空间打造；第三类则是街镇，聚焦城区镇区，注重的是民生补短板。中河片区面积约890hm²，14.3万人，人口密度较高，为1.6万人/平方千米。从人口年龄结构来看，婴幼儿占比6.1%，青年人口（28~35岁）占比13.6%，老龄人口占比11.5%，从建筑年龄来看，20年以上房龄和20年以内房龄建筑面积各占50%。总体而言，中河片区是一个老少青比例适中、新老建筑镶嵌混合的片区，补短板需关注这些多元要素。

第三，中河片区更新动力强，项目实施能见效。中河片区地处宁波三江口、东部新城、南部新城、南部高教园区几大核心板块之间，同时也是鄞州区中部科产城融合带的功能节点。当前，区政府正力推中部科产城融合带的产业能级提效和品质形象提升，市场企业也看到了这个片区的价值，诸如十方商业管理有限公司已经成功打造十方东社更新项目，再加上片区居民一直以来的旧区更新呼声，三方推动下，片区更新动力较强，能够在近期取得更新效果。

因此，中河片区是片区更新策划流程研究的适合对象。结合对传统片区更新策划路径的反思以及新的趋势要求，笔者认为新时代的片区更新策划核心是让各方满意，并统筹项目有序落地，具体的流程分为四步：第一、排摸需求，生成三张清单；第二、设计引领，统筹项目落位；第三、多方筹资，推进项目实施；第四、创新政策，促进项目落地。

2.排摸需求，生成三张清单

一是通过城市体检生成"问题清单"，明确客观需求。运用微信小程序、现场踏勘、座谈访谈、表格统计等多元方式进行全面体检，特别是联合软件开发团队设计了微信小程序，对上百位社区网格员进行现场培训，在半个月内完成了1300多栋楼的数据采集，发现了59项具体问题。住房维度的突出问题主要有：12241个住户采用了橡胶软管，存在燃气安全隐患；527个楼栋通信管线未"四网合一"（"四网"包括中国移动、中国电信、中国联通、广电网络）；807个楼栋的楼梯间未沿墙加装扶手，不利于老年人安全上下楼。小区（社区）维度突出问题主要有：存在32个内涝积水点，夏季台风时给居民带来严重的出行安全风险；充电桩不足，新能源汽车充电桩缺口达1483个，同时有20个小区未配建电动自行车集中充电场所，不乏飞线充电等危险行为。街道维度也存在两项突出问题：封闭岸线比例较高，占岸线总长度的53.5%，主要原因是封闭小区阻隔和工业地块占据；低效闲置用地较多，存在老旧厂区1处，闲置土地14处，批而未供土地23处。最后，将不同维度发现的问题汇总成"问题清单"，并绘制"问题地图"，明确问题分布区域。

二是通过多方调查生成"意愿清单"，明确主观需求。以发放调查问卷形式了解居民意愿，对于反馈比例超过40%的视为突出问题，主要集中在休闲游憩、物业服务、停车有序等方面，比如在停车有序方面，高达60%的居民认为街道存在机动车停放无序问题。以召开座谈会形式了解企业和统筹主体意愿，十方商业管理有限公司、迪赛文化产业发展有限公司等企业期望能介入工业用地转型项目，也希望简化更新项目的手续流程，并获得更新专项资金支持，国有平台鄞工集团则提出加快相关地块的控规调整，以及进行类似协议出让的土地政策创新。街道作为社会管理的基层单位，自身诉求集中在低效地块开发和环境整治提升两方面，特别希望引入市场主体盘活片区内的村集体工业、闲置地块等。最后综合三方调查结果，形成"意愿清单"，并且绘制"意愿地图"。

三是通过规划谋划生成"发展清单"。一方面，衔接区级国土空间总体规划、控制性详细规划、专项规划等，明确相关规划要求，尤其是公共服务设施、公园绿地等刚性要素的落位。另一方面，剖析片区的内在价值，指引功能升级方向。中河片区地处鄞州区的几何中心，周边布有居住社区、工业园区、大学校区，在创新回归城区等新发展趋势下，确定片区"都市硅巷，趣链中城"这一发展定位，由此明确其未来的功能业态导向，包括低成本创新空间、多维运动空间等，再结合存量价值空间挖掘将这类业态导入，产生效益的同时也能提升街区的活力和长久竞争力。

最后综合三张清单，对接部门近期项目计划，生成更新项目库，总计176个更新项目。其中，住房改造类60项，公服设施类25项，公园绿道类23项，道路整治类14项，市政管网13项，转型更新类41项（表1）。

表1　　　　　　　　　　　更新项目库（例举）

类别	序号	项目名称	项目内容	责任部门
住房改造	1	东裕新村老旧小区改造	完善楼道消防设施配置；展通信管线四网合一工作；整治楼栋外墙；楼梯沿墙加装扶手；推进小区智慧化改造（根据居民实际需求导向，安装智能快递柜等）	区住建局
住房改造	2	金色江南（公寓）老旧小区改造	完善楼道消防设施配置；整治楼栋外墙；楼梯屋面、外墙、地下室等渗水漏水整治维修；楼梯沿墙加装扶手	区住建局
住房改造	3	东城水岸老旧小区改造	完善楼道消防设施配置；开展通信管线四网合一工作	区住建局
住房改造	……			
公服设施	1	桑菊社区养老服务设施增建扩容工程	新建养老服务中心和老年大学或扩容现有养老服务设施	区民政局
公服设施	2	飞虹社区婴幼儿照护服务设施增建扩容工程	鼓励有条件的幼儿园开设托班或新建婴幼儿托育设施	区卫健委
公服设施	3	东城社区文化设施增补改造工程	鼓励经营场所开放共享，通过植入邻里中心或和商业综合体合作等方式，增补文化活动中心；开展老旧文化设施场馆更新改造，加强专业化运营管理	区文旅局
公服设施	……			
公园绿道	1	金城社区小微公园建设工程	利用街区内街角、屋顶、桥下空间等闲置空间建设小微公园	区住建局
公园绿道	2	桑菊社区工业岸线绿道贯通	腾退低效工业，修复工业岸线生态环境，贯通优质岸线	区住建局
公园绿道	3	春城社区"毛细"绿道网织补工程	加快绿道品质提升工作推进，改善绿道周边环境，建设休闲驿站	区住建局
公园绿道	……			
道路整治	1	东城社区步行道整治工程	针对社区反馈的铺装不防滑、雨后积水等问题进行逐一解决	区住建局
道路整治	2	东庭社区、东裕社区工业改造路段"三线下地"工程	整合电力、通信等部门力量，规范线路走向，进行"三线下地"，整治违规空中线路	区住建局
道路整治	3	孙马河沿线、科技路、科技支路"三线下地"工程	整合电力、通信等部门力量，规范线路走向，进行"三线下地"，整治违规空中线路	区住建局
道路整治	……			
市政管网	1	东裕社区等13个社区的内涝整治工程	解决社区反馈的河水、江水、海水倒灌和路面沉降引起等问题，提高智能化监控能力	区水利局
市政管网	……			
转型更新	1	37个地块的低效闲置空间提质工程	结合地块功能定位、市场改造意愿、居民需求等多维因素，明确地块功能定位，积极引入改造项目	区资规局
转型更新	2	嵩江东路、南高教园区2个地铁站点的工程综合提升工程	轨道站点周边实施高密度开发，提高用地开发效能	区资规局
转型更新	3	春园路两侧老旧厂区转型升级工程	推动老旧厂房更新改造，建立产业正负面清单，引入符合规划产业导向的业态	区住建局、区资规局

3. 设计引领，统筹项目落位

结合片区基底条件，笔者提出"一条创新中廊，内外风景双环，十个乐活社区"的城市设计创意。传统城市设计只需确定创意方案，但笔者深入对接部门和相关物权方，做了四方面的设计深化，目的是统筹项目有序落位。

一是保障底线安全。中河片区塘河水系丰富，也意味着承担排水防涝的责任。在滨水项目安排中，专门对接了区水利部门，在保障片区防洪安全底线前提下，在河道蓝线范围内适当落位了点状亲水设施和滨水绿道。

二是确保工程可行。针对"滨水风景双环"的设计创意，就每个滨水绿道堵点打通事宜与物权方沟通确认。如孙马工业区滨水贯通，需要拆除现状临水违建建筑，留出连续的慢行空间，并且改造利用工业建筑，底层用作公共功能，在与厂区充分沟通交流确认可行后，落位了此工业岸线改造项目。

三是体现组合效益。将不同类别的项目集中布局增强空间整体形象，尤其针对"创新中廊"设计创意，集中布局了潮玩集合街、最美上学路、TOD立体街区、钱丰巷、集市乐活巷、潮流艺术街等道路整治项目，以及拉糖工厂、十方合胜青年社区、小鹏汽车展示街区、医疗健康促进中心等地块转型项目，通过两类项目的组合强化彰显了中廊形象。

四是丰富人本体验。通过对具体地块深化设计，以地块图则形式指引更新项目落地，塑造宜人品质空间。以迪赛教育产业园地块为例，在图则中对项目周边慢行通道、内部公共活动空间、周边可允许外摆区域等进行明确，促进了该项目高品质落位。

4. 多方筹资，推进项目实施

通盘考虑政府投入、平台融资、民营资本、居民自筹四类资金来源。

一是政府投入，区政府财政投入主要涉及拆迁补偿、公服基础设施建设和老旧小区改造等，约11.8亿元。本次主要任务是争取上级奖补资金，梳理街区更新、未来社区、老旧小区改造等城乡建设口径的各类奖补政策，与住建部门、街道积极沟通，遴选能获得奖补的项目。街区更新奖补方面，锦寓路口袋公园等四个更新项目获得了2024宁波市级奖补资金270万元。未来社区奖补方面，希望将东湖社区养老服务中心项目纳入未来社区创建项目库，从而获得100万~300万元市级奖补来覆盖建设费用。

二是平台融资，引入国企鄞工集团操刀片区内的工业区块改造，计划投资约105.2亿元，其中自有资金26.3亿元，银行贷款约78.9亿元。

三是民营资本，宁波民营经济发达，民企参与城市更新的热情较高。引入十方商业管理有限公司、宁波迪赛文化产业发展有限公司等民企参与7个片区低效产业用地项目，累计投资达6亿元。

四是居民自筹，如春江花城楼道更新项目，居民每户筹资千把元，共计花费11万元，将楼道地库出入口改造成了一处活动室，提升了居民的归属感的同时解决了楼道堆放杂物等顽疾。

收益端目前主要依靠土地租售和自持物业运营。经测算，土地出让收入为10.7亿元，通过更新摸排的3880m²国资存量用房按10年计可获得租金约0.5亿元。可以看出，本次片区更新通过11.7亿元的财政资金撬动了112.2亿元的社会资本，比例达到了1:10，但美中不足的是，国企平台融资贷款额较大，后期面临较大的偿还压力。从政府端的投入收益来看，仅有0.5亿元的缺口，基本能实现资金平衡。未来还将考虑通过政府资金入股部分产业转型项目、成立合资公司进行基础设施特许经营等方式增加产出。

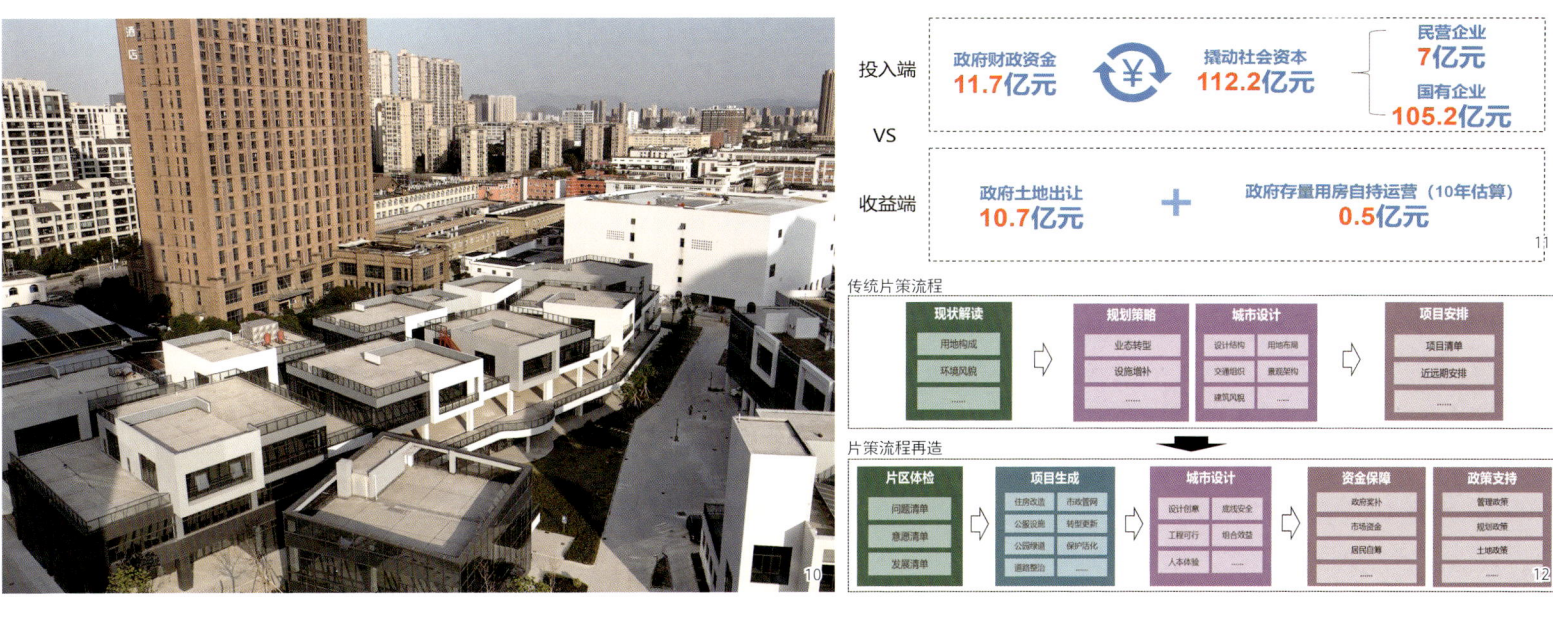

10.迪赛教育产业园地块建成实景照片　11.资金平衡示意图　12.传统片区策划流程与本次片区策划流程对比图

5.创新政策，促进项目落地

主要是打通管理、规划、土地类政策堵点。管理类政策最大的堵点在于住建部门编制的更新策划方案无法通过控制性详细规划法定化，从而阻碍了部分项目实施。本次宁波城市更新试点过程中制定了《宁波市城市更新办法》，创新性提出"评审通过后的片区策划方案和城市设计成果，应当作为控制性详细规划优化调整的依据"。这为地块的用地性质、容积率等调整提供了便捷通道，有利于项目落地和资金平衡。其他一些管理类政策创新，如《宁波市加快发展夜间经济实施方案》提出允许夜间经济地标商圈、特色街区在特定时间段开展"外摆位"试点，使得钱丰巷活力街巷项目顺利落地。

规划类政策主要创新点在于允许集体用地临时工转商。宁波市级政策只允许国有用地可以临时工转商，孙马村的十方·合胜青年街区项目实施缺乏政策依据。为此，区政府特别开了政策"口子"，临时转性也适用于集体用地，且5年内免缴土地收益金，这使得孙马村低效集体工业用地得以顺利转型。

土地类政策最大的创新点在于低效用地再开发的协议出让，前文阐述了鄞工集团针对中河工业区块改造投入了100多亿资金，希望直接在二级市场摘牌拿地，进而通过物业租售回本。《宁波市城市更新办法》进行了政策突破，提到对于符合用地再开发条件的城市更新项目，可通过"单一改造主体实施改造"并"允许以协议方式办理供地手续（商品住宅用地除外）"，极大提升了鄞工集团改造工业区块的信心。

除了单个项目类型的政策探索，今后还将出台更多面向片区倾斜的政策，比如奖补资金、融资贷款等优先投放于片区内项目。

四、结语

传统的片区策划面临各方满意难、项目落位难、资金安排难、政策保障难四大难点。以中河片区为例探索片区更新策划新流程，具体环节是：首先通过片区体检生成三张清单，进而生成项目库，其次通过城市设计统筹项目高质量落位，再通过多方筹资和政策支持促进项目的近期排布和实施落地。与传统流程相比，前端更细致，中端更具象，后端更保障。本次片区更新策划的路径创新得到了国家部委的认可，2023年11月，住房城乡建设部办公厅发布了《实施城市更新行动可复制经验做法清单（第二批）》[9]，宁波片区更新策划做法经验得到推广，尤其是体检更新一体化推进以及片区策划作为控制性详细规划调整依据两项做法。未来，还将通过持续的片区更新实践优化技术流程。

参考文献

[1]樊正兴. 片区综合开发——深度城镇化阶段的主旋律[R]. 2021.

[2]赵楠楠,刘玉亭,刘铮. 新时期"共智共策共享"社区更新与治理模式——基于广州社区微更新实证[J]. 城市发展研究, 2019, 26(4): 117-124.

[3]陈沧杰, 王承华, 宋金萍. 存量型城市设计路径探索:宏大场景VS平民叙事——以南京市鼓楼区河西片区城市设计为例[J]. 规划师. 2013,29(5): 29-35.

[4]温锋华, 蒋雅婷. 面向城市更新财政可持续的空间生产逻辑与实践[J]. 西部人居环境学刊, 2024, 39(1):14-21.

[5]梁印龙,孙中亚,蒋维科."市场诱导"与"政府失灵"：存量工业用地更新的困境与规划初探——以苏州工业园区为例[J]. 城市规划学刊, 2018(6): 94-102.

[6]住房城乡建设部. 关于全面开展城市体检工作的指导意见[EB/OL]. (2023-11-29)[2024-02-25].https://www.gov.cn/zhengce/zhengceku/202312/content_6918801.htm.

[7]新华社. 中共中央 国务院关于进一步加强城市规划建设管理工作的若干意见[EB/OL]. (2016-02-21)[2024-02-25].https://www.gov.cn/zhengce/2016-02/21/content_5044367.htm.

[8]住房和城乡建设部办公厅. 住房和城乡建设部办公厅关于开展第一批城市更新试点工作的通知[EB/OL]. (2021-11-04)[2024-02-25].https://www.gov.cn/zhengce/zhengceku/2021-11/06/content_5649443.htm.

[9]住房城乡建设部办公厅. 住房城乡建设部办公厅关于印发实施城市更新行动可复制经验做法清单（第二批）的通知[EB/OL].(2023-11-08)[2024-02-25].https://www.mohurd.gov.cn/gongkai/zhengce/zhengcefilelib/202311/20231110_775025.html.

作者简介

季辰晔，中国城市规划设计研究院上海分院高级工程师；

廖　航，中国城市规划设计研究院上海分院工程师。

社区规划师、上海街巷更新与"结伴规划"
——以上海芷江西路"社区蓝图规划"为例

Community Planners, Shanghai's Street and Alley Renewal, and "Accompany Planning"
—A Case of "Zhijiang Road W. Subdistrict Community Blueprint Planning"

吴斐琼　马　强　韦　笑
Wu Feiqiong　Ma Qiang　Wei Xiao

[摘　要]　在担任上海芷江西路街道社区规划师时，我们发现，随着城市更新面向民生民本转型发展，更新工作重心正在向社区下沉，街道办的核心作用逐渐显现。但由于自身专业能力、资源赋权不足，街道办无力破局用地产权复杂、利益主体众多、邻避效应和囚徒困境频现的基层更新困境。因此，社区规划师最重要的工作是帮助街道办激活和强化更新主体能力，协助搭建更新"共赢"的利益共同体。因此，我们提出了以"街办"为核心的社区蓝图"结伴规划"模式，选取了街道办事处掌握资源最多的"育婴堂路"为更新试验对象，搭建"结伴规划平台"，构建沿线企业单位更新共赢利益共同体、"因企施策"，激发企业主动参与、自主更新并将自身空间资源开放共享，使沿线社区居民受益，最终达成自下而上、可持续的"街巷共建—利益共赢—社区共治"。

[关键词]　社区规划师；利益攸关方；更新共赢；结伴规划

[Abstract]　As community planners of Zhijiang Road W. Subdistrict in Shanghai, we found that as urban renewal shifted towards people-centered development, the focus of renewal work was shifting towards communities, and the core role of subdistrict offices was gradually emerging. However, due to insufficient professional capabilities and resource empowerment, subdistrict offices were unable to break through the difficult situation of community renewal characterized by complex property rights, numerous stakeholders, the NIMBY effect, and the prisoner's dilemma. Therefore, the most important work of community planners is to help subdistrict offices activate and strengthen their renewal capabilities and assist in building a "win-win renewal" interest community. Therefore, we proposed the " accompany planning " model for the community blueprint with the "subdistrict office" as the core. We selected "Yuyingtang Road", where the subdistrict office holds the most resources, as the renewal test subject, built a " accompany planning platform", constructed a win-win interest community for renewal of enterprises and institutions along the road, implemented "tailored policies for each enterprise" to stimulate enterprises to actively participate, independently update, and open and share their own space resources, benefiting the residents of the communities along the line, ultimately achieving a bottom-up and sustainable " Co-construction, Co-win, Co-governance" renewal.

[Keywords]　community planners; stakeholder; win-win renewal; accompany planning

[文章编号]　2024-97-P-054

一、更新转型：兼顾"高度"与"温度"、"面子"与"里子"

1.街头巷尾：面向"里子"和"温度"的更新落脚

习近平总书记多次强调"城市不仅要有高度，更要有温度""面子里子要一起要，要更重里子"。近年来City Walk的兴起以及电影《爱情神话》与剧集《繁花》热播所带起的衡复地区和黄河路、进贤路热潮从另一个侧面印证了，城市精神与内涵决不仅是"高大上"的楼宇地标，很大程度上更多地体现在"烟火气"的街巷气息和里弄生活之中。"街头巷尾"饱含着日积月累的城市温度，也是城市更新的落脚点之所在。

住房和城乡建设部发布《关于在实施城市更新行动中防止大拆大建问题的通知》标志着城市更新已明确进入转型期，正在从自上而下的大项目带动的运动式、突变式"大拆大建"，转向自下而上的针灸式激活的渐进式、过程式"小微更新"，面向民生的、政府引导、市场运作、公众参与的城市可持续更新正在成为新时期的主要探索方向。街巷作为城市"毛细血管"般的公共空间网络，开始成为更新转型攻坚的重要对象之一，《上海15分钟社区生活圈规划导则（试行）》和《上海市"15分钟社区生活圈"行动工作导引》的"街坊尺度""步行通道""健身步道""自行车道"等多项指标也都落实到街巷空间。

2.街巷系统：深层次微更新的重要抓手

在"大拆大建"模式被摒弃后，城市更新更加需要直面错综复杂的产权关系和利益主体带来的深层挑战，因此往往陷入"公私失衡""效率失衡"的困境中，最后只能止步于街区外部城市公共领域的节点绿化、沿街立面等改造整治和社区配套设施建设等内容，无法深入街区腠理去实现整个结构的深层次更新。

正因如此，基于产权边界所历史自发生长而成的街巷系统，应该成为"微更新"语境下的主线脉络。这些街巷虽然现状宽度和通达度达不到"道路"建设标准，却是街区内部唯一依托的交通网络和各种功能附着的主要界面，起着把社区公共服务和邻里公共空间延伸到"家门口"的"微循环"作用；更重要的是，这些街巷是隐藏在街区内部的城市最为重要的小尺度邻里公共空间，往往也是"业主私权"和"城市公权"的边界，是破解更新权属难题所无法回避的关键。因此，只有抓住街巷系统这个"牛鼻子"，才能使更新实现向街区内部结构的"纵深发展"。

二、角色转换：社区规划师的专业视角与技术下沉

1.社区规划师：城市社区更新中的角色与职责

2024年1月的上海城市更新推进大会上，市委书记陈吉宁再次强调要把城市更新与"15分钟社区生活圈"建设结合起来。上海现已全覆盖划定1600个"15分钟社区生活圈"并组织了千余名设计师下沉到这些基本单元中。社区规划师成为城市社区更新的重要专业力量，由《上海市城市更新条例》赋予法定地位，全面起到"纵向传导、横向沟联、技术全程"的作用。

从黄浦、徐汇、虹口、浦东等各区公布的社区规划师制度实施办法来看，社区规划师的基本职责大致可以分为两类，一类围绕社区更新项目导向，包括排定计划、专业咨询、设计把控、实施协调等，突

1. 近年来国家部分城市更新政策中的街巷相关内容
2. 黄浦、徐汇、虹口、浦东社区规划师制度实施办法比较图
3. 芷江西路街道内部的街巷网络结构图

出"全过程、多专业";另一类侧重社区治理机制导向,以多向沟通、技术服务为主,强调"全方位、多平台"。芷江西路街道的社区规划师工作亦是如此,除围绕"社区蓝图规划"开展的问需求计、专项分析、蓝图编制等工作外,还包括了大量的宣传交流、相关研究和机制建议,以推动多方协商、共建共治。

2.基层困境:从社区规划师的视角重新审视街巷更新难题

芷江西路街道是全市首批15个"十五分钟社区生活圈"更新试点街道之一,2019年编制的《静安区芷江西路街道15分钟生活圈社区更新实施规划》就指出,社区毛细通道缺乏,需要打通联系的网状步道,增加开放性。在新一轮社区蓝图规划编制调研中,我们发现整个社区的街巷密度高达8.3km/km², 几乎遍布社区内部,但被各个地块的围墙、大门等梗阻,无法有效连通,未连通段落长度占街巷总长度的20%,2019年社区更新规划提出的10个"活力步道疏通计划"至今也无一实现。与此同时,2023年"问需求计"调研结果证实该社区的公众对街巷有着强烈的更新诉求,如42%的居民希望改善步行环境、增加散步骑车的慢行道,34%的老年居民希望增加路边休息地方等。

经过社区单元规划和街坊控规的实施比对、街道办和居委会座谈等方式,我们认为,街巷更新的"强需求"和"弱实施"的落差主要包括两个方向的原因。

自上而下:传统法定规划手段往往受制于精度和时效性,无法准确反映街巷的现状产权边界和动态更新诉求,而缺乏可操作性。如社区单元规划有7条支路拟拓宽,但规划红线全部因涉入沿线企业单位的产权边界而无法实施。又如302街坊、163街坊控制性详细规划所控制的"公共通道"短小有限,既不能缩小步行通道间距,又与现状街巷网络走向、社区更新规划的通道计划都不相符。

自下而上:一方面,街道办事处内设机构人员有限又缺乏规划专业管理人员,日常也承担频琐的行政服务职能,面临"多头交叉"且都是"硬骨头"的更新"一线"工作,不仅专业技术上难以胜任,而且协商对话赋权不足、资金来源有限、资源整合能力有限。另一方面,街巷沿线的公私产权复杂,人群年龄和收入结构变化多,企业层级和经济实力差异大,更新诉求不一致,在"囚徒困境"[①]等社会心理作用影响下,都担心自身利益受损而不愿推动街巷更新,比如,体育场为了减少居民进出对经营的干扰而牢锁与住区相接的通道,火车站周边小区为了住区安全而不愿开放内部通道,又如菜市场业主为了使用方便不愿搬迁堵住巷口的公厕,早出晚归的外来租户觉得社区更新与其无关,等等。

三、模式转变:以"街办"为核心、多方共建共享共赢的社区蓝图"结伴规划"

1.街办结伴:协助街道办、企业单位、社区居民寻找更新共赢路径

王玉洁等、王嘉等、阳建强等基于渐进决策理论,指出多元主体参与合作,走向协商式、倡导式规划是应对这种物质空间、产权归属、利益博弈十分复杂的城市更新场景重要途径;赵群毅进一步指出规划师应该"贴身陪伴"服务政府、市场和社会三大"直接利益方",寻求三者之间的力量平衡,并将三者共同认可、共同运作、共同受益的城市问题解决方案形成规划方案。鉴于此,我们对芷江西路社区街巷更新的当前困境提出了"结伴规划"的破题思路。"结伴规划"包括了两重含义:

一是规划师与街道办结伴,帮助他们强化基层更新主体能力,一起寻找能够实质性组织和撬动利益攸关方、达成更新共识的突破口,并且做好与上级政府的对接,争取政策、项目和规划支持(如容积率奖励、市/区重点项目的落位、零星地块的使用功能,等等),同时,有效使用街道办掌握的各个"条线"的公共资金,尽可能以规划工具帮助其形成合力,"把有限的钱用在刀刃上"。

二是帮助街道办、企业单位、居民三大主体共同结伴,以社区蓝图的编制为引导,协助利益攸关方在街巷更新中找到各自通过"共享"资源和参与街巷"共建"以获得正向收益"共赢"的合理路径。其中,对企业单位要"因企施策,收益激励",既要充分发挥街道办在党群工作、营商环境、市容管理等方面的服务能力,也要用好《支持城市更新的规划与土

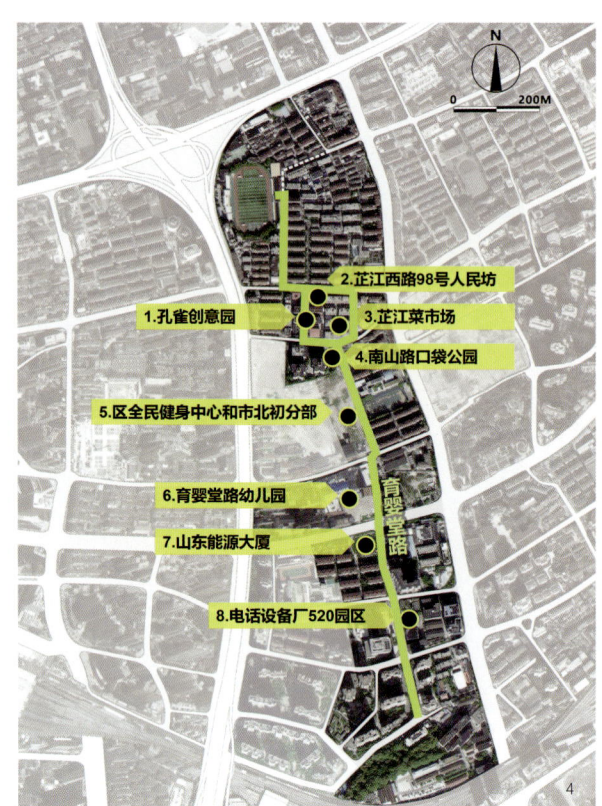
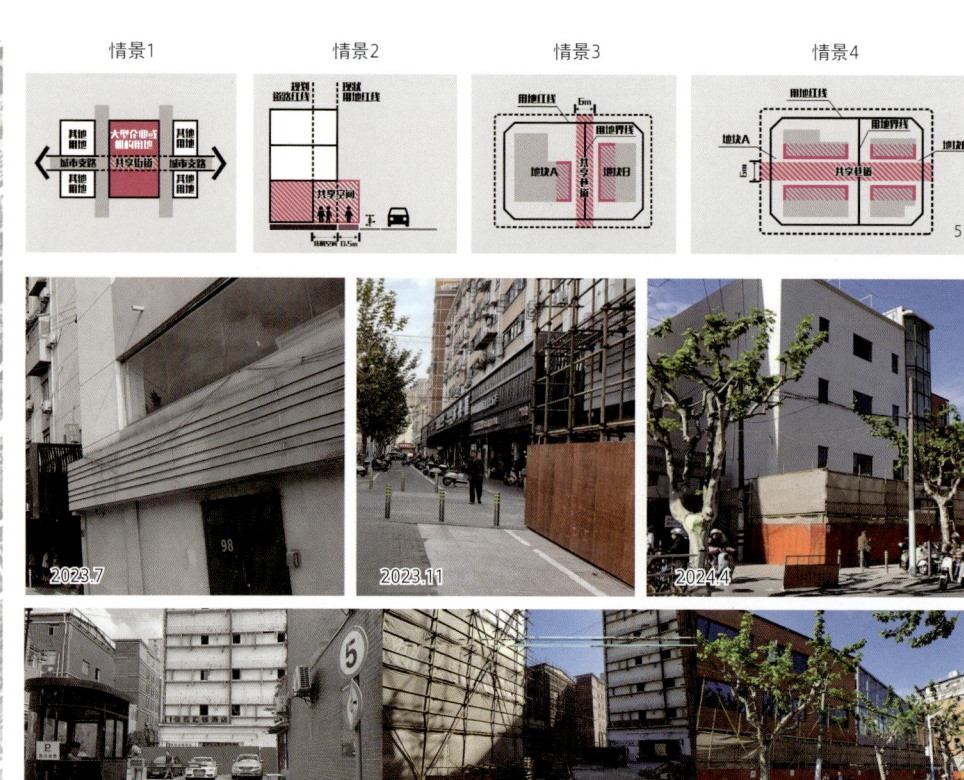

4 育婴堂路街巷更新共赢近期抓手项目分布图
5 四种街巷共建共享共赢的空间情景示意图
6 孔雀创意园的持续更新进程对比图

地政策指引（2023版）》的"容积率核定优化""实施差别化税费计收"等政策工具，使企业能够通过参与街巷更新切实解决一部分自身发展的迫切诉求，或者获得经营收入、企业形象宣传等多方面的实质利好，从而愿意积极参与自主更新并将自身空间资源向公众开放共享；对社区居民要"定向投入，睦邻友好"，结合老年人、外来人口等差异化的居民特征需求，靶向供给基层公共资源，使之通过街巷更新在生活便利、通行安全、住房增值、就业创业等方面获益，进而愿意主动提升和共享社区内部空间。

2.街巷共享：弹性适应产权主体特征和问题的空间情景模式

从促进利益攸关方形成共识的基本思路出发，街巷更新在规划上首先要以尊重各主体现状产权为前提，不强行使用"城市道路"的规范标准去改变现状产权界线，而是弹性适应"小尺度、非标准"的街巷空间，在"产权不变"的前提下，通过激励利益攸关方让渡产权内部空间使用权，以实现"最小通行权"和沿线空间共享。结合芷江西路的实际问题，我们初步提出了四种街巷空间共建共享共赢的空间情景，包括：针对占地较大的企业单位，着重以收益激励和营商服务鼓励企业将地块内部通道向城市共享开放（情景1）；针对街巷狭窄、产权边界侵入规划道路红线的企业单位，着重以收益激励、复合使用等鼓励企业让渡底层沿街空间为城市步行服务（情景2）；针对居民小区街巷有但不通的问题，着重以社区嵌入式服务设施、健身场地、边角花园等生活圈项目沿街巷堵点断点投入来说服和引导居民共享相邻地块通道（情景3）和穿越通道（情景4）。

3.更新试验：以"育婴堂路"为试点推进结伴规划

育婴堂路始筑于1916年，长1km²左右，是纵贯芷江西路街道东部的一条城市支路，虽然道路宽度最窄处仅有6m，但沿线集中了火车头体育场、区全民健身中心、孔雀创意园、520园区、交通公园等重要板块，也是街道办掌握服务、产业、文化等各类资源最多、最利于建立多方利益共同体、撬动社区生活圈更新的"主线"。

2023年末，结合社区蓝图规划编制，经街道党工委会决议，确定将育婴堂路串联带动两侧街区产业—人文—空间"三位一体"的品质提升，打造"人文青创街"，并基本确立了由街道办事处为引领，在社区规划师的技术协助下，搭建"结伴规划平台"，构建沿线企业单位更新共赢利益共同体的工作机制。

在具体操作上，针对育婴堂路沿线主体企业居多的特征，重点是让政府投入的社区生活圈项目起到撬动作用，针对不同企业的业态经营特征、自主更新阶段状态和更新发展诉求，鼓励企业加入到育婴堂路的整体街巷更新之中，按照街巷更新的要求微调自身的方案布局并将自身空间资源向公众开放共享，以较小的政府资金投入更加精准、高效地实现更新目标。基于社区蓝图规划和近期各主体单位的项目进展情况，社区规划师协助街道办事处梳理出了孔雀创意园区、芷江菜市场、上海电话设备厂520园区等育婴堂路沿线的8个近期重点项目作为推进抓手。由街道的管理办和营商办具体统筹推进，与社区规划师共同研究社区与相应项目主体的更新共赢思路，并由社区规划师对项目提出空间完善建议（2024年3月至6月出具了5次书面图文建议），再由街道办以定期协商会（结合两周一次的街道优化营商环境工作座谈会）和不定期专题会（如芷江菜市场更新专题会）为平台，沟通主体更新发展诉求，协调规建技术和实施运营难点，滚动推动更新要求落地。

孔雀创意园距街道办仅一路之隔，是首个开展

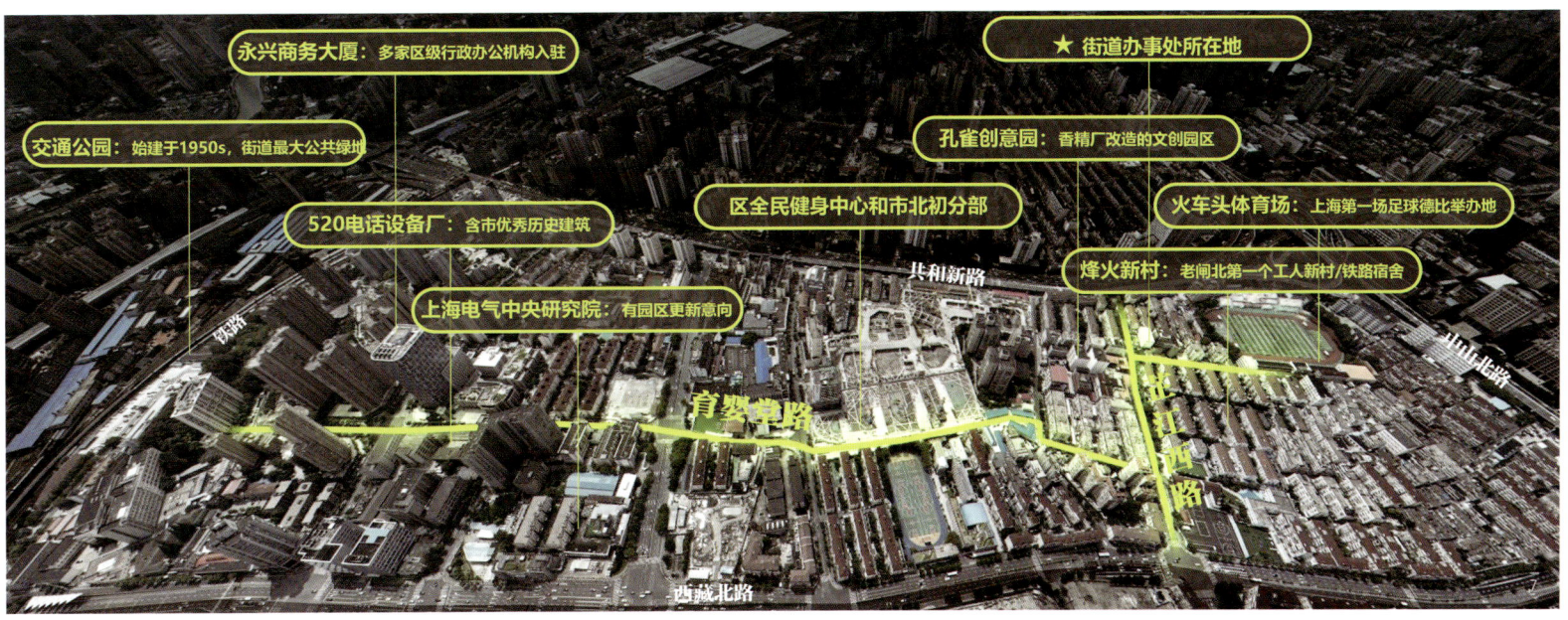

7.育婴堂路沿线主要资源分布图

"结伴规划"试验的项目。针对企业二次更新招商难的诉求，街道办采用租用园区楼宇空间建设"人民坊"和周虎臣曹素功非遗空间两个社区生活圈项目的方式，助力企业招商运营。作为正向反馈，企业参考社区规划师的4条主要建议，不但将园区全面变为开放街区，使内部巷道公共化并连接到育婴堂路主线上，而且自主代建更新园区南北两侧的街道铺装、景观小品和公共厕所。更新工作预期2024年底完成。

在孔雀创意园的带动下，与之相邻的芷江菜市场也计划启动更新，街道办针对菜市场的"升级扩容"诉求，以在菜市场内植入社区市民园艺中心和协助运营方办理营业证照等措施为激励，推动市场运营公司向邻里共享的"芷江市集"转型，并自主更新市场两侧夹巷，为居民提供更加舒适整洁、能够直连未来育婴堂路北端口袋公园的步行通道。

此外，520园区、山东能源大厦等一系列企业项目也正在通过每两周一次的协商会不断向育婴堂路街巷更新的导向要求靠近。在这一过程中，企业获得与自身需求和投入匹配的正向收益，社区服务设施和公共空间的品质显著提升并使沿线社区居民直接受益，在多元主体的"利益联结"下，整个育婴堂路沿线形成了富有底层更新活力的"新邻里"关系。

四、结语：相伴而行，向心而新

在我国城市更新面向民生民本转型、工作重心向社区下沉的背景下，社区更新决不能停留在浅层的"微"更新，应该依托街巷网络实现深入街区肌理的结构性的改善。这种深层的"微更新"，在于基于街区微观尺度，尊重街区生长逻辑、产权边界和利益攸关方切身利益诉求，开展由下至上、由里至表、主体与空间同步共频的更新。

街道办是直面利益攸关方更新诉求的基层更新一线"责任担当"。社区规划师的职责绝不只是帮助街道办事处编制"一张蓝图"，而更多地是要如《上海市城市更新条例》要求的，"发挥社区规划师在城市更新活动中的技术咨询服务、公众沟通协调等作用，推动多方协商、共建共治"，全过程、陪伴式地帮助街道办搭建好社区更新的"街办—结伴"平台，尽可能集结凝聚更多的社会力量共同参与。只有将政府的"一头热"变为政府和利益攸关方"两头甜"，才能真正"相伴而行，向心而新"，逐步走向自下而上、可持续的"街巷共建—利益共赢—社区共治"。

最后由衷感谢芷江西路街道办事处以及给予我们街巷更新工作大力支持的企业单位。

注释

①囚徒困境指为理性博弈者双方从自身利益出发，都会选择不合作策略，最终导致共同利益无法实现。

参考文献

[1]梁印龙.重构城市更新利益博弈机制——一个土地发展权"产权差"的新视角[J].城市规划,2024,48(3):46-54.

[2]朱弋宇,奚婷霞,匡晓明,等.上海社区规划师制度的实践探索及治理视角的优化建议[J].国际城市规划,2021,36(6):48-57.

[3]LINDBLOM C E. The Science of "Muddling Through" [J]. Public Administration Review, 19(2) (Spring, 1959): 79-88.

[4]王玉洁,张京祥,王雨.行动者网络视角下渐进式更新协作机制研究——以江苏省南京小西湖地段更新为例[J].上海城市规划,2022,1(1):110-119.

[5]王嘉,白韵溪,宋聚生.我国城市更新演进历程、挑战与建议[J].规划师,2021,37(24):21-27.

[6]阳建强,朱雨溪,张倩.面向空间品质提升的城市更新[J].时代建筑,2021(4):12-15.

[7]赵群毅.规划"贴身陪伴"的方法论探讨[J].规划师,2021,37(12):85-90.

作者简介

吴斐琼，上海同济城市规划设计研究院有限公司复兴规划设计所总工，高级工程师，注册城乡规划师；

马　强，上海同济城市规划设计研究院有限公司复兴规划设计所所长，教授级高级工程师，注册城乡规划师；

韦　笑，上海同济城市规划设计研究院有限公司复兴规划设计所所长助理，工程师，注册城乡规划师。

城市更新导向下北行商业区控制性详细规划编制实践
Practice of Regulatory Plan for the Beihang Business District Under the Guidance of Urban Renewal

单 颖 李 鑫 范继军
Shan Ying　Li Xin　Fan Jijun

[摘 要] 传统商业区的价值不言而喻，承载着城市的传统文化和地域特色，见证着城市的兴衰与演变。本文以沈阳市历史上传统三大商圈之一的北行商业区为例，自始至终贯彻"城市更新的可实施性"。基于问题、目标、实施导向，梳理产业、民生、生态、交通四大核心问题，分析其经济效益下降、活力不足的原因，结合沈阳市进入存量更新的高质量发展时期的目标要求和规划编制内涵，在新型商业模式、城市更新方式以及编制管理体系方面进行探索，制定相应规划管控策略，探索空间与事权统一的全覆盖图则，以及动态更新的项目策划实施手段，进一步促进规划成果落地，促进传统商业区活力提升和商业复兴。

[关键词] 城市更新；传统商业区；存量空间；控制性详细规划

[Abstract] The value of a traditional business district is self-evident, carrying the traditional culture and regional characteristics of the city, witnessing the rise and fall and evolution of the city. This paper takes the north-bound business district, one of the three most important traditional business districts in Shenyang's history, as an example to carry out the "Implemensibility of urban renewal" from beginning to end. Based on the problems, objectives and implementation orientation, this paper sorted out the four core issues of industry, people's livelihood, ecology and transportation, analyzed the reasons for the decline in economic benefits and the lack of vitality, combined with the goal requirements and the connotation of planning preparation for Shenyang's high-quality development period of stock renewal, and explored new business models, urban renewal methods and preparation management systems. Formulate corresponding planning control strategies, explore full coverage plans with unified space and authority, and dynamically update project planning and implementation methods, further promote the implementation of planning results, and promote the vitality of traditional commercial districts and commercial revival.

[Keywords] urban renewal; traditional business district; stock space; regulatory plan

[文章编号] 2024-97-P-058

一、城市更新导向下的控规编制内涵

1.精准的调研评估，抓准区域特色和问题症结

城市更新视角下要求在控详规划编制中合理确定各规划单元范围内存量空间保留、改造、拆除范围，防止"大拆大建"。因此，建立翔实的现状调查规则十分重要，调查规划审批信息、产权信息、历史文化资源分布、现状建筑质量、现状建筑高度等全面反映土地利用现状情况，关注产权人的发展意愿是科学编制前提和内涵。

2.发挥存量空间作用，推进城市更新实施行动

自然资源部出台了《关于加强国土空间详细规划工作的通知》，对城镇开发边界内的存量空间与增量空间分别提出了详细规划的编管要求。控详规划编制和管理应以更加精准的响应、更加精心的谋划、更加精细的手段，在产业、民生、品质、文化等方面积极推进城市更新行动，促进存量空间更新提升发展。

3.加强规划加规则，充分发挥政策工具作用

城市更新视角下的控规更要体现"高质量、高效率、更加公平、更可持续"的目标，更加需要通过规划加规则的手段，在编制方法、编制依据、控制内容以及控制时效等多个方面实现规则化，发挥好规划的终极作用，对旧商业区的各种建设行为起到普遍约束和重点"控制"。

4.注重实施管理，实现全链条全方位的规划管控

面向旧商业区的实施改造提升，使规划"有用、好用、管用"，需要衔接好前期的现状评估的前置研究及后期的新建及改造项目的建设和管控，建立好"现状评估—科学编制—规划管控—规则制定—项目实施—规划监督"的全链条全方位的规划模式，高质量、高效率、高精度地指导详细规划落地，促进旧商业区的复兴。

二、现行旧商业区控规编制存在问题

1.多注重空间规划，缺乏对商业定位、发展方向以及群体需求的关注

传统商业街承载着城市发展进程中的商业活动，是最大众化的民俗市场，既有其物质空间属性，又有其社会文化属性。长期以来，传统商业街区的功能较为单一，无法满足消费者对其他功能的需求，如娱乐、休闲、会友等。在旧商业区的控规编制中仅仅围绕用地空间进行规划管控，忽视了对整个区域商业定位和商业环境的分析，对商业发展模式、物质环境形成的经济可行性关注不足，缺乏商业体验、历史文脉等精神环境的控制引导，造成区域发展动力不足。

2.多注重增量空间，忽略利用城市更新手段的规划管控

传统控规多以增量空间的管控为主，对增量用地的指标进行控制引导开发建设。在旧商业区的控规编制中也不例外地关注增量空间，整理可开发的商业用地，提出规划管控指标进行商业用地的招拍挂开发，而对现有商业空间缺乏调研和整治、提升，尚未激发市场参与城市更新的活力，缺乏多种城市更新手段对现状商业用地进行改造和利用。未能有效根据区域复杂的现状合理确定规划指标，协调处理规划用地与周边大量保留用地之间的边界关系，充分凸显土地商业价值。

3.多注重刚性管控，缺乏对旧商业区交通拥堵、停车等内容的弹性引导

旧商业区控规多以目标导向出发，注重地块的刚性管控，而对深层次的问题缺乏有效策略的引导，使得规划刚性过强而弹性不足、有效性不足。在城市的旧商业区中，早晚高峰时段拥堵及商业集中区的停车难都是最迫切需要解决的问题。而解决这样的问题，仅靠刚性指标管控是不足的，往往用一个规划管理的规则进行管控更有效，更能够适应。

4.多注重技术管控，缺乏与项目建设实施衔接

旧商业区传统控规的编制多注重规划指标管控，缺乏后续项目在开发、建设、招商、运营等方面的市场化内容的引导衔接。城市更新型的规划运行体系和编制体系同样重要，在旧商业区控规中要加强项目库的策划和建设运营的引导。

三、城市更新导向下北行商业区编制思路

1.新型商业模式探索——商圈竞合分析，多方式空间管控保障多元多级商业业态

分析全市商圈的人流量、业态分布、租金水平、规模、服务半径、消费者认可度、交通状况、商业配套设施等要素，评定各大商圈能级，确定北行商业区商业提升重点和适宜达到的商业规模。利用多种方式的空间管控模式，包括商业综合体、街区式商业和地下商街等，探索存量提升、增量注入以及增存结合的新商业模式。

2.城市更新方式探索——从问题出发，清单式渐进推进区域微更新

以详细规划核心控制内容为基础，融合国土调查、地籍调查、不动产登记等法定数据，针对商业等设施，采用传统数据与大数据相结合的创新模式，融合手机信令、POI等城市时空大数据，挖掘社会人群的真实需求，为塑造活力、高品质的城市空间提供现状支撑。着眼于对存量用地资源的全面统筹，全面梳理低效空间、老旧厂区、闲置楼宇、停缓建项目等存量用地，为业态提升、民生保障等提供空间保障，通过项目库方式，清单化明确更新改造内容，纳入多规平台统一管理，动态更新，促进地区按照规划完成更新提升。

3.编制管理体系探索：编管协同，建立空间与事权统一的实施路径

建立全覆盖的图则管控体系，开展多部门联动规划，衔接建设实施，加强城市更新项目运营维护、收

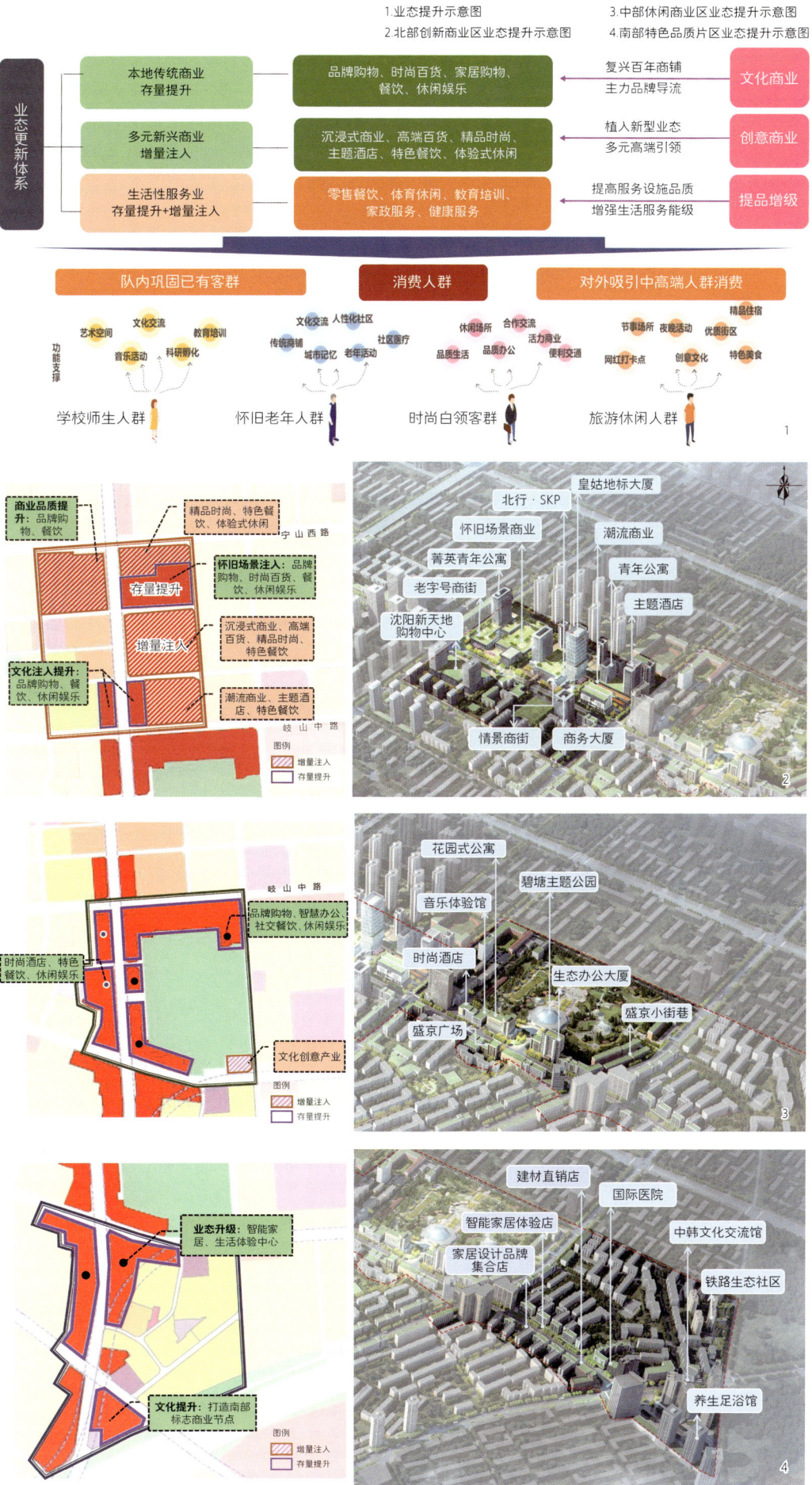

1.业态提升示意图　　3.中部休闲商业区业态提升示意图
2.北部创新商业区业态提升示意图　　4.南部特色品质片区业态提升示意图

5.地下空间功能规划图
6.场地梳理分类引导图
7.开敞空间存量改造提升规划图

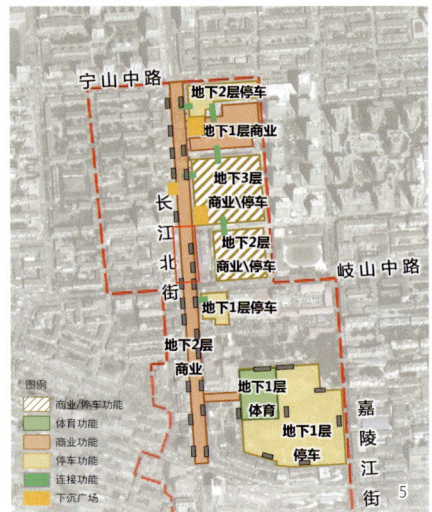

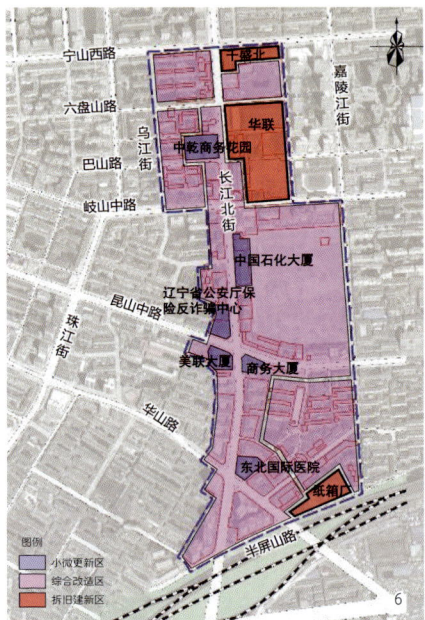

益分配，以及建筑工程投资测算等方面的专题研究，统筹策划项目、资金、建设实施。在图则中落实民政局、绿化管理等相关部门要求，考虑多元利益主体诉求，核实用地范围与用地权属，统一生活圈范围与街道社区界线，建立空间与事权统一的实施路径。

四、城市更新导向下沈阳市北行商业区控规编制实践

城市更新导向下的北行商业区控规编制自始至终贯彻"城市更新的可实施性"，基于问题、目标、实施导向，聚焦核心问题，以最小的切口，开展控规编制，实现老街复兴典范、商业创新高地的目标。

1.核心问题一：产业方面，如何激活地下商街、盘活现状业态实现商业创新

北行商业区至今已有300多年的历史，曾是沈阳市三大商业街之一，也是皇姑区的名片之一，随着沈阳市不断建设新商圈，近年来区域出现经营效益下降、活力不足等问题。目前现状以商业功能用地为主，沿长江街形成北部百货、服饰、中部数码、餐饮、南部家居、建材为主的业态布局。地下商业街——地一大道，长江街全长1200m，商业规模达5万m²（昆山路—崇山路段），以低端服装、百货业态为主。与长江街地铁站（存在20m断点）及周边地块缺乏连通，碧塘公园地下大部分处于闲置状态。另存在华联商场等5处闲置用地和2处位于碧塘公园南侧的烂尾楼。

控规编制关注商业体验、历史文脉精神环境，结合皇姑人、沈阳人对北行的儿时记忆，复兴百年商铺，塑造皇姑印象节点，利用文化带动提升区域经济发展动力。对商业业态进行提升，引入沉浸式、情景式、体验式、定制化业态，分段打造主题式商业街区。

（1）北部创新商业片区

存量提升本地传统商业：千盛百货整体升级改造，注入怀旧场景商业，复兴老字号店铺，营造商业文化氛围，让老街重焕新活力。

多元新兴商业增量注入：北行农贸市场，升级为东北首家SKP，打造目的地消费模式。围绕华联及北行农贸市场，发展潮流商业、主题酒店、沈阳新天地等，形成沈阳北部创新商业中心。

（2）中部休闲商业区

存量提升激活新兴主力店：导入社交餐饮、智慧办公等新型业态。打造"公园+"，公园+绿色，围绕公园改造生态绿色节能办公大厦，打造生态绿色建筑示范点。发展公园+休闲，同时通过植入盛京小街巷、音乐体验馆等休闲娱乐产业，提升休闲业态比例。

（3）南部特色品质片区

提升本地传统商业：依托现状已有的产业基础，通过产业置换或业态提升，置入一些更符合现代市场的家居产业，比如小米家具、摩根智能家居等智能家居，亦如宜家生活体验中心、红星美凯龙等沉浸式体验馆；同时引入家居设计品牌集合店等设计师品牌、定制化家居品牌，提档升级为高端定制化家居产业，综合提升路段的知名度和品牌度。

在地下商业街植入青年活力型商业，利用北侧商业可改造地块开发，完善地下商业和停车功能。增设连通通道，打通地下街与周边地块和北侧地铁站点的联系，创造高度活力而且具有连续性的商业联接。结合北侧华联可改造地块设置下沉广场，与地下商街出入口进行一体化设计，增强商业体验感，实现地上地下空间一体化。

2.核心问题二：民生方面，如何优化土地供应、完善城区设施实现老街复兴

目前北行商业区是以商业功能（30%）和居住（30%）功能为主的成熟建成区，具有典型的城市更新区域特点，街区人口密度过大、各类民生设施匮乏。规划结合用地权属以及现状建筑功能、品质等要素，划定小微更新、综合改造、拆旧建新三类更新片区，梳理可改造商业空间和存量资源，优化土地供应，解决民生设施的空间需求。

基于城市更新存量规划特点，统筹十五分钟和五分钟生活圈，重点关注养老、文化、活动场地等群众急切问题，盘活利用闲置原皇姑区图书馆等建筑、低效锅炉房等存量资源，图则控制设施配建指标，提出综合改造控制引导要求，保障各类民生服务设施规模、品质以及可达性。

3.核心问题三：生态方面，如何改造碧塘公园、搭建景观体系实现以园荫城

开敞空间不成体系，缺少口袋公园、广场等服务商业的开敞空间，现有绿地空间品质较低，缺少绿化和活动休憩设施，商业前广场缺乏设计，停车空间占比过高。碧塘公园缺乏活动设施及开敞界面，缺乏与周边用地的互动联系，生态景观渗透不足。

规划注重存量空间改造提升，促进生态景观与商业氛围的融合，形成鱼骨状景观体系。活化利用历史建筑，增加展览、文化、休闲等功能。活化历史建筑，植入商业、文化功能，提升场景体验感，拆除南侧闲置楼宇，打开碧塘公园界面，增设2处车行出入口，盘活规1万m²的地下空间停车使用。在街角、路边布局口袋公园和广场，搭建三级四类开敞空间体系，以园荫城，提高城区品质形象。

4.核心问题四：交通方面，如何破题交通拥堵、梳理公交组织实现区域畅达

现状路网体系、公交线网完善，整体运行较好，但

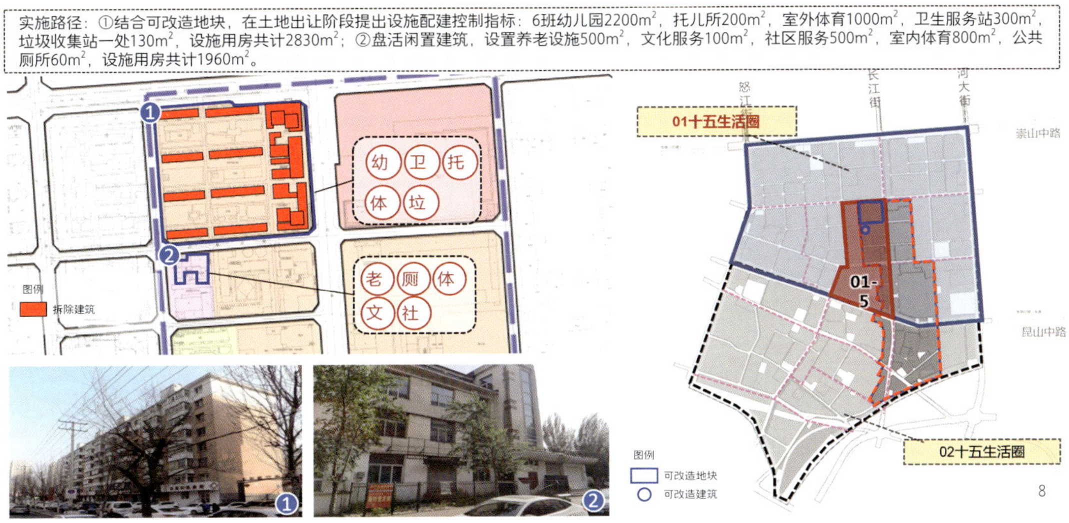

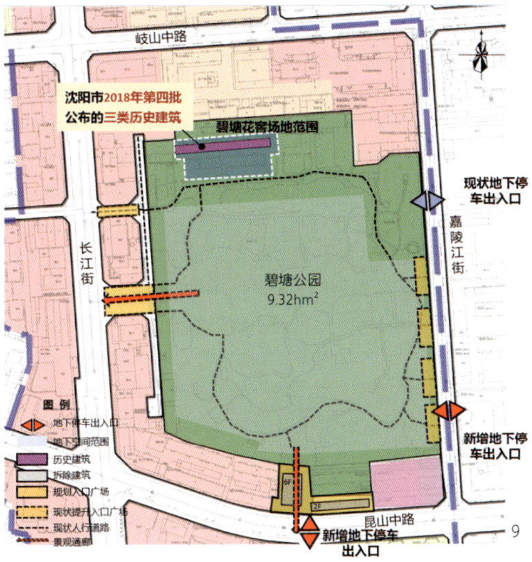

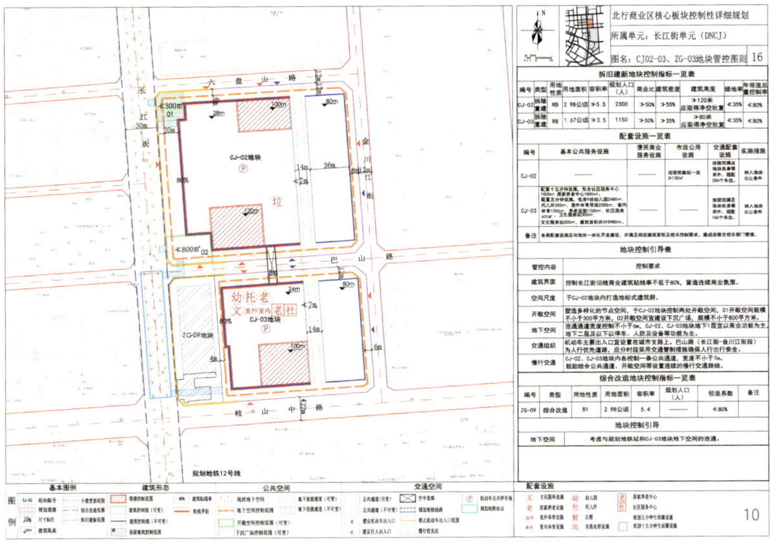

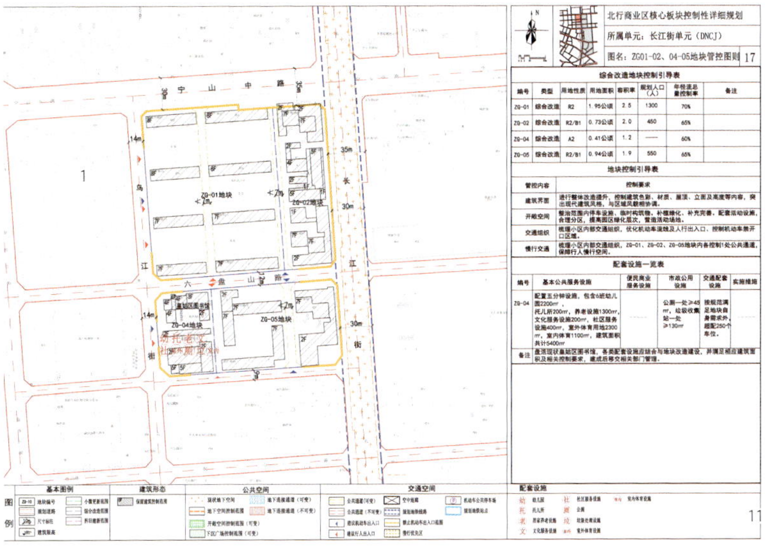

8.民生设施改造实施路径控制图　10.拆旧建新地块控制引导图则
9.碧塘公园规划改造实施引导图　11.综合改造地块控制引导图则

受停车占路影响，支路微循环不畅，早晚高峰长江街存在拥堵瓶颈，拥堵和停车难是区域最迫切需要解决的问题，严重影响地区商业的活力。

打通对外交通长江街三环断点，贯通泰山路东西通道。内部采用局部单行等交通管制手段，完善街区微循环，将车流引至支路，发挥路网整体运行效率。采用立体停车、共享泊位及盘活存量等多种手段，强化停车位供给，提高道路通行能力。明确路权，增设限时公交专用道，强化交通换乘，倡导绿色出行。结合城市设计，加强弹性内容管控，与规划管理进行有效衔接。

5.衔接建设实施："规划刚性管控+风貌引导+项目建设指引"三位一体图则

建立全覆盖的图则管控体系，开展多部门联动规划，在图则中落实民政局、绿化管理等相关部门要求。考虑多元利益主体诉求，核实用地范围与用地权属，统一生活圈范围与街道社区界线，建立空间与事权统一的实施路径，保证规划可落地、可实施。

五、结语

城市更新导向的控制性详细规划是我国目前城市发展的趋势，城市活力集中的旧商业区作为典型的城市更新地区，在控规中如何保证其可实施性是我们应该关心的重点。在控规中加强现状评估、多部门合作，注重公众参与，结合商业、民生、品质、文化等方面的城市更新行动，合理解决利益分配、资金平衡、政策制定、实施计划等一系列难题是关键。本文中"北行商业区控规"也是在探索阶段，希望通过对实践案例的研究分析能够总结一些成功经验，寻找适合新形势下的控规工作方法。

作者简介

单　颖，沈阳市规划设计研究院有限公司智慧分院规划三所项目负责人；

李　鑫，沈阳市规划设计研究院有限公司智慧分院院长；

范继军，中建二局第二建筑工程有限公司筑梦建筑设计研究院副所长。

基于微更新视角的世界运河遗产历史街区城市更新设计路径探索
——以大运河新乡段北关街重点片区城市设计为例

Exploring Urban Renewal Design Pathways for World Canal Heritage Historic Districts from a Micro-Renewal Perspective
—A Case Study of Urban Design in the Beiguan Street Key Area of the Grand Canal Xinxiang Segment

赵广宇
Zhao Guangyu

[摘 要] 为了深入实施保护、传承和有效利用大运河文化遗产的策略,本研究借助城市设计承上启下的协同优势,有效落实规划管控及引导空间布局的策略。协调跨专业团队,对以大运河新乡段北关街重点片区为代表的世界运河遗产历史街区进行综合性设计。设计从"微冲击""微介入""微设计""微运营""微循环"的微更新多维视角出发,遵循战略规划定位、总体规划定性、详细设计定型及设计导则定限的原则,旨在构建一个从宏观区域到微观空间的协同规划体系,实现规划理念到具体实施的精确转化。通过探讨运河遗产历史街区在城市更新中的设计路径,将北关街打造为一个集文物展示、文化旅游商业活动和市井生活体验于一体的活态博物馆式街区及融合古今的运河聚落体验,为运河遗产历史街区城市更新提供参考和借鉴。

[关键词] 微更新;世界运河遗产;历史街区;城市更新

[Abstract] To deeply implement strategies for protecting, inheriting, and effectively utilizing the cultural heritage of the Grand Canal, this study leverages urban design methodologies and technical language to enforce planning control and guide spatial layout strategies effectively. Additionally, it coordinates interdisciplinary teams to undertake a comprehensive design of the historic canal heritage districts, exemplified by the Beiguan Street sector in the Xinxiang segment of the Grand Canal. This design adopts a multi-dimensional perspective of micro-renewal, including "micro-impact," "micro-intervention," "micro-design," "micro-operation," and "micro-circulation," adhering to principles of strategic planning positioning, general planning qualification, detailed design specification, and design guideline limitations. The aim is to construct a coordinated planning system from macro-regional to micro-spatial scales, achieving precise translation from planning concepts to implementation. By exploring design pathways for urban renewal in canal heritage districts, Beiguan Street is transformed into a vibrant museum-like district that integrates cultural relic display, cultural tourism commercial activities, and local life experiences, offering a blended experience of ancient and modern canal settlements. This provides a reference and model for urban renewal in canal heritage districts.

[Keywords] micro-renewal; world canal heritage; historic districts; urban renewal

[文章编号] 2024-97-P-062

本研究获得天津市哲学社会科学规划项目(TJGLQN23-011)资助

一、引言

中国大运河的文化脉络延续了千年中华文明与辉煌历史,展现出我国劳动人民的伟大智慧和勇气,传承了中华民族的悠久历史和文明。2006年,国家文物局将大运河列入中国世界文化遗产预备名单,其地位和在角色发生巨大变化。在2014年大运河作为文化遗产被列入《世界遗产名录》的契机下,关于大运河多维价值的相关保护规划、更新的研究和实践工作逐步展开。

在学术研究领域,国内学者对大运河的研究经历了"价值挖掘(申遗)""战略构建""保护利用"三个阶段。研究内容主要集中在大运河的"水资源、水环境""遗产保护"和"文化传承"三个维度。水资源和水环境的相关研究主要针对运河的生态价值,"遗产保护"和"文化传承"主要针对运河的文化价值。每个维度均包含"保护"和"利用"两大核心主题。在实践领域,目前在国家政策的紧密推动下,已颁布了多项直接或间接与大运河相关的法律法规或技术章程,并有越来越多的城市在运河资源价值融合等方面开展积极探索。2019年2月中共中央办公厅、国务院办公厅印发了《大运河文化保护传承利用规划纲要》,大运河保护传承利用上升到国家战略;同年7月,习近平总书记主持召开中央全面深化改革委员会第九次会议,审议通过《长城、大运河、长征国家文化公园建设方案》,提出大运河国家文化公园建设,运河沿线城市将紧紧围绕千年运河打造国家品牌。

为深入贯彻落实习近平总书记重要指示批示精神,打造大运河文化带,深入挖掘大运河丰富的历史文化资源,保护好、传承好、利用好大运河这一祖先留给我们的宝贵遗产,是新时代党中央、国务院作出的一项重大决策部署。

因此,本项目以大运河新乡段北关街重点片区为例,以《大运河文化保护传承利用规划纲要》《长城、大运河、长征国家文化公园建设方案》《河南省大运河文化保护传承利用实施规划》《大运河国家文化公园(河南段)建设保护规划》等规划为主要依据,整合并制定了微更新视角下世界运河遗产历史街区城市更新规划设计实施方案,旨在为传承老街风貌、焕发老街活力、凝发乡愁记忆、推进城市更新行动、提升城市品质提供设计范式和参考。

二、运河新乡段北关街基本概况

新乡卫河是隋唐大运河的主要组成部分,千年来新乡城市与卫河相依相存。"沟通山海、汇联两京",串联京津、河洛,成为中原地带的水陆交通枢纽;"河朔重镇,黄运交辉",运河文化与黄河文化交相辉映，形成了中原地带的区域中心城市；"历史深厚，人杰地灵"，促进了中原文化的向心集聚，留下了丰富、大量的运河历史遗存。

北关街位于新乡市红旗区，卫河南岸，新乡古城的北侧，是新乡的城市发源地。本次规划的研究范围386hm²，设计范围26.71hm²。元、明时期，卫河航道地位重要，促进新乡工商业发展。清末民初，往来于新乡、天津间的货船达700余只，载重百吨以上的大船约三分之一，船民有数千人。物资的装卸转运分别由饮马口、杨树湾两个码头集散。清代晚期，原来商业活动重心的东西大街商业街，已悄然移至东关和北关（主要是北关街）。伴随大运河漕运活动，北关街形成了城里十字、街巷纵横、硬山灰瓦建筑高低错落的独特空间格局，其独特的街巷格局、丰富的文化遗存和浓厚的生活氛围是北关街的核心历史文化价值。

然而，随着快速城镇化的推进，如今街区面临着发展与保护极为割裂的矛盾处境，文物建筑亟待修缮、新旧建筑风貌失调、运河景观空间割裂、街区活力丧失等严峻问题成为阻碍北关街品质提升的重大挑战。如何传承老街风貌、焕发老街活力、凝聚乡愁记忆，是本项目亟待解决的关键问题。

三、理念嵌入与规划构思

1.微更新理念的确立与嵌入

本项目以运河遗产及历史文化街区的特性为依据，明确基于微更新的世界运河遗产历史街区的城市更新设计路径涵盖"微冲击""微介入""微设计""微运营""微循环"多维视角。微冲击（Micro-intervention）强调在设计过程中，通过小规模、局部的干预措施，激发更大范围内的正向改变；微介入（Micro-intervention）涉及在精确选定的位置实施小规模改动，这些改动主要针对历史文化街区特定的社会、文化或环境问题，以最小的干预达到最优化街区服务和环境质量；微设计（Micro-design）关注细节和小尺度的设计元素，强调对人的体验质量的直接影响，增强地方特色和身份认同的元素；微运营（Micro-operation）将业态选择和运营策划有机整合，聚焦于运河历史街区的日常管理和小规模运营策略，通过小型、持续的活动来活化历史空间，提升其社会和经济价值。最终，在城市更新中，通过微循环（Micro-circulation）在历史街巷的小尺度环境中实现资源、能量和信息的高效流转。这些微观策略共同作用，形成一种综合的城市更新方法，不仅尊重并保护了运河遗产的历史和文化价值，同时也推动了其在现代城市环境中的可持续利用和发展。

2.基于微更新理念的规划构思

本次规划建立规划牵头、总师负责、全过程咨询的专家团队协作平台，以及遗产保护、文物修缮、城市设计、景观设计和城市运营全专业交叉协同设计模式，发挥城市设计落实规划管控和引导空间设计的优势，对北关街片区进行综合设计。贯彻战略规划定位、总体规划定性、详细设计定型、设计导则定限的工作方针，构建宏观区域协同、微观空间设计、分类精准管控的规划理念，实现从设计理念到实施落地的精准传导。打造集文物展示利用、文旅商业、市井生活体验于一体的街区式活态博物馆，古今传承的运河聚落活态体验街区。

基于此，将项目分为总体设计和重点设计两部分主体内容逐一开展

1.重点片区鸟瞰图　　　　　3.总体设计范围整体鸟瞰图
2.北关街重点片区城市设计平面图　　4.基于自身特性的文化运营引导构建功能布局图

   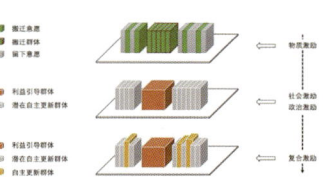
   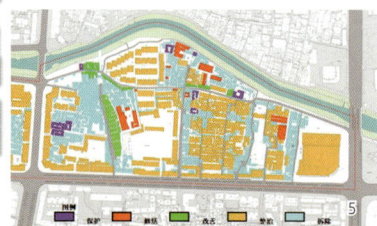

【区域协同构建宏观战略】承接统筹区域规划定位和发展诉求

【理论转译支撑空间设计】开展"城市针灸"微更新设计 建立从价值识别到文化感知体系搭建的系统化路径

【精准控导贯彻设计落地】定制菜单式街区控导体系 保证规划落地的精准传导

【渐进博弈保证街区运营】搬迁、利益引导与自主更新三类"利益群体"物质与非物质"选择性激励"的更新模式

5. 工作方针、规划构思和技术路线图
6. 以民俗文化为核心的金龙四大王庙片区效果图
7. 以文旅服务为核心的景区主入口效果图

且各有侧重。

总体设计区域统筹大运河沿岸的卫河公园、牧野公园、新乡古城、北关街、人民公园等重要文化节点，通过护运河、融绿地、理街巷、连交通、串节点、分片区的规划路径，组织一带一环一街的空间结构；统筹六大分区的规划定位，制定目标导向，研判各区域的发展方向。

重点设计聚焦北关街，通过修缮建筑保遗产，抢救性修缮文保单位、历史建筑和传统民居；修补街巷定格局，延续鱼骨状街巷肌理，锁定街区空间格局；完善交通优基础调整人车混行路网，完善停车和市政基础设施；活化遗存组业态，聚焦历史遗存的活化利用，构建特色文旅游线，策划分区功能指引、营造文化空间感知体系；指导实施控风貌，重要节点的空间设计，建立控导体系、落实建筑和景观精细化设计；完成从规划到建筑景观精确传导的落地方案。

四、基于微更新视角的运河新乡段北关街城市更新设计路径

1. 路径一："传承地文、按图索骥"——基于城市历史景观（HUL）理论和历史图像学的空间设计策略

根据古籍文献、考古资料、卫星影像资料，叠合各时期的文化空间要素，通过评估、落位、去伪、存真，综合时间维度历史信息的层积化表达，传承北关街"一桥一庙一码头、一街九巷十三院"的历史格局。明确街巷界线，梳理新建院落和自更新院落；历史空间落位文化节点；开放空间组织景观系统；塑造与地文紧密贴合、时间维度要素层积的活态遗产空间。

2. 路径二："文化知产提升价值，文化运营引导功能"——基于文化IP打造和多元表达

理念的功能业态策划和文旅体系构建策略

方案基于文化价值评估，凝练北关街文化谱系，差异化发展构建六大特色文旅体系，策划四时有新风、四季展乡景的全年节事活动，按照新思维、新文化、新科技的表达方式，构建"运河岸·新乡韵·北关情"的文旅IP。北侧连接运河，打造开放式文旅博物馆集群；西侧补全古城，打造国潮文创商业街区；东侧关注人文，营造青年人文艺术社区。开发面向传承、面向未来的文化展示空间，实现文化空间的新体验。

3. 路径三："分类定制、精准控导"——基于本土化转译的"城市形态学"理论，分地块评估定制控导体系

贯彻目标导向下的风貌总体定位，结合本地特征转译城市形态学理论，划分"街道—地块—建筑/景观"三类导则，构建多层级、全覆盖、菜单式的城

市更新控导体系。街巷控制导则以街巷属性划分四类控导，重点控制街道断面、交通设施、公服设施、市政设施和街道景观设施。地块控制及指引导则，通过综合评估和科学细分街巷单元，重点管控边界类型、交通流线、开敞空间和庭院、市政和公共设施。建筑设计导则在充分研究当地院落建筑形制的基础上，划分为文物建筑修缮、建筑整治更新和新建建筑设计导则三类；景观设计导则关注历史景观的活化表达，划分为景观设计通则、历史景观设计导则和文化景观导视系统。

4.路径四："选择性激励、建投运结合"——基于"集体行动理论"构建渐进博弈、持续运营的城市更新工作路径

创新性组建由规划师主导，政府、产权人、项目方多方合作的"北关街集体营造平台"，建立"公共空间统筹运营，私人地块定制激励"的城市更新实施路径。统筹民生改善、历史保护和自主更新的三重使命，实现经营性空间的长效运营与统筹分配。根据在地居民意愿，划分构建搬迁、利益引导与自主更新三类"利益群体"，并制定物质与非物质组成"选择性激励"的更新模式。

搬迁群体以保障"公共利益"的物质激励为主，利益引导群体以提供"公共物品"的社会与政策激励为主，自主更新群体以生产"集体物品"的复合激励为主。渐进式规划、持续运营，推广基于地块自身问题导向和产权人意愿的"定制DIY"工作路径。

五、结论与展望

卫水烟火传千年，新乡城外老北关。本项目秉持传承地文、文化引导、精准设计和持续运营的微更新规划策略，致力于营造一个传承传统、充满活力的运河活态聚落。

本项目设计方案已于2022年4月批复实施，方案指导下的建筑修缮和景观提升首开工程已于2022年10月正式开工；项目预计2~3年全部完工并正式运营。项目的规划实施将重塑地区的城市景观，激活历史遗存，传承世界运河遗产两侧的人文烟火氛围。在保护历史遗产的基础上，为当地社区带来新的经济机遇和文化活力，为运河沿线的可持续发展和文化旅游提供强有力的支持。

项目负责人：谭啸
主要参编人员：赵广宇、杨森、冯驰

作者简介

赵广宇，天津大学建筑设计规划研究总院有限公司工程师。

8 转译城市形态学理论构建的控导系统示意图
9 选择性复合激励的分类整治措施示意图
10 北关街集体营造平台和规划实施路线图

分类定制 精准控导

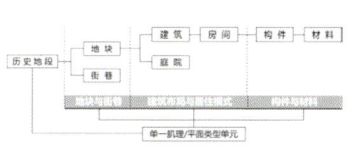
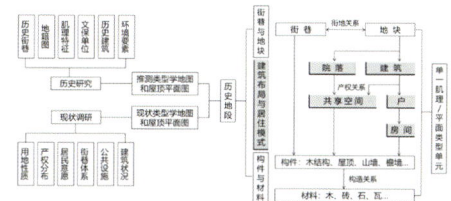
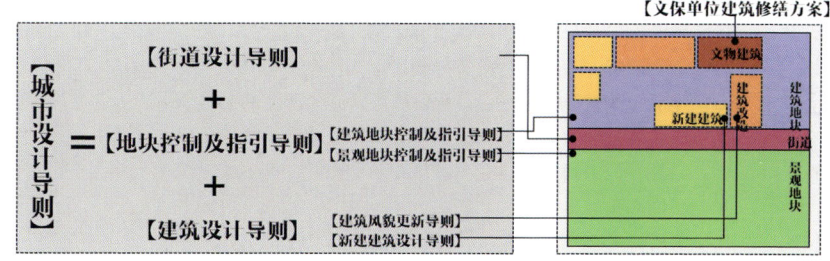

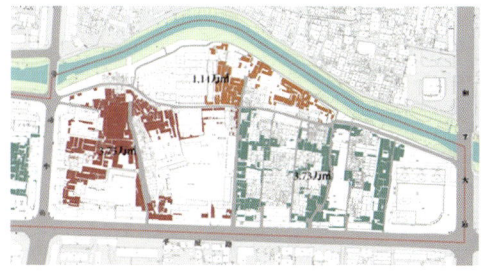

拆迁群体
保障"公共利益"的物质激励
按计划进行搬迁+金币补偿等措施

利益引导群体
提供"公共物品"的社会与政策激励为主
网红文创品牌等社会资本加盟构建更新资金链

北关街集体营造平台主导的北关街
重点片区拆迁方案

北关街原住民与网红咖啡馆合资经营的咖啡店

完整居住社区的实践创新
——以天津金成府"完整+"社区项目为例

Practical Innovation of Integrated Residential Community
—Taking Tianjin Jinchengfu "Complete+" Community Project as an Example

李 昊　赵晓静　孔德博
Li Hao　Zhao Xiaojing　Kong Debo

[摘 要] 社区建设是以人为核心的新型城镇化建设的重要落脚点和"最后一公里"。近年来完整社区建设成为社区建设、服务和管理高质量发展的重要政策主线。本文基于完整社区的政策导向，以天津金成府社区的"完整+"社区项目实践为例，探索了完整社区与智慧社区结合的创新路径。金成府社区作为住建部《完整居住社区建设评价体系研究》课题的落地示范，为完整居住社区建设评价提供实践了新建商品房小区的经验和案例支持。项目通过对完整社区体系的创新拓展，构建具有天津地域和商品房小区特色的未来社区体系。项目搭建了完整社区信息平台数字底座，实现了社区数字化治理运营，并通过政企协作促进完整社区生活圈构建。金成府"完整+"社区是基于完整社区理念、面向未来的新建社区的创新探索，对于完整社区的落地和创新推广具有重要实践意义。

[关键词] 社区规划；完整社区；未来社区；社区信息平台

[Abstract] Community construction is an important foothold and the "last mile" of people-centered new urbanization construction. In recent years, the construction of integrated communities has become an important policy line for the high-quality development of community construction, service and management. Based on the policy orientation of the integrated community, this paper takes the practice of the "complete +" community project of Tianjin Jinchengfu community as an example to explore the innovative path of combining the integrated community and the smart community. As a demonstration of the Ministry of Housing and Urban-Rural Development's "Research on the Assessment System for the Construction of Integrated Residential Communities", Jinchengfu Community provides experience and case support for the assessment of the construction of integrated residential communities. Through the innovation and expansion of the integrated community system, the project will build a future community system with the characteristics of Tianjin's regional and commercial housing community. The project has built a digital foundation for an integrated community information platform, realized the digital governance and operation of the community, and promoted the construction of an integrated community life circle through government-enterprise collaboration. Jinchengfu "Complete +" community is an innovative exploration of a new community based on the concept of an integrated community and facing the future, which is of great practical significance for the implementation and innovative promotion of a integrated community.

[Keywords] community planning; integrated community; future community; community information platform

[文章编号] 2024-97-P-066

一、背景：完整社区建设成为重要趋势

新时期，社区建设的重要性不断凸显。习近平总书记指出，"社区是基层基础，只有基础坚固，国家大厦才能稳固""社区是党和政府联系、服务居民群众的'最后一公里'"[1]，社区建设与人民群众对美好生活的需求息息相关。"十四五"规划纲要中强调要以人为核心推进新型城镇化建设，全面提升城市品质，实现公共服务均等化，加强城镇老旧小区改造和社区建设，为居民在教育、医疗、养老等公共服务上实现高质量提升[2]，明确了社区建设的重点方向。党的二十大报告中指出："完善网格化管理、精细化服务、信息化支撑的基层治理平台，健全城乡社区治理体系"[3]，智慧社区的建设应齐头并进。

近年来完整社区建设成为社区领域重要工作。住房和城乡建设部2020年与12个部门联合印发《关于开展城市居住社区建设补短板行动的意见》和《完整居住社区建设标准（试行）》，并于2022年10月，联合民政部办公厅发布《关于开展完整社区建设试点工作的通知》。完整社区建设是为贯彻落实党中央、国务院关于社区建设和基层治理的重要实践，是加快补齐社区公共服务设施短板、改善社区人居环境、打通城市建设和管理的"最后一公里"的重要举措。

同时，智慧社区、未来社区和社区生活圈建设成为国内外居住区发展潮流。通过以人为本的理念促进居住环境提升，以技术创新打造未来社区新形态成为行业趋势[4]。

二、实践："完整+"社区的体系构建

1.项目概况

住建部"完整居住社区建设评价体系研究"课题对完整居住社区建设评价展开相关研究，并以金隅天津金成府为落地示范试点之一，为更好地推广完整社区建设提供案例支撑。

项目选取天津市北辰区天穆街道的金成府为完整居住社区的研究对象，并对其10分钟和15分钟步行可达的范围内配套设施展开相关研究。结合走访调研、大数据分析，对标新的住区标准等方式对其配套设施展开相关研究，为新建小区的完整居住社区及生活圈建设评价实践提供案例支撑。

金成府定位为高档改善型住宅，处于文庆道与朝阳路交口附近，呈较规整矩形形状。界内建设用地3.32hm²，总建筑面积9.54万m²，地上计容建筑面积约6.64万m²，容积率2.0，建筑密度20%，设计总户数为616户。考虑社区服务半径与步行可达性，界定金成府社区为5分钟生活圈的居住区范围，展开作为完整居住社区的社区服务设施的检测和评价。

本项目为新建商品房小区，研究划定的15分钟生活圈范围内目前为大片在建项目用地，居住人口较少，尚未建成具规模的配套设施，周边设施大多集中于西部京津路顺义道路口、南部京津路柳东道路口两处。根据《完整居住社区建设指南》中对5~10分钟生活圈完整居住社区建设要求对金成府的配套建设进

行评估。项目所在地块的控制性详细规划中明确了对社区配套设施的要求，但目前仍有许多尚未实施。

项目所在地周边建有基本市政道路交通设施，其15分钟生活圈范围内部未形成高密度的次干路与支路网络，设施POI较少，与地块南部河北区、红桥区等开发建设较为完善的区域存在较大差距。生活圈外围城市主干路建设完善。公共服务设施分布总体西部多东部少。其15分钟生活圈西北角京津路与顺义道路口天穆村村委会所在地附近，基本公共服务较为完善，有托幼机构、卫生室、派出所、服务中心等。完整居住社区建设检测表明，金成府5分钟和10分钟生活圈居住级别的设施配置要求基本满足，但在功能方面还有提升空间。

金成府项目设计方案以"一轴+一环+三园"的空间结构组织社区布局。"一轴"打造主入口轴线空间，创造有仪式感的归家体验；"一环"主题跑步道串联景观节点；"三园"满足亲子、青少年和老年人不同年龄阶段的社区居民的公共活动诉求。金成府设计方案满足人性化、优美、合理、智慧的设计要求。

2."完整+"社区设施体系构建

吴良镛先生提出，完整社区必须丰富社区的内涵，承担综合功能，解决社会问题，创建健康的文化环境[5]。本项目根据天津市的地域特点和商品房小区特点，在住建部完整居住社区的基础上，通过对完整居住社区、绿色社区、健康社区、智慧社区等不同指标体系的比较研究和相关性提炼，梳理影响社区宜居性的各类因素，研判新形势下未来社区空间发展的趋势，利用新技术和智慧新基建产品及应用与空间建设的手段相结合，以更人性化的方式促进完整社区智慧场景的营建和使用，切实提高居民对智慧空间的利用率和满意度，构建高标准、内涵丰富、面向未来的"完整+"社区体系。

"完整+"社区体系融合政府侧城市住区的角度和地产侧产品价值的角度，形成层次互补、面向实践的完整社区体系，用以指导金成府社区为代表的品质型商品房小区的个性化建设和后续优化提升，满足居民更加精细化、个性化、人性化的需求。融入智慧场地、宠物友好等新理念，满足新时代背景下多元化群体对线上服务、健康管理、健身场地和设施的多样化需求。医疗健康方面设置充足的卫生服务设施提供便捷的医疗卫生服务，构建居民电子健康档案实现日常健康监测，同时多举并措实现平疫转换，增强社区韧性。

"完整+"社区意味着动态的变革，在社区建设和管理过程中不断吸纳新的内涵、技术和新的内容[6]，倡导通过智慧场景与高新技术应用，以品质、高端、服务为主基调，开展数字社区体系建设。

以"完整+"社区体系为基础的完整社区生活圈配

1. 金成府方案设计总平面图
2. 金成府社区智慧设施建设指引图
3. 金成府"完整+"社区建成实景图

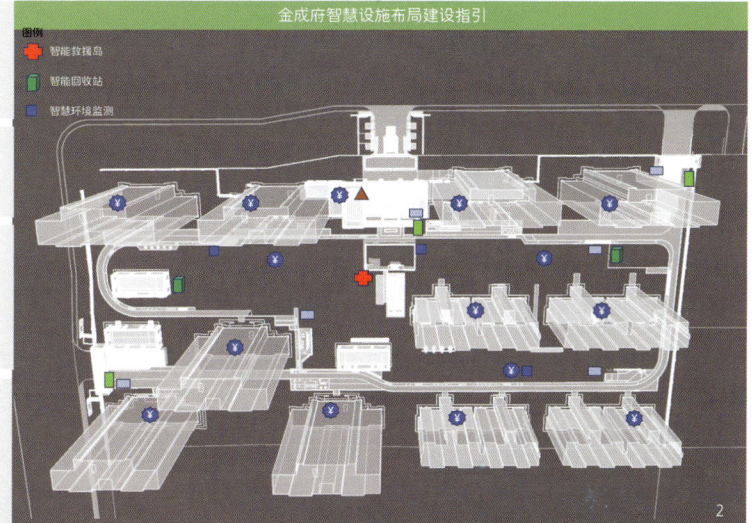

4. "完整+"社区体系概念图
5. "完整+"社区体系构成图
6. "完整+"社区数字体系构成图

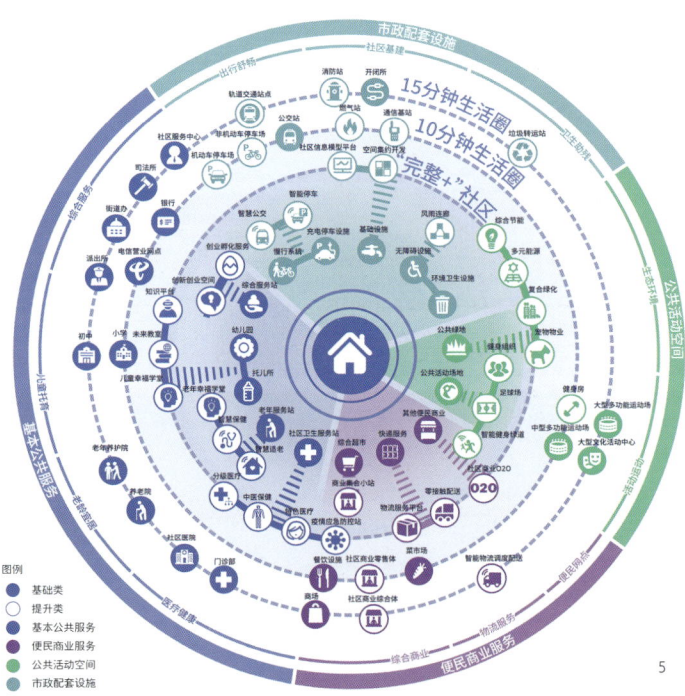

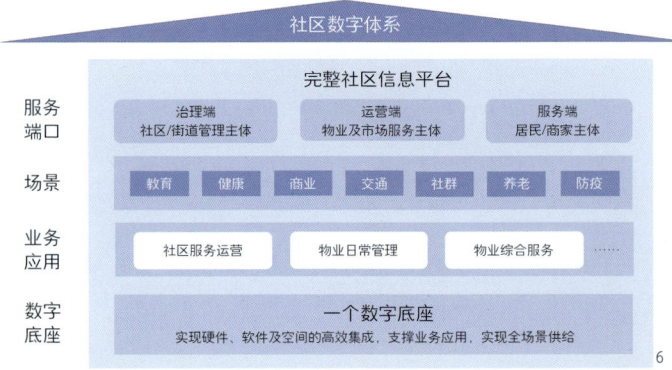

套设施建设指引，用于基本公共服务、便民商业服务、市政配套设施、公共活动空间、物业管理水平和社区治理体制六大板块在空间上落位的配套设施建设索引，在二级指标下分基础类和提升类指标内容，在物理空间和数字空间共同实现建筑可持续化、交通畅通化、服务包容化、治理智慧化和健康全民化五大目标。

3. "完整+"社区评估与建设指引

对金成府展开"完整+"设施体系指标六大板块的评估，在评估的48项指标中，39项为已配置或已策划的项目，对其中全龄教育、医疗健康、物业管理、社区管理等方面提出了优化建议，另外提出了9项建议配置的服务内容，提升社区宜居性和服务水平。项目推进过程中对接建筑设计、景观设计、绿色建筑等多个专业团队，对社区的空间营建和配套设施进行建设提升引导。重点关注保障民生和弱势群体如老年人等公共服务功能供给的设施配置需求，分别形成以儿童、老人以及上班族为核心使用人群的设施圈，提供全时全域全场景的智慧化服务，满足精准化需求。

特别强调在完整社区的框架基础上完善智慧社区建设，实现智能驱动，拓展精细化管理和服务应用场景。对金成府正在进行的智慧设施建设进行引导，并指导其后续的持续优化，结合社区商业服务、社区安全、社区环境进行提升，提供全方位智能服务。

对金成府社区15分钟生活圈居住区的配套设施建设要求进行评估，分析了社区生活圈内商业业态分布，推动构建线上线下结合的社区商业体系，助力打造品质街区。以市场为驱动，推动商业服务进社区，创新社区新零售、新服务等多元业态，为完整社区建设起到补充支持作用；通过智能化高科技来推进未来教育、健康、服务等场景化的拓展应用，打造多元化社区商业消费新场景。

4. "完整+"社区数字体系建设

在金成府社区的"完整+"社区建设中，引入物联网、云计算、大数据、区块链和人工智能等技术，构建社区数字体系。聚合"人、房、空、事、物、商"六类数据资产，实现社区建设治理的数字赋能，整合信息技术—智慧系统—智慧设施的线上应用，为居民提供交流互动的平台，打通参与社区管理的渠道。

其中，完整社区信息平台是数字社区体系构建的核心部分，为完整社区建设提供信息化助力，也促进线上线下物业服务融合发展，实现社区服务数字化、智能化、精细化。金成府完整社区信息平台包括一个数字底座和三个应用模块。搭建的数字底座整合了全域资源各类数据，以具体场景为出发，通过统一数字底座、分期建设，达到平台能力及应用的可成长、可扩充，创造面向未来的完整社区综合管理应用系统框架。三个应用模块分别为空间资源展示、运行监测预警和运营服务管理模块。

"空间资源展示模块"展示金成府完整社区5分钟、10分钟、15分钟生活圈内的基础配置和提升配置在空间落位、基本信息以及运行状况。

"运行监测模块"包括社区运行情况的运行监测和预警感知；分类展示安防系统、消防系统、门禁系统下的接入设备列表，展示社区尺度的环境监测情况；展示历史报警信息和实时报警信息，将整合预警数据以工作派单形式反馈到物业综合管理界面，进一步提升物业管理水平以及完善社区管理机制。

"运营服务管理模块"包含"综合管理"和"服务运营"两个子模块。综合管理模块包括物业日常管理情况、物业运营态势、各类物业综合信息等。服务运营模块为需求，分类展示底商周边设施效果情况以及未来建设效果，优化物业底商招商。

平台的建设能够实现数据汇聚与整合、数据管理与服务和分期建设的要求。平台是基于数字底座建立起来的，具备数据汇聚与整合的能力，在平台的空间资源展示模块支持融合呈现其他的数据和信息源，以统一接口服务实现智慧应用对各类数据库资源的开发与访问，并以统一接口方式提供给各类应用模块，以满足不同的开发用户群需要。

7.空间资源展示模块示意图　　8.运营服务管理模块示意图

数字体系将实现面向未来的动态演进：完善物业综合管理平台，业务系统全覆盖，与业主APP、管家小程序等多种服务端全对接，为社区物业运营提供持续全面支持。不断拓展迭代升级，探索基于数字经济、智慧经济的新教育、新医疗、新养老、新商业、新办公，满足多元化服务需求，为完整社区建设提供全栈式数字化赋能。

三、小结：新时期完整社区的创新拓展

1.面向新建商品房小区社区打造完整社区示范

面向新建社区，将国家政策要求与地产市场转型发展相结合，提升社区管理服务效能，指引打造开发商新建商品房小区的完整社区样板。按照政府主导，市场主体，社区居民等社会力量多元参与的原则，共谋、共建、共治未来社区，搭建互动平台，拓宽参与渠道、寻找社区合伙人，组建场景联合体。为今后的完整社区建设和居住区人居环境品质领域的各类政策和标准提供新建商品房小区的案例和实践支持。

2.面向新时期居民多元需求构建未来社区模式

在当前居住区建设面临转型、各开发商积极探索未来社区形态的趋势下，结合新时期发展特点、拓展完整社区内涵、打造多元复合的未来社区创新模式有着重要意义。深化拓展完整社区体系，在完整社区的标准基础上，进一步结合开发商建设高端小区的需求提出"完整+"体系，项目策划了针对高品质社区特色化指标，例如社区足球场、宠物友好设施、疫情应急设施和管理等内容。业态方面，以市场驱动推动商业服务进社区，创新社区新零售、新服务等多元业态，为完整社区建设起到补充支持作用。此外，"完整+"未来社区模式关注不同人群，坚持多元化参与、保障不同人群、不同区域、不同层级的日常生活

需求，重点关注保障民生和弱势群体如老年人等公共服务功能供给的设施配置需求。

3.适应数字化时代变革，促进完整社区与智慧社区协同共建

项目形成完整社区体系建设的关键科学技术融合运用平台，促进"互联网+社区服务"，探索了基于数字经济、智慧经济的新教育、新医疗、新养老、新商业和新办公运营模式，满足了多元化服务需求，为社区建设提供了全栈式数字化赋能。同时，平台应用于社区建设和治理，对各类设施的布局、建设和运营进行精细化分析和管理，承载了更多的物业服务功能。项目推动智能技术与设施的结合为社区规划提供支持，构建虚实空间的交互的智能人居空间，强化智慧技术在社区空间中的多维渗透和植入，构建了集服务、治理、文化等于一体的多维场景，推动了场景与美好生活需求精准匹配，为社区居民提供了安全、舒适、智能生活环境，助力实现基于人工智能应用的"精细化管理、精准化服务、精致化生活"。

4.探索完整社区的空间拓展，打造完整社区生活圈

金成府"完整+"社区打造了未来人居最小单元的样板间。通过统筹"好房子—好小区—好社区"三级建筑环境空间要素，及向上衔接"好城区"，以完整社区为抓手，促进社区生活圈建设完善。同时，项目设计过程中充分考虑科技引领对空间尺度的影响，并在项目建设评估中实现了从侧重公共服务提供到促进社区交往和服务并重的转变。通过将完整社区实践进行空间尺度上的拓展，可促进面向未来的城市发展转型与创新营建。

项目负责人：李昊、赵晓静

主要参编人员：孔德博、戚纤云、黄庆

参考文献

[1]姜晓萍,谭振宇.习近平关于基层治理重要论述的深刻内涵与理论贡献[J].国家现代化建设研究,2022,1(4):16-28.
[2]新华社.中华人民共和国国民经济和社会发展第十四个五年规划和2035年远景目标纲要[EB/OL].(2021-03-13)[2024-06-16].https://www.gov.cn/xinwen/2021-03/13/content_5592681.htm.
[3]习近平.高举中国特色社会主义伟大旗帜为全面建设社会主义现代化国家而团结奋斗——在中国共产党第二十次全国代表大会上的报告[EB/OL].(2022-10-25)[2024-06-16].https://www.gov.cn/xinwen/2022-10/25/content_5721685.htm.
[4]黄瓴,牟燕川,彭祥宇.新发展阶段社区规划的时代认知、核心要义与实施路径[J].规划师,2020,36(20):5-10.
[5]李维维.吴良镛:人居环境科学以人为本的普世哲学[J].低碳世界,2013(2):22-29.
[6]张皓,兰天泽."邻里社区"视角下的完整社区建设：理念、问题与策略[J].城市发展研究,2024,31(1):50-55.

作者简介

李　昊，中规院（北京）规划设计有限公司高级城市规划师，北京中规北规划设计工程咨询有限公司总经理；

赵晓静，中规院（北京）规划设计有限公司规划师；

孔德博，中规院（北京）规划设计有限公司规划师。

新技术、新方法、新视角
New Technologies, New Methods, New Perspectives

城市总体规划实施评估理论、技术和实践探索
——以《上海市城市总体规划（2017—2035年）》总规实施五年评估为例

Theory, Technology, and Practical Exploration of City Master Plan Implementation Evaluation
—Taking the Five Year Evaluation of *Shanghai Master Plan (2017-2035)* Implementation as an Example

邹 玉 曹伟宁 郭奕君
Zou Yu Cao Weining Guo Yijun

[摘 要] 自2017年，国家各部委出台相关文件要求建立"一年一体检、五年一评估"的规划评估机制。全国各城市纷纷开展了体检评估实践和技术探索。本文通过梳理总体评估的相关文献，研究国内外城市规划评估的发展历程，总结出规划评估按技术方法分类，一般分为一致性评估和有效性评估。以《上海市城市总体规划（2017—2035年）》五年评估为例，分析城市总体规划评估的关键技术，提出为应对本次评估的工作背景和定位，在技术方法上需要实现从"一致性评估"向"多维绩效评估"转变。

[关键词] 总规评估；上海；一致性评估；有效性评估

[Abstract] Since 2017, various national ministries and commissions have issued relevant documents requiring the establishment of a planning evaluation mechanism of "annual physical examination and five-year evaluation". Cities across the country have launched practical and technological explorations in physical examination and evaluation. This paper conducts literature reviews on the evaluation of master planning, studies the development process of planning evaluation at home and abroad, and summarizes that planning evaluation can be generally divided into consistency evaluation and effectiveness evaluation by technical methods. Taking the ongoing five-year evaluation of the Shanghai Master Plan (2017-2035) as an example, this paper analyzes the key technologies of spatial planning evaluation and proposes that in order to address the background and positioning of this evaluation, and finds that it is necessary to shift from "consistency evaluation" to "diversified performance evaluation" in terms of technical methods.

[Keywords] master planning evaluation; Shanghai; consistency evaluation; effectiveness evaluation

[文章编号] 2024-97-P-070

一、文献综述

城市总体规划评估的学术研究与全国各地的城市体检和评估的实践工作紧密结合。我国学术界关于城市规划评估的相关工作研究于2000年前后起步。在此后一段时期，国内学者主要借鉴了西方城市规划评估的理论和方法。随着2007年《城乡规划法》从法律上确立了针对总体规划的评估要求，学者开始对于我国的城乡评估体系中的评估主体、技术方法、效力机制等方面进行了初步的探讨。2017年2月，习近平总书记在视察北京的规划建设工作时，提出了要建立城市体检评估机制。2017年9月，住房和城乡建设部印发《关于开展城市总体规划编制改革试点工作的指导意见》，要求建立"一年一体检，五年一评估"的规划评估机制。同年，中共中央、国务院在对《北京市城市总体规划（2016年—2035年）》的批复以及国务院在对《上海市城市总体规划（2017—2035年）》的批复中，均提出了"建立城市体检评估机制"的要求。学术界以北京、上海等城市的实践为例，对体检评估的定位机制、评估方法、评估内容、指标体系、数据平台建设等方面进行进一步探索性的经验总结。2020年起，随着国土资源部和住建部城市体检评估制度的不断完善，关注城市体检评估常态化路径的构建，针对实践工作中暴露的问题提出优化深化的建议。总的来说，关于城市规划体检评估方面的研究可归纳为以下三类。

1.体检评估的定位和类型

学界普遍关注到规划实施评估应当从一致性评估、向适应性评估、规划效能评估等多维度评估转型。唐常春等结合湖南省湘潭市国土空间规划实施评估实践，提出国土空间规划实施评估应当包括"一致性评估""协同性评估""实施过程评估""适应性评估""公众满意度评估"五种维度。王吉力将北京城市功能领域实施评估的发展历史总结为三个阶段，分别是2008年以前的规划实施阶段性总结、2008—2017年规划目标的一致性评估、2017年以来动态监测的过程性评估。张健等提出城市体检评估包括三部分内容：一是对规划内容的一致性检验；二是对"城市病"的原因分析，其中对规划本身适应性的评价是一项重要内容；三是体检评估优化建议，提出规划实施的修正策略。孙燕红等提出传统的规划实施评估工作在价值上主要通过建设数据的对比分析，评价现状与规划的目标一致性，未来应突破传统工作模式，采用"数据建库—模型搭建—评估应用"进行规划适应性的综合评估。

2.构建指标体系与评价方法

此类研究是基于特定发展理念或者特定领域，构建指标体系与其评价方法。吴善荀等结合成都市国土空间规划城市体检评估工作，提出结合成都自身特点建立"基本指标+特色指标"的体检评估指标体系，如结合国家、区域及省对成都发展要求，增设"公园城市"与"区域协同"方面的指标，包括"林荫路推广率、街道绿视率、公园街区覆盖率""研究与试验发展经费投入强度、万人发明专利拥有量、成渝地区

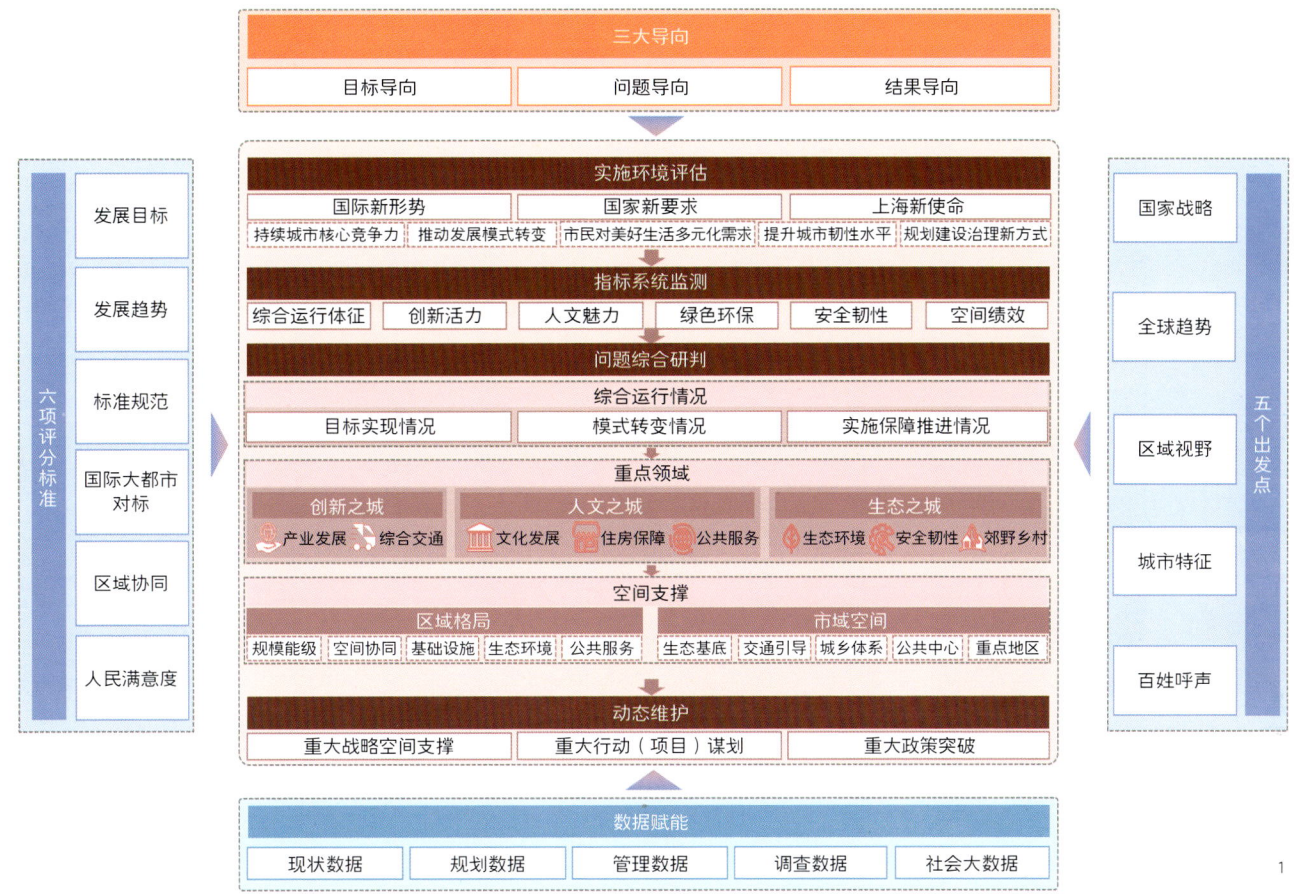

1. "上海2035"五年评估技术路线图

夜间灯光强度"等指标。李莉等提出不同层级国土空间规划的指标应当各有侧重。其中，省级国土空间总体规划重点监测如资源环境承载、城镇开发边界范围、生态保护红线范围、永久基本农田范围、区域协同、结构变化、生态修复和国土综合整治重大工程进展等；市级国土空间总体规划重点监测城市底线管控、安全风险和发展状况，包括城镇开发边界范围、生态保护红线范围、永久基本农田范围、城市蓝线、绿线、紫线管控及各类资源保护和空间发展状况，对监测评估发现的重大突出问题及时预警。王伊倜等系统梳理了人居环境质量评价的研究进展，构建了由7个目标层、23个准则层和34个指标层组成的城市人居环境质量评价指标体系，并在2019年住房和城乡建设部城市体检试点工作中进行了应用。赵哲毅等从上海本地实践出发，提出建立部级指标本地化、市级指标引领性、区级指标个性化的指标体系，创建市、区上下联动的指标数据采集路径，创新"四分类矩阵"指标评估诊断方法。

3.制定地方特色的评估框架

此类研究结合地方实践的案例分析，研究制定体检评估的地方特色评估框架、指标体系与信息平台建设、工作组织等。如石晓东等基于北京国土空间规划体检工作的经验，提出城市体检评估从机制、方法、技术三个维度对空间治理优化提供了新响应。其中方法维度围绕指标体检、任务体检、领域体检三个方面建立成果体系，与总体规划统筹实施机制流程上下衔接。在技术维度提出积极运用多维度多层次、全要素多主体、重思辨可验证的诊断思路，不断深化城市体检评估多维诊断分析关键技术。在增强规划实施评估科学性的同时，优化了规划编制、实施、评估、督查问责之间的互动，强化了政府政策制定、实施与规划实施评估之间的联系。杨明等同样以北京为例，提出有必要加强对专项针对城市功能领域的体检评估。为此进一步构建了"响应二级治理重点、以领域体检为统筹、交叉分析相互比照、体现实施关键变量"的功能评估体系框架。金忠民等基于上海市实践，针对总规实施年度监测技术方法开展研究，认为总体规划实施年度监测应依据城市总体规划，按照"目标（指标）—策略—机制"建立监测框架，实时监测总规实施监测指标变化，实时收集规划实施中的动态情况和重要实例。

二、发展历程

现代规划评估理论起源于政策评估，国际大都市在规划实施评估方面的工作从20世纪50年代至今形成了丰富的成果。20世纪60年代公众主体开始参与规划评价的讨论，70年代强调对规划最终结果的评价，90年代开始强调对规划中间过程的评估，强调对规划过程的评价更为合理，重视规划的实施程度以及规划方案与实施结果的一致性，不单纯进行规划与现实间的对比，不提倡结果决定一切的评价方式。

其中，北美与欧洲等国家的城市长期以来一直高度重视规划的年度监测评估工作，总体规划实施评估与各专项规划的评估工作已纳入城乡规划法律

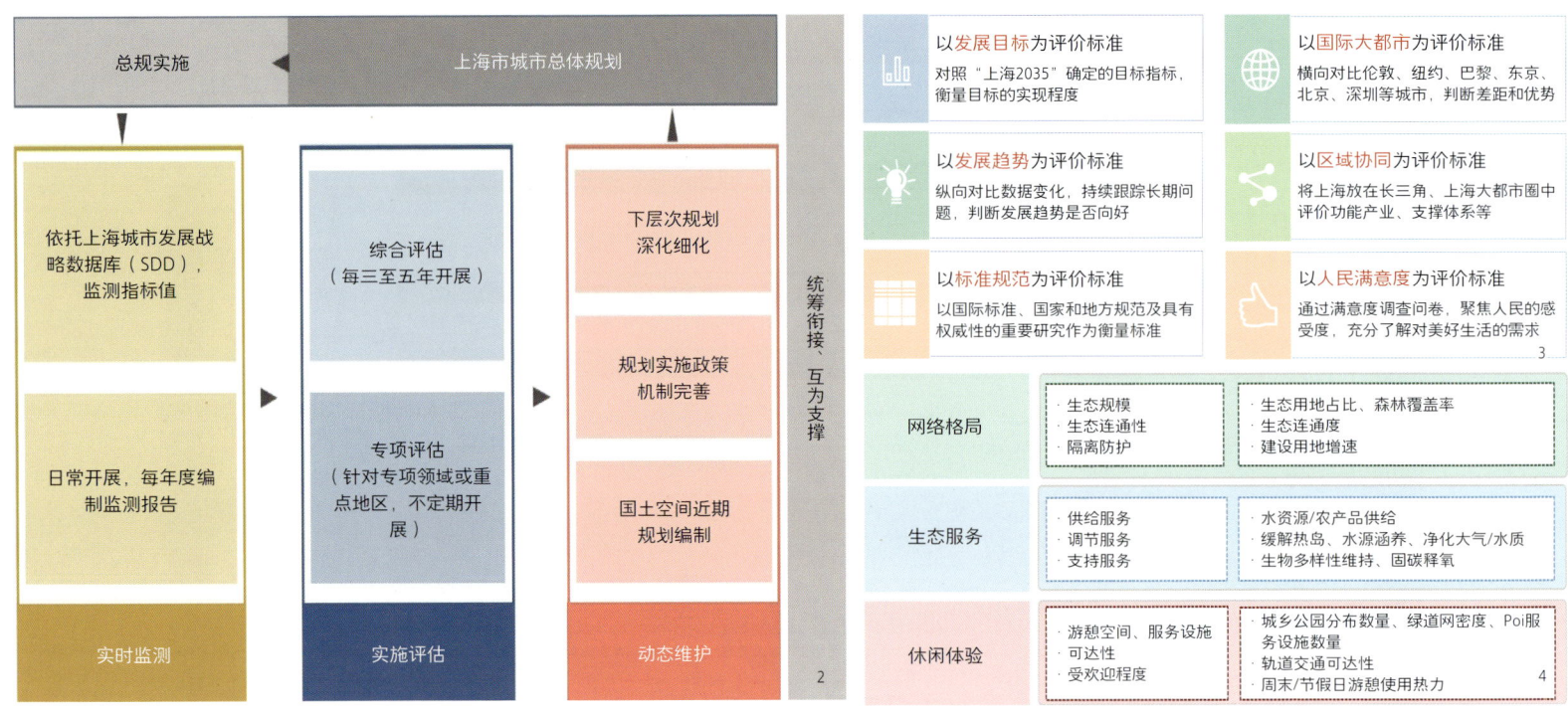

2. "上海2035"实施"实时监测—实施评估—动态维护"全过程管理机制示意图
3. "上海2035"五年评估多维度评价标准示意图
4. "上海2035"五年评估生态空间评价体系示意图

的有关条文。实施评估工作多由市政府牵头组织，各级政府全力配合，其作为年度常规必要的工作内容，是编制、审批、指导城市近期建设行动计划等一切规划建设行为的工作前提与基础。例如在纽约市2015年发布了战略发展规划《一个纽约2050：规划一个强大而公正的城市》之后，为更好地贯彻实施该战略规划，纽约市市长办公室成立了专门负责编制与评价该规划的下属分支机构——"纽约市远期规划和可持续发展办公室"（OLTPS）。该办公室通过与其他相关部门与组织合作，对纽约战略规划进行跟踪、协调、完善式的监测评价，通过出版发布年度进展报告，对一年来目标的进展情况、指标的变化情况以及具体目标的实施明细与计划进展进行评估，并每四年进行一轮综合回顾和反馈，为下一任市长进行全市战略调整提供依据。

总的来说，国际大都市的规划评估普遍实现了从目标评估向过程评估的价值转向。评估内容从最初只注重实施前规划方案评估或实施后结果评估，逐渐转向注重实施过程和实施效果的系统性和全面性评估，更加注重综合价值取向，以及各相关配套政策的影响分析。评估的方法也在不断完善，由单一的定性、定量的方法，向建立指标体系和评估模型，定性与定量结合的方法转变。而评估周期从中长期评估向年度监测转变。这一思路的转变和国内城市体检评估演进逻辑基本一致，都是从侧重一致性评估到动态监测的迁移。

三、技术方法

通过梳理并研究关于总体规划评估的相关理论，国土空间规划评估按评估周期可分为年度体检、五年评估，按评估的全流程可分为"事前""事中"和"事后"评估，而从技术方法上则一般分为一致性评估和有效性评估。

1.一致性评估

一致性评估重在回答实施是否符合规划，即对规划内容，评估实施结果与规划目标的一致性，具有客观、直观、容易操作的特点。我国各城市在国土空间总体规划的控制性指标评估中，广泛运用了一致性评估的理论与方法，着重体现国土空间规划的底线管控功能。

在评估方法上，通常运用合理运行区间评价、趋势方向评价、变化速率评价等技术方法，对规划目标前后执行情况的达成度形成准确判断。但一致性评估也存在一定的局限性，在规划实施过程中，往往需要根据实际情况作出相应的调整，对规划落实情况的衡量不能代表对规划最终价值的评价。

2.有效性评估

有效性评估又称作规划效能评估，重在回答实施是否优化城市发展，更多考虑到规划实施过程中受不确定因素影响，通过多元价值观的理性评价和主观权衡开展评估。有效性评估是对规划行为的实际影响与最终效果的综合反映，是指导与辅助规划决策的有效手段，具有改善决策的重要功能。其不足在于实践操作较为困难，导致难以确定衡量标准，具有一定的主观性。

四、上海实践

1.评估背景

《上海市城市总体规划（2017—2035年）》（以下简称"上海2035"）五年评估的工作按照2017年底国务院关于"上海2035"的批复要求，上海市委、市政府关于全面实施"上海2035"意见，以及关于建立上海国土空间规划体系并监督实施的意见开展。上海已经逐步建立起监测、评估和维护的国土空间总体规划实施全过程管理机制，并明确每3~5年开展综合评估工作。

本次总规评估工作是在国内外发展趋势发生重大变化的背景下开展，以研判上海面临的中长期关键问题为目标，以综合评估推动总规向纵深实施。

在变局之下，上海面临着新形势、新要求和新的挑战。从国际上看，国际大循环动能减弱，经济下行，全球关键技术领域竞争加剧。从国家对上海的要求来看，需要上海勇担国家战略使命，深化高水平改革开放和高质量发展。对于上海来讲，目前空间资源紧约束、经济活力不足、风险冲击城市安全等挑战愈加显著。

2.技术方法和路线

为应对本次评估的工作背景和定位，在技术方法上需要实现从"一致性评估"向"多元绩效评估"转变。其中，一致性评估是基础。但为了更好地应对目前总规实施环境的重大变化，更应该重视有效性评估。综合一致性评估和有效性评估，以多元绩效评估为方向，研判总规实施情况和城市发展面临的关键问题。

评估的技术路线坚持目标、问题和结果3大导向，以国家战略、全球趋势、区域视野、城市特征和百姓呼声5个维度为出发点，并据此设定6项评价标准，围绕6大重点评估领域，以重大战略空间识别、重大行动谋划、重大政策突破为落脚点，依托"一张图"系统建设加强数据赋能，开展总规实施评估。

3.评估特点

（1）全维度的评估框架

"上海2035"五年评估延续了"上海2035"综合运行情况、创新之城、人文之城、生态之城、空间支撑和实施保障等主要的评估维度，面对新形势新要求新挑战，强化了对规划实施环境的评估，同时纳入海洋、深化区域、乡村、安全等专项评估。并在空间、生态、交通等重点专项强化了区域视角分析。

（2）多维度的评价标准

评价标准方面，本次评估探索从单一维度到多维度综合评价标准。综合采用发展目标、发展趋势、标准规范、国际对标、区域协同、人民满意度等六个维度的评价标准。

（3）多维度的分析方法

分析方法方面，从全市域到城乡体系、重点地区等多个空间尺度对人、地、房、业开展综合分析。在时间维度上，开展24小时人口流动研究。其中为应对高质量发展的要求，绩效评估就显得尤为重要。本次评估在分析方法上深化从规模、布局到质量绩效的研究。为应对精细化治理的要求，通过养老设施规模、覆盖率、人与设施匹配基尼系数、市民使用情况和使用反馈等从分析床位是否达到数量，到分析床位是否与老年人需求匹配，从而研究养老设施建设与市民需求的错配问题。

此外，适应上海作为超大城市生态空间多元复合功能的特点，生态空间构建涵盖网络格局、生态服务和休闲体验的全域生态网络综合评价框架。以市级生态走廊为例，未来需要加强碳汇和通风降温等生态服务作用。

（4）多元的评估应用

评估应用方面，本次评估实现从评估结论到重大战略空间、重大行动、重大政策等应用维度，评估得出的结论有助于实现上海市重大战略空间的识别、重大行动的谋划和重大政策的突破。

（5）多源的基础数据

基础数据支撑方面，本次评估探索以"SDD"为基础构建总规评估"一张图"数据支撑体系，以"应落尽落""层层打开"的原则为指导，构建"空间—网络—品质"三个主要层次，包含国土空间全域全要素、规划管理全流程数据的"一张图"构架。同时重点探索了社会经济数据、土地管理数据、百度慧眼等大数据，市民问卷数据的综合应用。

五、结语

目前，各城市的国土空间总体规划已基本批复，今后的几年将开展对规划的评估工作。不可否认，当前的规划评估面临着参与主体协同困难、工作机制尚不完善、信息平台建设进展相对滞后等亟待解决的问题。本文以"上海2035"五年评估为例，希望通过对规划评估关键技术在新形势新背景中的实践运用为全国各城市的评估工作起到一定的参考和帮助。

参考文献

[1]唐常春, 卢幸芷, 雷钧钧, 等. 新时期国土空间规划实施评估框架构建与方法创新——以湖南省湘潭市为例[J]. 规划师, 2021, 37 (11): 48-54.

[2]王吉力. 城市功能领域的体检评估：体系构建与方法探索[J]. 规划师, 2022, 38 (3): 5-11.

[3]张健, 赵家楫. 城市体检评估机制研究[J]. 城市建筑空间, 2023, 30 (S1): 201-203.

[4]孙燕红, 王柱, 潘兆宇. 空间规划背景下基于地理时空大数据的规划实施评估——以益阳市为例[C]//中国城市规划学会. 面向高质量发展的空间治理——2020中国城市规划年会论文集(05城市规划新技术应用). 北京：中国建筑工业出版社, 2020: 1-8.

[5]吴善荀, 曾黎, 何为. 面向空间治理现代化的城市体检评估探索——以成都市为例[J]. 四川建筑, 2021, 41 (6): 7-10+13.

[6]李莉, 张建平, 杨冀红. 国土空间规划实施监测总体思路与关键技术研究的思考[J]. 地理信息世界, 2022, 29 (5): 49-53+60.

[7]王伊倜, 王熙蕊, 窦笋. 城市人居环境质量评价指标体系的应用探索——基于城市体检试点的实践[J]. 西部人居环境学刊, 2021, 36 (6): 50-56.

[8]赵哲毅, 孙妍妍, 徐超, 等. 上海市城市体检特色、方法与思考[J]. 建设科技, 2022 (13): 48-51+56.

[9]石晓冬, 王吉力, 杨明. 北京城市总体规划实施评估机制的回顾与新探索[J]. 城市规划学刊, 2019 (3): 66-73.

[10]杨明, 王吉力, 谷月昆. 改革背景下城市体检评估的运行机制、体系和方法[J]. 上海城市规划, 2022, 1(1): 16-24.

[11]金忠民, 陈琳, 陶英胜. 超大城市国土空间总体规划实施监测技术方法研究——以上海为例[J]. 上海城市规划, 2019 (4): 9-16.

[12]欧阳鹏. 公共政策视角下城市规划评估模式与方法初探[J]. 城市规划, 2008 (12): 22-28.

作者简介

邹 玉，上海市城市规划设计研究院总体规划分院（长三角生态绿色一体化发展示范区规划设计研究中心）副院长，高级工程师；

曹伟宁，上海市城市规划设计研究院总体规划分院（长三角生态绿色一体化发展示范区规划设计研究中心）工程师；

郭奕君，上海市城市规划设计研究院总体规划分院（长三角生态绿色一体化发展示范区规划设计研究中心）助理工程师。

数智技术赋能城市与区域产业空间治理

Empowering Urban and Regional Industrial Spatial Governance with Intelligent Technologies

崔 喆
Cui Zhe

[摘　要] 产业要素与空间要素的互促在世界动荡变革期对提升产业竞争力与韧性有较大影响，空间治理中的产业分析与谋划需得到重视。在分析区域层面脱节的规划造成失调的发展、粗放的分析影响精准的决策，以及城市层面产业空间与产业活动需求不匹配、粗粒度统计数据影响产业格局精确感知等痛点问题的基础上，提出了包括个性到共性、从一阶到二阶、从粗放到精细、从场所到行为四方面的数智技术解决思路。在区域层面，进行了关键产业要素流质量分析、创新产业图谱建模分析等方面的探索；在城市层面，进行了城市产业集聚分析、城市产业共聚分析、产业商务流行为分析等方面的探索。

[关键词] 数智技术；产业空间；空间治理

[Abstract] The mutual promotion of industrial and spatial elements plays a significant role in enhancing industrial competitiveness and resilience during periods of global turbulence and change. Therefore, industry analysis and planning in spatial governance deserve attention. Addressing issues such as disjointed planning at the regional level resulting in imbalanced development, rough analysis affecting precise decision-making, and mismatch between industrial space and industry activity demands at the urban level, along with challenges related to rough statistical data impacting the accurate perception of industrial patterns, this study proposes a data intelligence-driven approach encompassing four aspects: from individual to commonality, from first-order measures to second-order measures, from rough to fine, and from place to behavior. At the regional level, exploration is conducted into key industrial element flow and quality analysis, as well as innovative industrial map modeling analysis. At the urban level, exploration is carried out in areas such as urban industrial agglomeration analysis, urban industrial co-agglomeration analysis, and analysis of industrial business flow behavior.

[Keywords] data intelligence technology; industrial space; spatial governance

[文章编号] 2024-97-P-074

一、国内外背景

党的二十大报告指出，在新时代新征程上，世界进入新的动荡变革期。新冠疫情等"黑天鹅"事件，以及中美贸易摩擦与俄乌冲突等地缘政治事件对全球经济格局与全球产业链供应链形成了冲击，全球生产网络（Global Production Network，GPN）面临重组，经济活动停滞、产能下降与产能过剩并存、供需失衡等问题日益尖锐。

中国的产业链在世界动荡变革期面临着多方面挑战与风险。在先进制造业与高技术产业方面，部分发达国家进一步加强关键技术对中国输出交流的限制；在劳动密集型产业方面，其加快向更低成本的区域转移。因此在国家与区域的宏观视角下，提升产业链竞争力、维持供应链稳定性、突破创新链瓶颈，对构建国内国际双循环相互促进的新发展格局具有重要意义。

针对产业链面临的挑战与风险，产业链的安全稳定与高质量发展成为应对新格局的基础。目前，全国共有20多个省发布了"链长制"政策，22个城市提出了"链长制"实施计划。但在具体实施层面，产业链的"延链、补链、强链、优链"工作面临一些误区和阻力，其根源在于产业经济与地理空间互促的格局尚未形成，依托本底条件与资源禀赋，因地制宜构建新质生产力的产业发展逻辑尚未形成。

二、痛点问题剖析

1.区域层面

（1）脱节的规划造成失调的发展

在区域发展中，出现了区域协同联系差、地方间各自为战、盲目补链扩链等突出问题，而相关规划与政策并未对此进行回应，主要体现在相关规划不综合考虑产业链与产业空间，产业与空间相互脱节制约区域协调发展等方面。

一方面，较多地区在产业规划上忽视区域关联、空间本底条件，以及产业链外其他重要因素对产业发展的影响，出现了不顾实际情况盲目补链扩链与盲目追新的问题，各地纷纷跟风上马"高端"产业，陷入到同质化竞争的内卷深渊中。正如习近平总书记在参加十三届全国人大五次会议内蒙古代表团审议时的讲话中所提出的，"不能把手里吃饭的家伙先扔了，结果新的吃饭家伙还没拿到手，这不行"。

另一方面，都市圈规划等空间规划延续传统图纸作业思路，将小尺度城市设计中常用的圈、轴、点要素照搬到区域规划中，这些超级尺度的圈、轴、点对各地方的产业治理缺乏指导价值，遗憾沦为图上作业，造成规划失效，其结果正如罗小龙等所提出的，"许多城市都'圈'市，带来一个又一个'都市圈'的失效，而'圈'都市又会一波接一波地再次上演，最终造成全国各地'都是圈'"。

（2）粗放的分析影响精准的决策

多数分析只关注区域要素流的数量与方向，没有对流量背后的质量、结构、载体、动力源等一系列流动属性进行展开分析。将产业流动与血液流动相类比：可以监测血流的血压、血氧状态；可以对血液的组成结构进行分析；可以对承载血流的血管进行分析；还可以分析血液流动的动力源头——心脏。同理，也可以深入分析创新产业流背后深层次的质量、结构、载体、动力源等问题。遗憾的是，从质量出发对区域产业要素流动进行分析的研究仍较少。

以创新流为例。一方面，通过专利合作表征的创新合作流存在失真问题。部分企业集团总部专利申请量异常偏高，其原因是集团公司常采取专利法务事项由总公司集体处理的方式。另一方面，当前研究多未考虑到专利间的含金量差异。专利含金量贫富差距大，大部分专利在生命周期中未得到实施与产业化，成为"沉睡的专利"，但也有少部分专利成功进行了产业转化，取得了较大的经济价值。受限于数据获取难度，当前研究多仅关注专利合作，关注专利成果转化的研究较少，也未关注到不同专利合作流的质量差异。

2.城市层面

（1）产业空间与产业活动需求不匹配

城市产业空间最鲜明的特征就是同质产业的集聚和异质产业的共聚。产业的集聚和共聚也是城市形成的最原始动力和城市研究的永恒话题。马歇尔于1890年首次提出了产业集聚概念，此后有学者开始认识到多样性共聚的意义。雅各布斯认为不同产业间发生的信息溢出才是最重要的，产业在空间上的聚集是由多样化所带来的，而不是专业化。

当前城市产业空间的集聚、共聚与产业活动需求不匹配。一方面，部分城市没有把握好多种产业之间的空间关系，要么在同一产业区内形成了毫无关联的产业"大杂烩"；要么产业区内产业结构过于单一，形成了产业"孤岛"，产业集聚共聚的正外部性不显著。另一方面，由于产业的过度集聚形成的钟摆通勤带来过度拥挤等问题，导致负外部性突出。

（2）统计数据粒度粗，影响产业集聚水平精确测度

城市层面同样存在分析粒度粗导致分析结果不准确的问题。有学者将按照预设区划进行面状统计归并所导致的一系列问题称之为"可变面积单元问题"（Modifiable Areal Unit Problem，MAUP），即研究结论会随着研究空间单元的改变而改变。由于我国乡镇、街道的面积差异较大，故MAUP在我国的城市研究中可能更加严重。

三、数智技术解决思路

整体而言，数智技术赋能产业空间治理的解决思路包括个性到共性、从一阶到二阶、从粗放到精细、从场所到行为四方面的拓展。

1.从个性到共性

以往对一个城市的单独研究中，由于缺少对照组，往往不能分清一个特征到底是城市的个性问题，还是全国类似城市的共性特征。这需要基于可比较的多城市数据，与可复用的计算方法，在对比中认知偶然的个性问题与必然的共性特征，并在基于多城市的规律挖掘的基础上，引入确定性的知识，使逻辑链条完整可信，使数据决策与知识决策相互补充。

2.从一阶到二阶

就空间数据结构而言，包含地理单元位置与属性值两项要素的数据为"一阶量"，而包含两个空间交互点的地理单元位置，以及交互起点、终点、距离、方向、强度等交互要素的数据为"二阶量"。地方产业与协同网络的辩证统一关系表明，地方盲目补链扩链与网络欠发达现象互为因果，其解决也互为依托。这就需要在一阶、静态的属性数据之上拓展二阶、动态的流动数据与关系数据，通过复杂网络分析方法等手段分析流动与关系网络的量、质、格局特征，在网络与群体中考察个体的角色与应对，避免"就城市论城市""就产业论产业"。

3.从粗放到精细

在空间精度方面，从空间实体地域的原始概念出发，在面状统计分析之上聚焦基于点位数据的细粒度分析。在产业精度方面，将企业分类从包含97个类别的大类行业拓展到包含473个类别的中类行业及包含1381个类别的小类行业，避免了认知错误与合成谬误问题。

细粒度分析以高性能算力和高效能算法为前提和基础。通过引入高性能算力提升方案，实现十万亿规模海量运算矩阵的高效运算，满足分析需求。

4.从场所到行为

面向对空间组织模式背后的行为规律认知不足等问题，将时空行为研究范式引入产业经济领域，拓展了行为研究范式的应用领域，研究构建商务行为时空图谱的算法，并对商务行为的时间模式进行聚类画像，以揭示产业空间现象背后的行为机制。

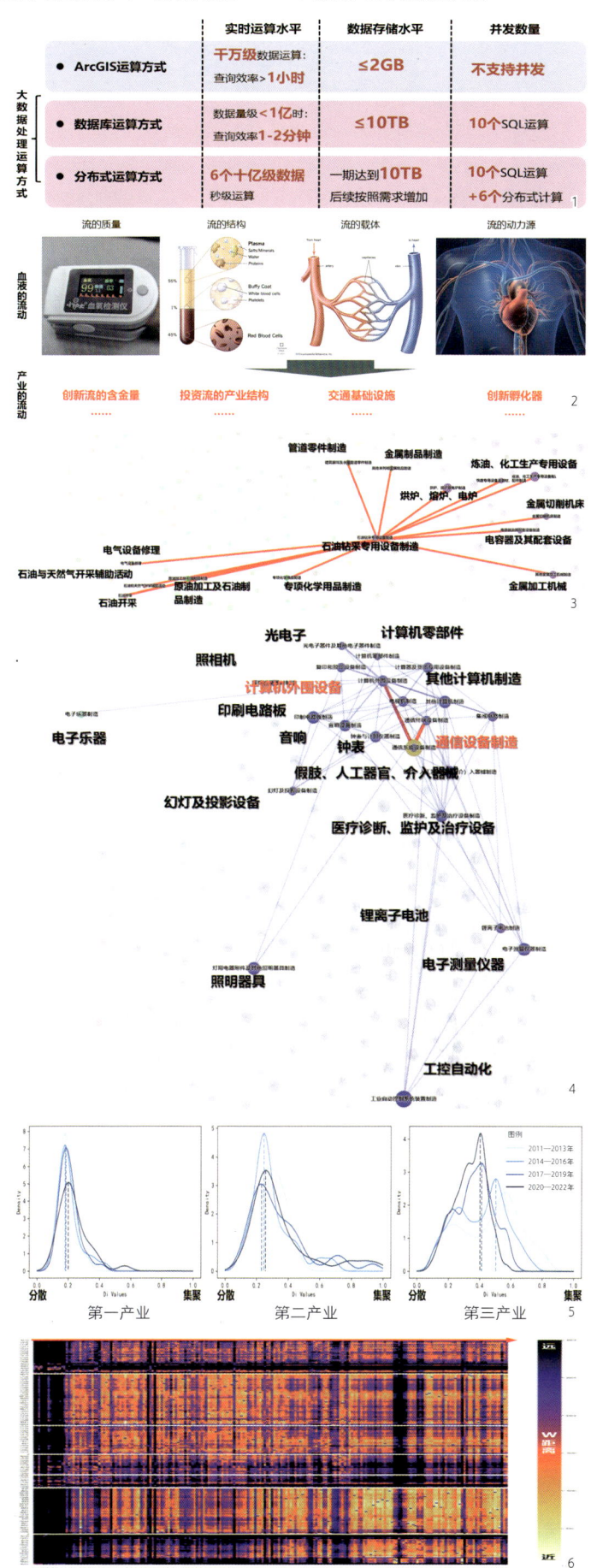

1. 高性能算力提升方案示意图
2. 产业流动与血液流动类比示意图
3. 石油钻采专用设备制造业在产业图谱中的一度关联网络图
4. 通信设备制造业在产业图谱中的一、二度关联网络图
5. 2011—2022年北京市三次产业集聚曲线变化图
6. 北京市产业对共聚程度分析图

四、区域产业协同数智治理

1.关键产业要素流质量分析

针对当前流动网络研究只关注数量不关注质量等痛点问题研发相关算法，对专利网络中企业集团内部专利进行剥离，单独分析进行过应用转化的高价值专利，并对区域股权投资网络的行业结构特征进行了分析。

针对北京高校、科研院所对外进行应用转化的高含金量专利开展分析，发现北京对外应用转化出现了"蛙跳"趋势。剥离京津冀股权投资网络的行业结构特征，发现产业价值区段层级体系在京津冀城市群不显著，部分节点城市的网络层级与行政层级不匹配。

2.创新产业图谱建模与分析

针对地方产业策划布局雷同与盲目追新追热并存，缺少基于地方产业禀赋与发展基础进行产业策划的工具等痛点问题，面向产业链与创新链融合的发展要求，基于全国2895个县级行政单元的企业数据，根据"产品空间"理论构建了产业空间组合图谱，进一步结合全国投入产出图谱与专利创新图谱，构建了产业图谱。

其应用包括产业生态挖掘、地方产业体检与产业策划等。在产业生态挖掘方面，可识别在同一地区有高度协同联系的纵向一体化与横向一体化产业组合。如石油钻采产业，其产业链与地区生态链有较高重合度，在同一产业集群内进行全产业链纵向布局符合发展规律。但并非所有产业链的全环节都适合布局在同一地区，如通信产业并不遵从基于产业链投入产出关联的纵向一体化规律，而是依托技术邻近性，联合计算机、电子制造等相关产业，在地区内形成了横向一体化产业生态。如果忽视空间组合规律，盲目按照产业链规律进行补链扩链，其结果不容乐观。

在地方产业体检方面，基于产业图谱识别、监测区域产业协同特征，对首都通勤圈区域产业体系展开了体检评估。结合产业图谱对首都通勤圈各县区的优势产业分析结果表明，首都通勤圈京外各县市区对环首都通勤地区的区位优势利用不足，产业禀赋与产业发展不匹配，都市型产业发展欠发达。

五、城市产业空间数智治理

1.城市产业集聚分析

针对当前产业集聚负外部性突出，产业组合关系不满足产业发展逻辑，产业空间格局特征感知不深入等痛点问题，研发了城市产业集聚程度测度方法，以及产业共聚程度测度与共聚对识别方法。

不同算法的空间尺度敏感性不同，选择更适用于城市内部尺度的集聚指数计算方法，提出了从空间实体地域的原始概念出发，基于微观企业点位数据，依托分布式计算平台对城市产业集聚程度进行测度的方法。

基于上述方法对2011—2022年北京市产业集聚格局演化进行了分析。从产业构成看，"十二五"至今北京市第一产业、第二产业出现了一定程度的扩散，第三产业在2011—2016年出现了较大程度的扩散，其后基本保持稳定。但以科技服务、金融服务、信息技术服务、商务服务为主体的生产性服务业集聚发展趋势明显，与第三产业总体分散趋势相反。

2.城市产业共聚分析

在产业活动由单个主体转向多主体协同的背景下，集成了基于多种算法的产业共聚程度测度与共聚对识别方法，可识别偏好"抱团取暖"的产业，并进一步对多样化集聚所带来的雅各布斯外部性进行量化分析，剥离相关规律，为进行科学决策提供坚实可靠的数据与指标基础。

基于上述方法对2022年北京市产业共聚特征进行了分析。北京市都市型轻小制造业、高技术制造业等与生产性服务业的产业协同已映射到空间层面。流通服务、娱乐业与其他行业强共聚，是基础支撑性产业。金融业与出版业共聚关系强，形成了大金融业与金融—新闻出版复合集群。

3.产业商务流行为分析

面向对空间组织模式背后的行为规律认知不足等痛点问题，研发了商务行为时空图谱分析方法、商务流到访时间模式聚类方法等方法。在借鉴瑞典林雪平大学时间地理学团队提出的居民行为特征可视化方法的基础上，开发了对大数据支持良好的时空图谱模型，提出了基于多种算法，对就业人员驻留地的时间模式进行聚类的方法。

基于上述方法，选择北京市金融街、西二旗、生命科学园、怀柔科学城四大专业性较强的产业组团，分析其商务流与时间模式特征，识别特定产业的商务行为规律。发现金融街商务往来人次较西二旗更多，但区内往来较西二旗更少；怀柔科学城距离最远，外部驻留最多。金融服务业呈现出与政府部门的强联系特征。信息技术服务业存在大量商务流联系，其在海淀区内部向北扩散的趋势明显。西单商业区因邻近金融街商务区，吸引了较多金融街就业者在工作日白天前往，这佐证了就业人群对更多样化公共服务的需求。

六、结语

当前，信息技术参与到社会生产与生活的方方面面，带来了巨大的时空压缩效应；传统经济发展动能纷纷哑火，以创新人才为核心的新质生产力成为发展新动能，创新对经济发展的影响从"锦上添花"到"不可或缺"；在"世界是平的""距离已经死亡""地理正在终结"的地理空间发展背景下，在"先安居再乐业""先择城再择业"的人才偏好转变背景下，城市与区域产业空间治理亟需智慧化的决策支持。城市规划学界、业界应进一步加强定量研究，增强产业空间治理智慧水平，激发人与人、人与信息、人与技术的互动碰撞，促进城市与区域的产业融合、创新融合。

参考文献

[1]罗小龙,沈建法."都市圈"还是都"圈"市——透过效果不理想的苏锡常都市圈规划解读"圈"都市现象[J].城市规划,2005,29(1):30-35.

[2]MARSHALL A. Principles of economics: unabridged eighth edition[M]. Cosimo, Inc., 2009.

[3]JACOBS J. The economy of cities[M]. Vintage, 2016.

[4]OPENSHAW S, Ecological fallacies and the analysis of areal census data[J], Environment and Planning A: Economy and Space, 1984,16(1): 17 - 31.

[5]刘瑜,姚欣,龚咏喜,等.大数据时代的空间交互分析方法和应用再论[J].地理学报,2020,75(7):1523-1538.

[6]HIDALGO C A, KLINGER B, BARABÁSI A L, et al. The product space conditions the development of nations[J]. Science, 2007, 317(5837): 482-487.

[7]ELLEGÅRD K, PALM J. Visualizing energy consumption activities as a tool for making everyday life more sustainable[J]. Applied Energy, 2011, 88(5): 1920-1926.

[8]PALM J, ELLEGÅRD K. Visualizing energy consumption activities as a tool for developing effective policy[J]. International Journal of Consumer Studies, 2011, 35(2): 171-179.

[9]ELLEGÅRD K,张艳,蒋晨,等.复杂情境中的日常活动可视化与应用研究[J].人文地理,2016,31(5): 39-46.

作者简介

崔 喆，北京市城市规划设计研究院数字技术规划中心工程师。

面向低空经济发展的陆空统筹体系构建与实践探索
——以广州开发区为例

The Establishment and Practical Exploration of Land-Air Integration System for Low-Altitude Economy Development
—A Case Study of Guangzhou Development Zone

游晓婕　赵　颖　陈　向　李祉涵　曾　胜
You Xiaojie　Zhao Ying　Chen Xiang　Li Zhihan　Zeng Sheng

[摘　要]　2023年12月，中央经济工作会议明确提出打造低空经济战略性新兴产业，标志着我国低空经济发展正式进入新纪元。随着低空经济战略的逐步实施，陆空统筹将打破现有的空间壁垒，成为新时期国土空间规划新课题，也为资源紧缺、日益繁忙的国土空间发展提出全新治理方向。基于此，笔者深入分析当前陆空统筹发展的现实问题，以问题为导向引入系统思维，构建包括陆空功能协调、陆空空间连接、陆空制度协同和陆空技术支撑"四位一体"的陆空统筹体系，并以广州开发区作为体系实践的载体，积极探索陆空空间统筹利用的现实经验，为新时期国土空间规划与治理提供创新借鉴。

[关键词]　低空经济；陆空统筹；体系构建；空间治理

[Abstract]　In December 2023, the Central Economic Work Conference clearly proposed to build strategic emerging industries in the low altitude economy, marking the official entry of a new era in the development of China's low altitude economy. With the gradual implementation of the low altitude economic strategy, land-air integration will break through existing spatial barriers, become a new topic in national spatial planning in the new era, and also propose new governance directions for the development of scarce and increasingly busy national spatial resources. Based on this, the authors conducts an in-depth analysis of the current practical problems in the coordinated development of land and air, introduces system thinking with a problem-oriented approach, and constructs a "four in one" land-air integration system that includes land and air function coordination, land and air space connection, land and air system coordination, and land and air technology support. Using Guangzhou Development Zone as the carrier of system practice, the authors actively explores the practical experience of land and air space coordinated utilization, providing innovative references for the planning and governance of land and air space in the new era.

[Keywords]　low-altitude economy; land-air integration; system establishment; space governance

[文章编号]　2024-97-P-077

一、引言

2023年12月，中央经济工作会议明确提出打造低空经济战略性新兴产业，标志着我国低空经济发展正式进入新纪元。低空经济是以低空空域为载体，融合各类有人和无人驾驶航空器的低空飞行活动，辐射带动相关领域融合发展的综合性经济形态。空域作为国土空间类型的一种，长时间来并未被纳入国土空间规划进行统筹布局。这是由于陆空之间并未有实体连接，难以在同一平面维度进行协同发展。但随着低空经济战略的逐步实施，陆空统筹将打破现有的空间壁垒，成为新时期国土空间规划新课题，也为资源紧缺、日益繁忙的国土空间发展提出全新治理方向。

由于低空经济还是一个新兴的、不成熟的概念，国内外对低空着陆点布局规划的研究较少，主要集中在以直升机为代表的城市着陆点布局规划上。Daswikilewicz等[1]根据城市居民的通勤需求和居住用地的分布，讨论了城市直升机起降点的布局和分布。Shavarani等[2]以旧金山为实证研究对象，建立了以总成本最低为目标的起降点布局模型。国内的研究是在单目标定位模型的基础上不断延伸和拓展的。陈刚等[3]建立了以总里程最短为目标的起降点布局模型，以最短的时间实现了起降点布局分布。钱悦等[4]通过人工学习对模型计算方法进行了优化，并引入了禁飞和禁飞空域的概念，使模型算法更接近现实中起降点的选址逻辑。目前的研究基本上只考虑了地面位置的单一影响因素，忽略了陆空多因素的综合影响。

基于此，笔者深入分析陆空统筹发展的现实问题，从国土空间规划视角出发，构建包括陆空功能协调、陆空空间连接、陆空制度协同和陆空技术支撑的"四位一体"体系框架，以广州开发区为例，积极探索陆空空间统筹利用的实践经验，为新时期国土空间规划与治理提供创新借鉴。

二、陆空统筹的现实问题

1.陆空统筹的实体连接尚未形成

传统通用航空由于其使用空域较高，高标准的飞行要求导致陆空空间未能形成有效的实体连接，难以在同一平面维度进行协同发展。目前我国的陆空统筹仍基本停留在空域划设阶段，通用航空使用空域大部分位于1000m以上的空域，这导致陆空空间的实体连接和功能衔接尚未形成。未来随着低空经济战略的逐步实施，1000m以下的空域将逐步开放使用，而300m以下的G类和W类非管制空域将成为未来陆空连接的核心区域[5]。

2.陆空统筹机制存在二元割裂

当前空域并未纳入国土空间开发保护与规划的常态化管理，向陆一侧区域和向空一侧区域仍分别适用陆地和空中的规划管理和法律制度。一方面，政策管理空地协同不足，土地使用权属由国土部门分管，空

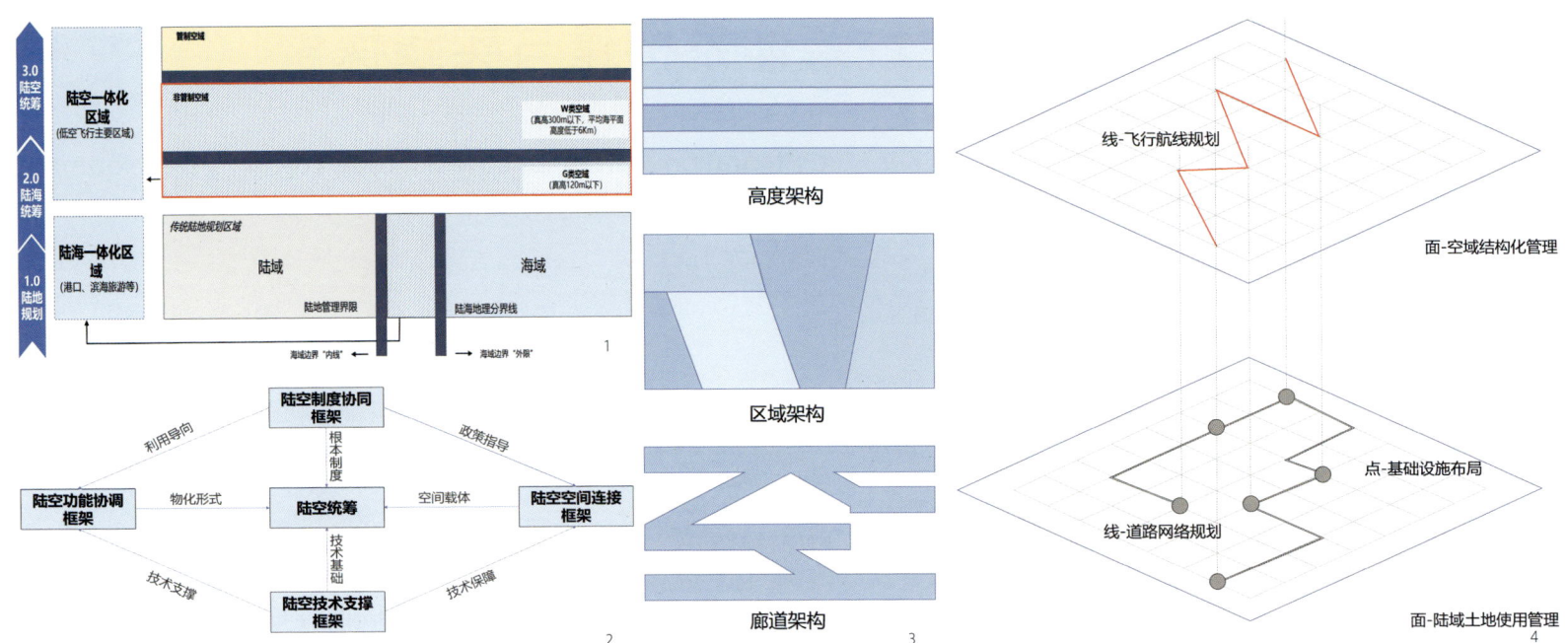

1.陆海统筹和陆空统筹示意图
2.陆空统筹发展的体系框架图
3.空域结构化管理模式图
4.陆空空间连接统筹框架图

域使用权属由军民航共管。地方政府在制定低空发展政策时，缺少空域管理的知识储备，又未能与军民航充分沟通，导致部分规划和项目无法落地[6]。另一方面，随着未来低空飞行活动逐渐增多，空域资源利用矛盾将日益突出[7]。因此，低空经济发展亟需一个充分有效的机制协调军地民（航）多方不同诉求，共同谋求陆空空间统筹发展。

3.支撑陆空统筹的技术路径仍有不足

低空空域缺少实体承载，导致空间使用涉及多种影响要素，而目前的陆空统筹理论与技术支撑尚未坚实，不能满足低空经济大规模发展的需求，存在无人机低空飞行无法律可依、低空设施建设无标准可依、低空空域和航线划设无理论和技术可依的现象，例如起降平台、换电站、中转站等作为陆空连接载体的地面基础设施较为缺乏、各家运营商独自开设航线导致"航线混乱"等问题，这些都严重制约了低空经济发展进程[8-9]。因此，如何构建并运维一个多元异构、高密度的城市低空交通系统仍是待攻克的技术难题[10]。

三、陆空统筹的体系框架

综上所述，笔者以解决陆空统筹的核心问题为导向，通过引入系统思维，构建由空间连接、功能协调、制度协同、技术支持"四位一体"的陆空统筹理论体系框架，其中陆空主体功能协调是实现陆空协同发展的核心形式，陆空空间统筹是能否在空间上形成一张蓝图的重中之重，陆空制度设计则是以强化空间传导和政策保障为主，是陆空统筹的一项根本制度。

1.陆空空间连接框架

建立全新的低空立体交通网络是将陆空空间连接的唯一路径，要注重规则一致，才能做到空间使用的有效衔接。陆域空间一般采用点、线、面三种要素进行组织，点对应重要的城市功能点，线对应连接功能点的交通线路，而面则是由交通线路划分出具有功能性的用地分区。因此低空立体交通网络构建将与陆域空间组织规则保持一致，采用点、线、面三种要素进行构建，以面要素为基础，点要素为转换，通过线要素衔接形成的空地一体化网络，实现从传统土地利用规划转换到陆空资源统筹使用。

（1）以陆域和空域要素为基础

空域由于缺少平面承载，采用结构化管理不仅能有效降低空域使用冲突，还能最大化利用空域容量。根据空域水平位置、垂直高度、航空器飞行速度等要素，将结构化管理分为高度架构、区域架构和廊道架构三种类型。高度架构模式中，低空空域按垂直高度分为多个水平的飞行高度层，无人机按飞行需求使用不同高度层。区域架构模式在高度限制的基础上，充分考虑城市布局，将低空空域划分为限制飞行高度和范围的飞行区域。廊道架构模式则进一步固定飞行航线起点、终点、高度和时间等要素，建立以节点相连的无冲突航线网络，无人机按预先规划的廊道飞行。

（2）以低空基础设施要素为转换

低空基础设施是离开陆域、进入空域的重要空间载体，其建设布局需要综合考虑用地布局和空域使用情况。面向陆域，低空基础设施可充分利用现有的城市设施进行布局，例如起降点可选在火车站等重要交通枢纽处、大型商业建筑物顶层等；面向空域，低空基础设施尽量选择开放空域所对应的地面空间，例如起降点不选用军事保护地区等。

（3）通过城市道路和飞行航线衔接

低空飞行航线概念与城市道路交通概念相似，都是服务于交通工具的公共通路，是串联陆空空间使用的主要路径。陆空统筹以获得最高效的飞行航线为目标，分两步规划低空航线网络。一是确定低空飞行的约束要素，可以利用地面遥感影像，提取包含自然下界面、人工附属物、政策规定禁飞区、适飞区以及大气边界层湍流等影响要素。二在此基础上，对低空域内环境进行网格化处理，结合低空基础设施布局，通过一定的航路规划获得最优航线。

2.陆空功能协调框架

陆域根据自然发展和人类干预形成生态、生活和生产三种功能空间,而空域目前尚未形成功能分区。为促进陆空功能互动发展,需要建立陆空功能链的拓扑逻辑,促使城市发展与低空经济增长形成良性互动。考虑空域的均质性和无功能性,采用"以陆定空"的原则,根据陆地功能的对空依赖性大小确定空域功能类型和分区,形成主次功能分明的陆空功能协调框架。陆域按功能划分布局调度中心,负责对低空飞行设备的指挥调度和决策指导;空域按陆域功能需求适用不同飞行设备,并提供包括监控拍摄、数据回传等低空服务,确保陆域功能高效运行。

3.陆空制度协同框架

搭建军地民三方协同制度是陆空管控进一步清晰化的根本性保障,也是有效推动陆空统筹向纵深发展的一项根本性制度。第一,建立多方协同合作机制。由地方政府牵头,军民航共同参与制定陆空共同发展的相关政策规章和管理办法,有效保障陆空统筹工作的开展,打破当前制约低空飞行的各种制度障碍和信息壁垒。第二,促进信息资源共享机制。构建陆空资源信息共享平台和低空飞行服务平台,对陆空空间使用、低空飞行报备等方面进行全面管控,有效消减空域资源利用矛盾。

4.陆空技术支撑框架

陆空统筹的功能实现和空间连接需要大量技术手段作为支撑。法规条例指导规范建设和管理,信息技术则监测评估系统运行以实现动态调整。落实到陆空统筹三要素上,具体表现为:在设施搭建方面,需要考虑到不同类型的起降点规划建设指引等;在航线划设方面,要基于城市信息模型进行模拟飞行和安全评估等,也需要完善航线管理和应急管理的方法范式;在空域管理方面,要考虑分层划设方法、空域容量评估等。搭建一套精细化、定量化及自动化的技术框架,能有效保障空域的稳定使用,支撑陆空统筹发展。

4.陆空技术支撑框架

陆空统筹的功能实现和空间连接需要大量技术手段作为支撑。法规条例指导规范建设和管理,信息技术则监测评估系统运行以实现动态调整。落实到陆空统筹三要素上,具体表现为:在设施搭建方面,需要考虑到不同类型的起降点规划建设指引

5.陆空功能协调统筹框架图
6.广州开发区陆空发展的主体功能图
7.广州开发区空域划设情况示意图

8 三级起降设施建设指引图
9.广州开发区三级城市配送航线示意图
10.广州开发区三级城市配送航线示意图

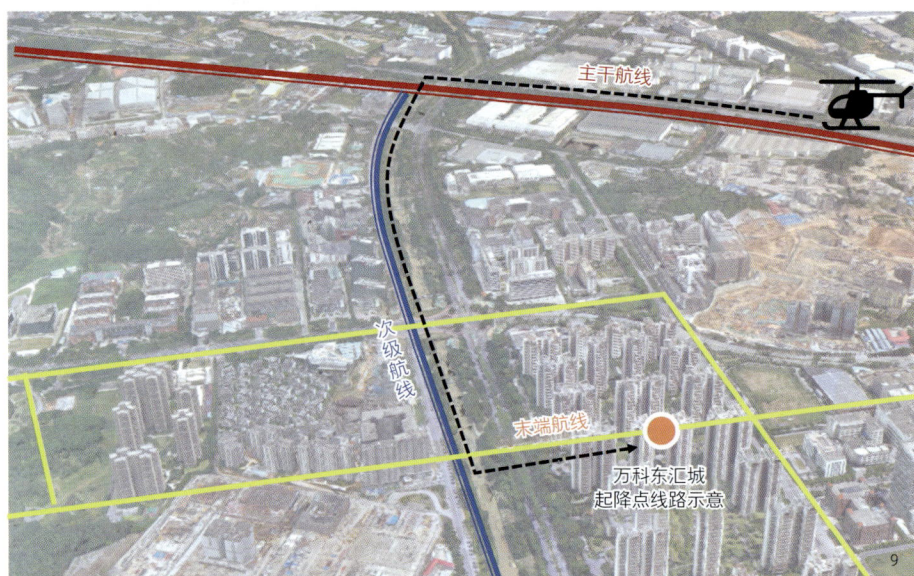

等；在航线划设方面，要基于城市信息模型进行模拟飞行和安全评估等，也需要完善航线管理和应急管理的方法范式；在空域管理方面，要考虑分层划设方法、空域容量评估等。搭建一套精细化、定量化及自动化的技术框架，能有效保障空域的稳定使用，支撑陆空统筹发展。

四、广州开发区陆空统筹专项研究与实践

2023年12月，广州开发区发布《广州开发区（黄埔区）促进低空经济高质量发展的若干措施》，打响广州市低空经济建设和陆空统筹发展第一枪，出台扶持性政策文件《广州开发区（黄埔区）促进低空经济高质量发展的若干措施》及实施细则。同时在全国层面率先开展陆空统筹视角下的低空航线和起降点规划，积极探索陆空空间的全要素、全域统筹协调，初步应用并实践了陆空统筹发展的体系框架。

1.整合优化陆空功能体系

广州开发区位于广州市东部中心范围内，沿珠江前航道拥有多个港口码头和大型物流园区，开发利用需要协调港口建设、物流运输以及滨江旅游等多种产业类型的需求。围绕上述功能，明确了广州开发区陆空统筹下的三大主体功能，分别是高效物流、高端商务和高品质观光。高效物流服务跨境电商、小宗商品、外面配送等生产和生活性的载物运输；高端商务服务区内、城际间、跨境等低空商务通勤的载人运输；高品观光则面向各种消费群体提供消费性航空活动，开展低空旅游、低空运动、低空飞行培训等载人运输。同时在三大主体功能基础上，根据"以陆定空"的原则，延伸出医疗救护、消防救援、农林植保和政务管理等其他功能，对陆空统筹的功能类型进行细化引导，并初步摸查了一批符合功能需求的起降点位。

2.搭建低空立体交通网络

（1）统筹点位布局

广州开发区根据三大主体功能初步摸查起降点位，遵循4项主要原则的选址要求确定最终选址点位布局。首先，根据建设工程难度小原则选址具备道路、供水、排水排污、供电、通信等公用设施的设置或引接条件，且选择地形地貌简单、土石方工程量少的区域。然后，根据飞行空域适宜原则和土地使用保障原则，禁止在空中禁区、军事目标周边飞行，避让航空管制区和电磁干扰区等区域，不占用永久基本农田及生态保护红线。最后，根据功能核心区优先原则，选址大型仓储园区、中央商贸区、大型交通枢纽等辐射范围广、空间范围足、设施条件好的地区，提高起降点建设的示范效果和服务效率。

在确定起降点位布局的基础上，进一步确定起降点服务规模。根据起降设施的供给服务能力，构建了"起降枢纽—起降

场站—起降点"三级起降设施体系，并结合广州开发区各层级的重要节点，最终形成"4+9+N"低空起降点体系，即4个全区起降枢纽、9个片区起降场站和N个不同功能的起降点。

（2）空域分层划设

广州开发区目前综合了高度和廊道两种架构对空域分层划设，根据主体功能的不同进行高度隔离飞行。第一层（300m以下）主要是轻小型物流无人机运行空间，主要服务于物流、巡检、农保等功能。第二层主要是中大型载人无人机或直升机运行空间（300~600m），主要服务于高品观光和高端商务功能。第三层（600m以上）及以上主要是军民航固定翼等飞机运行空间，主要服务于通航作业等功能。其他辅助功能则是在一二高度层中留有固定廊道进行飞行，确保低空航行高效安全有序。

（3）分级构建航线

在衔接周边城区的低空航线网络布局的基础上，搭建广州开发区"人"字形低空航道走向，采用主次航道逐级通往起降点的组织模式，形成"主干航线—次级航线—末端航线"的三级公共航路。最后综合广州开发区陆空统筹的三大主体功能和空域功能分层，规划形成城市配送、商务游憩和工业物流等多类航线。

3.技术支撑

广州开发区充分运用新一代信息技术手段，创新建立支持陆空统筹发展的相关技术标准。在基础设施选址方面，搭建低空起降点选址布局智能化辅助模型，在实现总建设成本最少和总时间最短的多重目标下，通过机器学习生成低空起降点选址布局最优解，辅助起降点布局规划。在低空基础设施建设方面，广州开发区以国内外既有标准规范为基础，制定了一套适应广州开发区低空飞行活动的起降点建设标准，为各级别起降点提供选址布局、建设规模、设施配置等方面的建设指引。在航线划设方面，以影响低空飞行的区域风险等级图为基础，结合城市道路、水系和低矮建筑群模拟划设低空飞行航线。

4.组织管理

根据《广州市低空经济发展规划（2023—2035年）》（在编）中明确，在南部地区空中交通管理协调委员会指导下，广州市将成立由南部战区空军、中南民航管理局、中南空管局和广州市政府联合组成的低空空域管理协调议事机构，由该机构统筹协调广州市全域低空管理相关问题，谋划建设通用航空A类服务站，全面统筹陆空一体化发展所有事宜。

五、结语

陆空统筹是一个从空间分治到系统统筹，并逐渐走向共同发展的漫长过程。国土空间规划体系在建立初期仅考虑陆海空间使用和保护，而随着低空经济时代的到来，陆空统筹将成为未来国土空间规划的一项重要工作。本文是以低空经济发展的理论基础和广州开发区的实践经验两个层面对陆空统筹理论进行梳理与研究，并建立"四位一体"的陆空统筹体系框架，在一定程度上丰富陆空统筹发展的相关理论，为国土空间规划下的陆空空间管控提供实践经验。然而，由于目前低空经济体系尚未成熟，陆空统筹体系建设仍需根据未来低空理论优化和实践经验进一步完善。

项目负责人：赵颖、陈向

主要参编人员：游晓婕、李祉涵、曾胜

注释

①《国家空域基础分类方法》由中国民用航空局于2023年12月21日发布，是根据《中华人民共和国飞行基本规则》及其补充规定制定的方法。

②文中所有图表由作者自绘。

参考文献

[1]DASKILEWICZ M;GERMAN B;WARREN M, et al. Progress in vertiport placement and estimating aircraft range requirements for eVTOL daily commuting[C]//2018 Aviation Technology, Integration, and Operations Conference, 2018.

[2]SHAVARANI S M, NEJAD M G, RISMANCHIAN F, et al. Application of hierarchical facility location problem for optimization of a drone delivery system: A case study of Amazon prime air in the city of San Francisco[J]. The International Journal of Advanced Manufacturing Technology, 2017, 95 (9–12): 3141–3153.

[3]陈刚, 付江月. 军民融合背景下无人机配送中心选址问题研究[J]. 计算机工程与应用, 2019, 55(8): 226–231+237.

[4]钱欣悦, 张洪海, 张芳, 等. 末端配送物流无人机起降点选址分配问题研究[J]. 武汉理工大学学报(交通科学与工程版), 2021, 45(4): 682–687+693.

[5]张旭. 低空空域开发现状与低空经济发展策略[J]. 中国航务周刊, 2024(13): 57–59.

[6]何行, 张廷玉. 低空经济产业链以及配套问题解决方法研究[J]. 中国经贸导刊, 2021(22): 58–59.

[7]郭辰阳, 敖万忠, 吕宜宏. 充分把握发展机遇、加快推进低空经济高质量发展[J]. 财经界, 2022(25): 36–38.

[8]钟媛媛. 低空经济高质量发展对策研究——以深圳市龙华区为例[J]. 产业科技创新, 2023, 5(4): 20–22.

[9]张新生, 郑琼洁. 发展低空消费新业态的现实困境与实践进路[J/OL]. 南京邮电大学学报(社会科学版): 1-14[2024-05-21]. https://doi.org/10.14132/j.cnki.nysk.20240506.001.

[10]王颖, 王谋, 印春峰. 中国低空经济发展热现象下的冷思考[J]. 中国工程咨询, 2024(3): 48–52.

作者简介

游晓婕，广州市城市规划勘测设计研究有限公司黄埔分院/广州开发区规划勘测设计院有限公司规划师；

赵　颖，广州市城市规划勘测设计研究有限公司黄埔分院/广州开发区规划勘测设计院有限公司副院长；

陈　向，广州市城市规划勘测设计研究有限公司东莞分院/广州开发区规划勘测设计院有限公司规划总监；

李祉涵，广州市城市规划勘测设计研究有限公司黄埔分院/广州开发区规划勘测设计院有限公司助理规划师；

曾　胜，广州市城市规划勘测设计研究有限公司黄埔分院/广州开发区规划勘测设计院有限公司助理规划师。

断面城市主义与高密度空间形态导控再思考
Rethinking on the Transect Urbanism and Morphological Regulations for High Dense Space

张颖异 Marc Aurel Schnabel
Zhang Yingyi Marc Aurel Schnabel

[摘 要] 新城市主义思潮催生了多种基于形态的城市分区模式，如形态设计准则、精明准则等，断面矩阵成为其重要的形态类型研究工具。本文以断面矩阵的理论内涵和建构方式为切入点，对比分析断面形态分区与传统分区规划的差异；以香港尖沙咀地区为样本，基于形态要素数据，将高密度空间分为地上、地面和地下三个层次，延展高密度城市的断面矩阵类型谱系，明确面向高密度城市空间秩序优化的多层级断面形态；结合断面城市主义理论方法，提出国土空间规划体系下断面分区对高密度空间形态的导控机制。

[关键词] 断面城市主义；高密度城市；空间形态；导控机制

[Abstract] New Urbanism has given rise to a variety of morphology-based urban zoning approaches, such as Form-Based Code, Smart Code, etc. Transect matrix becomes the essential tool for understanding the morphology types. This paper takes the theoretical connotation and generation method of transect matrix as the starting point to compare and analyze Transect Urbanism and traditional zoning. Tsim Sha Tsui area of Hong Kong works as the study case. According to the morphological element, the high dense space is divided into three levels, above ground, on the ground and underground, extending the transect matrix type spectrum of high dense cities. The target is to clarify the multi-level transect forms and optimize the spatial order in density zones. Combining with the theoretical method of Transect Urbanism, this paper also proposes a regulation mechanism for transect zoning in density cities under the national territorial spatial planning system.

[Keywords] transect urbanism; density cities; spatial morphology; regulation guidance

[文章编号] 2024-97-P-082

本研究获得十四五国家重点研发计划项目"城市高强度片区优化设计关键技术"子课题，基于舒适感的空间可达性优化技术（2023YFC3807404-2）资助

一、引言

城市分区（Zoning）是美国规划体系中的重要环节，也是政府施行城市管控的主要手段之一，其核心在于将土地作为主要控制要素进行限制性或指示性的管理。土地划分作为美国城市分区的关键内容，用以保护房产价值、排除城市污染和危险、促进城市服务设施建设。随着现代城市不断发展，传统的城市分区在快速郊区化过程中诱发了一系列的城市问题，直接或间接地导致了城市蔓延、城市形态失控和土地资源浪费。由于土地功能的教条区隔，日常购物的街角商店逐渐减少，儿童无法在步行范围内就近上学。虽然将重工业区与城市住宅区进行区隔有其必要性，但不从事重工业行业的人们也必须服从于这种功能分区，在工作日乘机动车通勤，无形中加重环境负担。因此，土地划分的途径和方式亟需转变。

针对传统城市分区带来的郊区无序蔓延问题，新城市主义思潮于20世纪80年代涌现。传统的分区规划以土地功能分隔和经济性提升为目的，新城市主义思潮认为其缺乏对空间形态的导控，造成空间资源浪费，城市丧失地域性和归属感。作为缓解城市空间无序蔓延的重要理论和指导法则，新城市主义对当代欧美的城乡空间形态重塑及结构重组产生深刻影响[1]。新城市主义者试图追寻二战前小城镇的美好，重塑宜人的日常氛围、富有活力的社区、人文性的街巷场景，崇尚"回到未来"（Back to the Future）式的空间塑造。由此诞生了一系列基于形态视角的分区规划论述，如形态设计准则、精明准则等，以断面矩阵（Transect Matrix）为工具，建立"自然—人工"环境类型谱系，将形态和功能均作为主要分区导控对象，促进土地混合利用，建构基于断面城市主义的城市分区模式。

二、理论基础

断面矩阵是进行城市分区中形态类型的划分工具，为城市分区提供形态图谱。形态类型是基于建成环境的空间特征归纳出来的，表现为由自然区域向城市核心区的连续断面过渡。断面矩阵作为控制城市风貌的"形态准则"，源于地理学和生态学领域，采用线性追踪方式、空间梯度特征分析及多维要素动态趋势分析的研究方法[1]，分析结果以可视化方式呈现，表达空间要素布局和变化状况。盖迪斯（Geddes）在流域横断面理论中提出人类聚居地应基于自然区域背景进行分析。在此基础上，杜安尼（Duany）将横断面的理念应用至形态准则的核心组成，作为规划控制体系的基本逻辑[2-3]。

形态断面通过形态而非功能划定用地类型，依据人工干预程度差异，归纳成从乡村（Rural Zone）到市中心（Urban Core Zone）的形态断面，包括六个不同的分区：乡村保护区、乡村保留区、城市郊区、一般城市区、城市中心区和城市核心区，土地利用强度和复杂度逐渐加强。每种断面类型代表若干地块，对应符合该种形态类型发展的设计导则或指引。在确定某地块的功能之前，先确定该地块的断面类型，借助形态指标，如容积率、建筑密度、建筑高度等的具体数据，明确断面有价值的和需要整改的区域。传统美式区划将土地划分为若干功能区域，各区域相互隔离，允许形态混合；断面城市主义先考虑建筑形态、街巷特征和空间塑造，允许功能混合。根据断面分区的场所营造原则，形态与功能同等重要，应依据地区本身特色，通过规范城乡断面形式，形成具有地域特征的城乡空间。尤其在规划之初，仅给出用地指标数据是不充分的，应对形态有更细致的导控和预测，建构弹性、丰富、形态可预测的公共区域。断面分区为宏观规划提供了与设计有关的细节，将城市设计和建筑设计要素引入分区规划中，规定街景外观、建筑物的形式及其与街巷、与地块之间的关系。规定土地的功能分区，其本质在于制定禁止项，即提出哪种建设

方式是禁止的；断面分区本质在于明确满足项，即规定哪种形态塑造是需要满足的。

断面分区提出以来，几乎都在美国的小城市或大城市中的部分区块使用，空间并不复杂。第一个在大城市全城范围应用断面分区的是迈阿密市。基于土地功能划分的《迈阿密城市规划条例（2012）》定义了住宅、商业、开放空间、政府和工业用地的区域；而在基于形态划分的《迈阿密二十一条例（2015）》中，建设环境被定义为具有特定形态类型的自然区域、亚城市区域、一般城市区域、城市中心区和城市核心区，比《迈阿密城市规划条例（2012）》更弹性、功能更混合，在规划之初即可预测未来空间形态。《迈阿密二十一条例（2015）》是对已有的规划条例的延伸，形态作为宏观空间区划的研究主体，与土地功能划分共同作用于城乡发展。

三、密度形态与断面延展：以香港为例

1.密度形态

尽管已有迈阿密的实践，形态分区规划在高密度城市中的应用仍不充分。城市分区应通过密度与形态两个维度共同引导城市空间发展；在强调密度分区的同时，逐步增加形态分区的引导，对城市空间的塑造有积极作用[4]。因此，为提升高密度城市空间形态的秩序性和人本性，尝试将断面理念融入更高密度的城市空间中，探索面向高密度城市的断面矩阵。密度区域具有空间利用高强度、人群活动强聚集特征，是超大特大城市主要发展模式之一。紧凑的空间形态造就了独特的人居环境，成为影响经济、社会、生态可持续发展的关键，也是城市更新行动的重点与难点。基于对世界典型高密度城市人口分布分析可知，部分城市人口分布较为平均，如伦敦、圣保罗；部分城市的人口从郊区向城区逐渐过渡，比如纽约、上海；部分城市的人口分布则没有过渡，极致的高密度与自然环境直接相连，比如香港、孟买。

以香港为例，依据联合国《2023世界城市区域研究（第19期）》数据，其人口密度均值为22297/km^2。人口稠密且土地资源有限，成就了香港独特的城市空间断面。极端的紧凑，更需要形态上的秩序感。正如库哈斯在《疯狂的纽约》（*Delirious New York*）中提到，既存在"低密度感"的高密度城市，也存在"高密度感"的低密度城市。在于如何塑造秩序、宜人的高密度空间，保持高密度的紧凑、经济和高效，同时降低高密度带来的压迫、焦虑和尺度失格。

2.断面延展

以香港尖沙咀片区为例，对断面矩阵进行延展。首先确定形态要素的参数体系，基于已有断面分区实践，选取容积率、步行道宽度、道路等级、基础设施等级、街巷高宽比和最大建筑高度为形态指标。而后根据路网分割，将调研区域

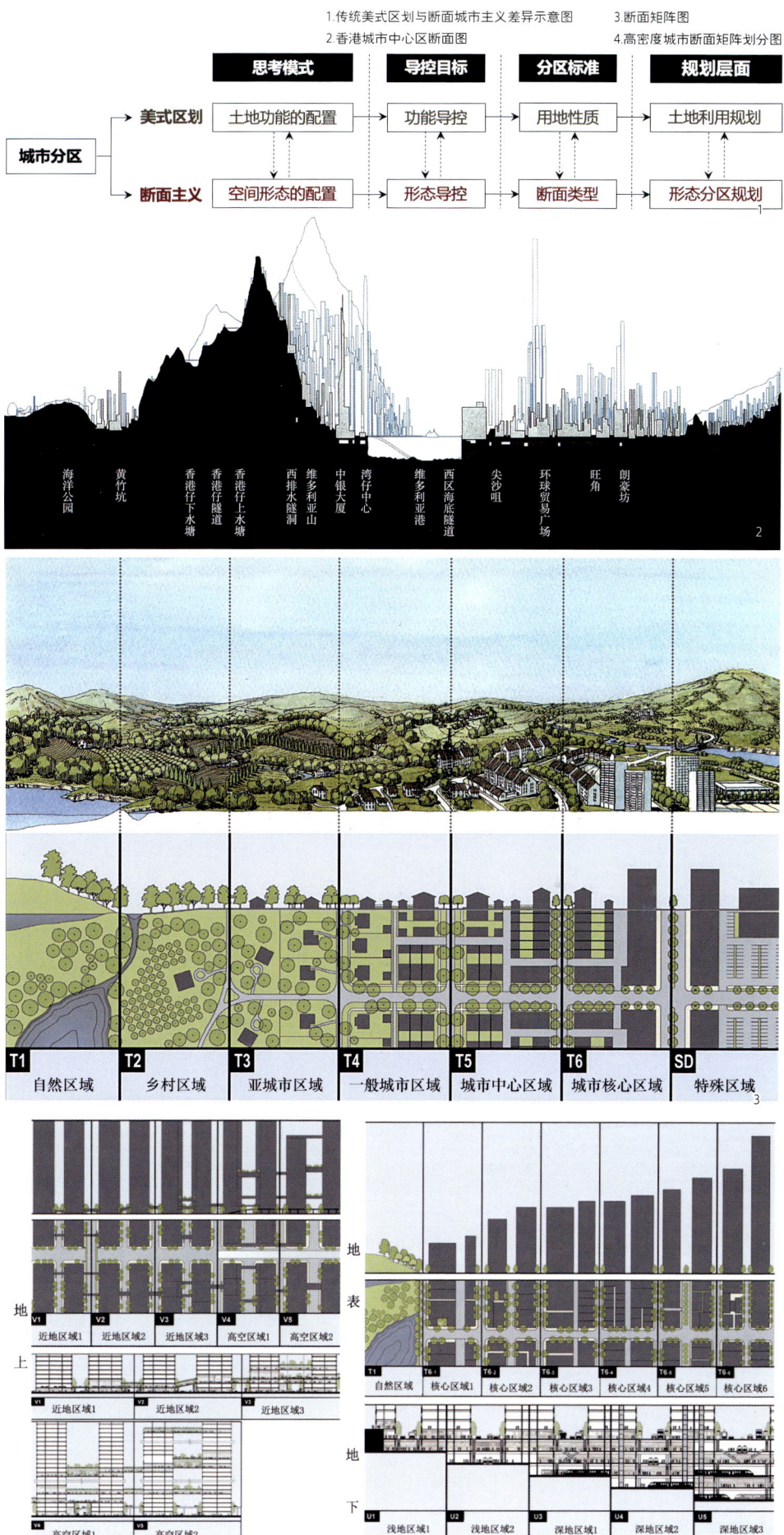

1.传统美式区划与断面城市主义差异示意图
2.香港城市中心区断面图
3.断面矩阵图
4.高密度城市断面矩阵划分图

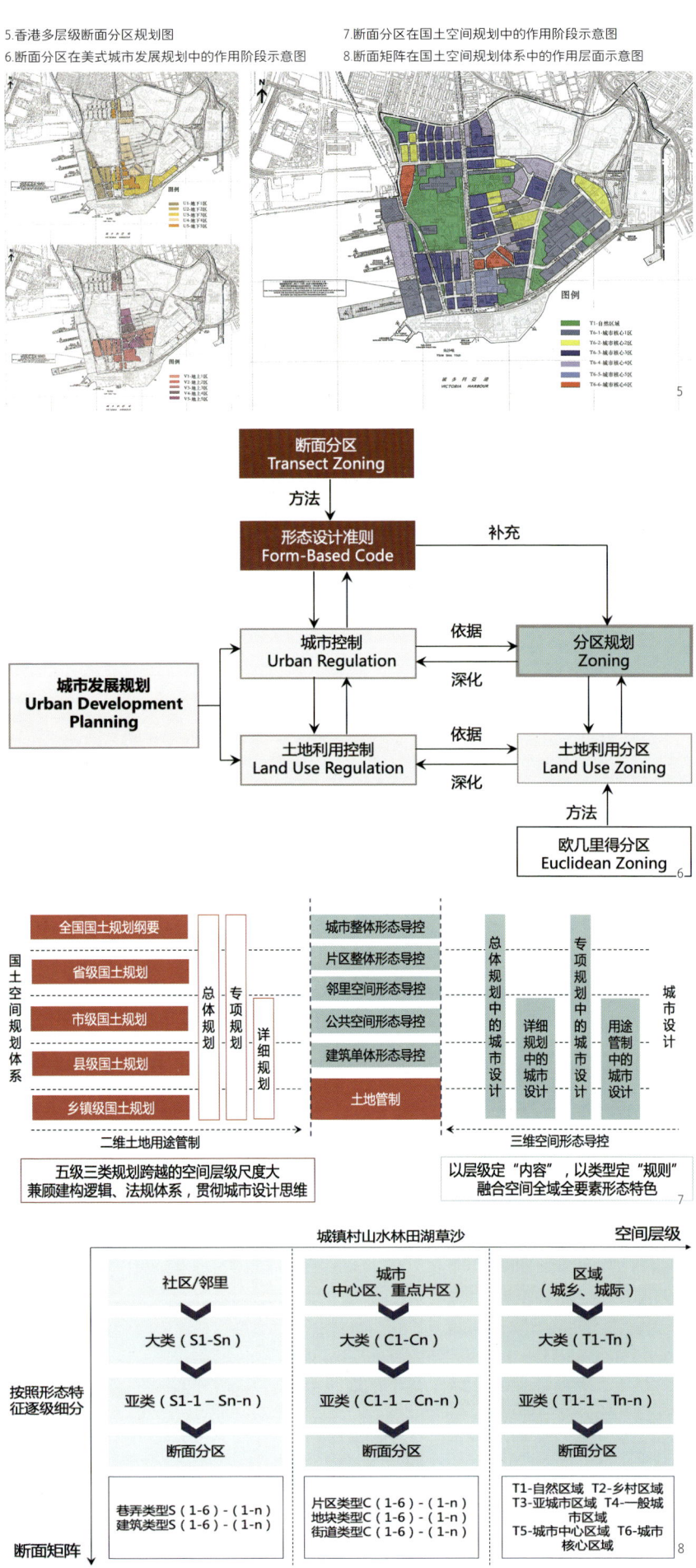

5. 香港多层级断面分区规划图
6. 断面分区在美式城市发展规划中的作用阶段示意图
7. 断面分区在国土空间规划中的作用阶段示意图
8. 断面矩阵在国土空间规划体系中的作用层面示意图

内各地块逐一编号。通过实地调研，得到研究范围内各地块的六类参数数值。由于各参数的单位不同，不便于比较，因此利用统计学的标准化方程进行数据标准化：

$$\text{Normalized (ei)} = \frac{(\text{ei} - \text{Emin})}{(\text{Emax} - \text{Emin})}$$

其中：

Emin = E数列中的最小值；

Emax = E数列中的最大值；

当最大值和最小值相等时，标准化后的值等于0.5。

所有经过标准化的数据均处于[0，1]闭区间内，且不含有计量单位。标准化平均值为各地块的人工化程度值。该值越大，则其所代表的地块在断面矩阵中越处于右端位置；该值越小，则地块越处于左端位置。将[0，1]闭区间平均分成10个等级，经数据整合，24个地块的标准化平均值均落在0.10到0.70之间，意味着该城市核心区的断面矩阵可划分为6个城市核心区亚类。在实际操作中，并非所有项目都能含有标准断面矩阵中的全部断面类型，设计者可根据数据分析结果，重新定义特定区域的断面矩阵，增减断面类型。

除了地面层，高密度城市通常还有浅地层、深地层、低空层、高空层等，呈现立体形态。例如，尖沙咀-尖东地区的地下空间，呈现复杂的换乘线路和标高层。地上部分具有复杂的交通网络、步行连廊、景观平台，构建了高密度形态独特的空中断面。因此，高密度城市的断面矩阵可延展至地面、地下、地上三个层级，各层级细分断面类型，汇总拼合得到新的断面矩阵。高密度城市的断面矩阵延展了标准的T1（自然区域）到T6（城市核心区域），从自然到人工，从人工到极致人工，或许还要从极致人工走向自然，新一轮的螺旋上升，新一轮的"回到未来"[6]。

四、导控机制

在美式的城市发展规划中，断面分区作用于城市控制阶段，作为分区规划的形态管控补充。形态断面矩阵定义了从稀疏郊区到密集城区的分层发展，既有研究中的城乡规划断面图几乎涵盖了从乡村环境至城市建成空间，从区域至社区、再到街区建筑等不同尺度层面的全部要素。在我国国土空间规划体系中，断面城市主义因其整合城乡空间要素的分类图式系统特征而具有独特的优势和潜力。

国土空间规划体系涉及的"五级三类"规划跨越的空间层级尺度大，涵盖人类聚落、自然资源、生态环境等庞杂的空间范围[7]，土地用途从海洋到陆地、从城市到乡村。若要推进"多规合一"的国土空间规划，需考虑各层级规划体系的构建逻辑、法规政策体系、编制审批体系和技术标准体系等[8]，同时要贯彻城市设计思维，注重空间形态、功能布局、景观营造等，任务十分艰巨。而断面形态分区跳出了美国规划体系的限制，以层级定"内容"，以类型定"规则"，实现对空间形态的精细化管理和控制，并注重全域全要素的融合，对于整合国土空间规划体系管控要素的实践具有一定作用[9]。

在全域层面，断面形态分区整合各尺度规划，涵盖从宏观到微观，从区域至社区、再到街区建筑，形成不同尺度下的断面矩阵切片。根据

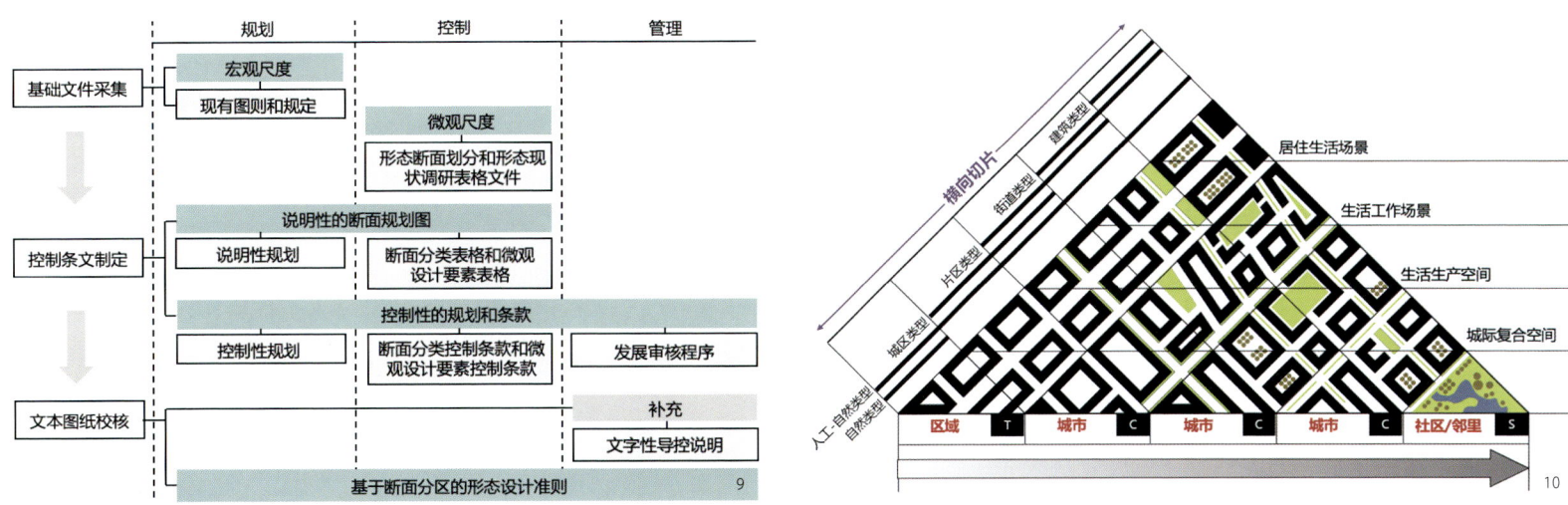

9.断面分区规划过程示意图[11]
10.不同尺度下断面矩阵横向切片示意图

不同尺度与场所营造目的，选择不同形态划分类型，也可依据高密度特点不断细化形态类型，通过灵活调整形态类型特性以适应需求，有利于适应城乡风貌特色的保护与更新[9]。在全要素层面，遵循精细化管控要求，采用分要素、分类型的管控方式，选取城乡风貌的关键性要素作为管控重点[10]，断面矩阵建立了全面的要素系统。根据各要素特征进行类型划分，开展独立规划并相互协调，促进断面之间的自然过渡与组合，实现每个区域的形态和功能的多样融合，有利于在一张断面图上实现所有形态风貌的分级与分类[9]。在实际区划中，各项目可自主选择增减内容，比如建筑标准、景观塑造标准和地标标准等，用以辅助实际项目的实施。

断面分区规划的制定过程可概括为控制性规划、愿景计划和法定规则三个阶段。其中，控制性规划阶段是依据城市现状条件，提炼空间形态特色，并初步形成形态类型断面的阶段；愿景计划阶段是将公众意见、多方利益主体博弈结果融入形态类型方案的阶段；法定规则阶段是将形态类型断面内容转变为法定文件的阶段[9]。

断面分区规划编制一般分为基础文件采集、控制条文制定和文本图纸校核三部分。基础文件采集中，收集各尺度下的区划、图则和相关法规，完成现状调研和断面划分。控制条文制定是断面分区规划编制核心，包括制定说明性总体规划和控制性规划及条款两项任务。说明性总体规划以图纸形式呈现，辅助说明形态分类和微观设计要素；控制性规划及条款包括制定控制性规划图，说明形态分类的控制条款和设计要素条款，附加形态发展的审核程序。文本图纸校核是断面分区规划编制的第三阶段，需补充说明文字性的管理细则，形成最终的形态设计准则文本及图纸。

断面城市主义中的形态序列识别，可作为规划技术手段纳入规划体系中，补充宏微观层面的空间设计要素[12]。从城市发展理念上来看，断面分区规划强调了形态控制优于功能管制的核心，以愿景式、说明性的开发规则，描述"要求建成什么"形态，而不是传统规划采用禁止式条文和抽象参数所带来的"模糊形态"；从城市形态控制手段来看，以国土空间规划为核心的开发控制体系，可借助断面矩阵等城市形态控制工具，发展适合我国当前城镇化过程中的城市形态与空间控制工具；从规划行业发展角度来看，断面矩阵回归了对城市形态与空间研究的基础[13]。断面城市主义一定程度上革新了塑造城市空间的方式与路径，重新定义了城市空间，构建区别于传统分区规划的新方法，为重构城市空间提供更多可能性。

参考文献

[1]周忠凯,赵继龙,刘耀胜,等.城乡断面图作为新城市主义精明准则的研究方法解析[J].西部人居环境学刊,2018,33(1): 48-53.
[2]杨佳璇,任利剑,运迎霞.断面分区导向下的城市轨道交通站点分类研究[C]//中国城市规划学会.规划60年:成就与挑战——2016中国城市规划年会论文集(05城市交通规划),2016:1-11.
[3]Duany Plater-Zyberk and Company. The transect. [EB/OL]. [2018-12-01]. https://www.cnu.org/publicsquare/transect.
[4]金探花,杨俊宴,王德.从城市密度分区到空间形态分区:演进与实证[J].城市规划学刊, 2018(4): 34-40.
[5]FRAMPTON A, SOLOMON J, WONG C. Cities Without Ground [M]. Oro Editions: San Francisco, US, 2012.
[6]SCHNABEL M A, ZHANG Y, AYDIN S. Using parametric modelling in Form-Based Code design for high-dense cities [J]. Procedia Engineering, 2017(8), 1379-1387.
[7]自然资源部.国土空间规划城市设计指南(TD/T 1065-2021) [S].2020.
[8]黄世臻,刘玉亭,魏宗财.中国国土空间规划研究述评——基于CiteSpace的知识图谱分析[J].南方建筑,2021(3): 84-90.
[9]戴铜,赵雅馨,吕飞.美国形态准则对我国城市设计精细管控的启示[J].规划师,2021, 37(21): 84-90.
[10]吴一洲,章微,胡适人,等.多尺度传导视角下的城乡风貌管控模式研究——以《杭州市城乡风貌魅力分区建设技术导则》实践为例[J].规划师,2022,38(12):119-124.
[11]PAROLEK D G., et al. Form based codes: a guide for planners, urban designers, municipalities, and developers[M]. New Jersey: John Wiley & Sons,2008.
[12]张颖异,荣玥芳.美国形态设计准则解读及对我国乡村空间形态控制的启示[J].小城镇建设,2021,39(5):66-72.
[13]章征涛,宋彦,丁国胜,等.从新城市主义到形态控制准则——美国城市地块形态控制理念与工具发展及启示[J].国际城市规划,2018,33(4):42-48.

作者简介

张颖异，北京建筑大学建筑与城市规划学院副教授；

Marc Aurel Schnabel，西交利物浦大学设计学院院长，教授。

基于一体化协作发展的空间治理模式探索
——以盐城长三角一体化产业发展基地为例

Exploration of Spatial Governance Model Based on Integrated Collaborative Development
—Taking Yancheng Yangtze River Delta Integrated Industrial Development Base as an Example

唐小龙
Tang Xiaolong

[摘　要]　长三角一体化战略深入推进，各地都开始了一体化的探索，面向高质量的一体化，苏北城市如何结合发展基础，将自身发展战略融入长三角一体化战略是各城市亟需探索的时代命题。一体化路径上，盐城整合现有沪苏、苏盐、常盐、中韩等合作园区，结合自身特点提出"产业为先"的发展路径。空间形态上结合盐丰一体化发展，立足盐城苏北平原特征，提出了"一轴双核三组团四园区"的生态开敞的空间范式。空间治理上，以各板块为开发建设主体，采取"领导小组+办公室+工作组"的"三层次"管理模式，形成开放包容、利益共享的治理范式，形成了盐城特有的产业先导、盐丰一体、开发共享的一体化发展模式。

[关键词]　空间治理；一体化；盐城；协作

[Abstract]　With the deepening of the Yangtze River Delta integration strategy, all regions have begun to explore the integration. For high-quality integration, how to combine the development foundation of cities in northern Jiangsu and integrate their development strategies into the integration strategy of the Yangtze River Delta is an urgent proposition for cities to explore. On the integration path, Yancheng integrates the existing cooperation parks such as Shanghai-Suzhou, Suzhou-Yancheng, Changzhou-Yancheng, and China-Korea, and puts forward the development path of "industry first" based on its own characteristics. Based on the characteristics of Yancheng North Jiangsu Plain, an ecological open space paradigm of "one axis, two cores, three groups and four parks" is proposed. In terms of spatial governance, with each sector as the main body of development and construction, the "three-level" management model of "leading group + office + working group" is adopted to form an open, inclusive and benefit-sharing governance paradigm. It has formed an integrated development model of Yancheng's unique industry-leading, salt abundance, development and sharing.

[Keywords]　spatial governance; integration; Yancheng; cooperation

[文章编号]　2024-97-P-086

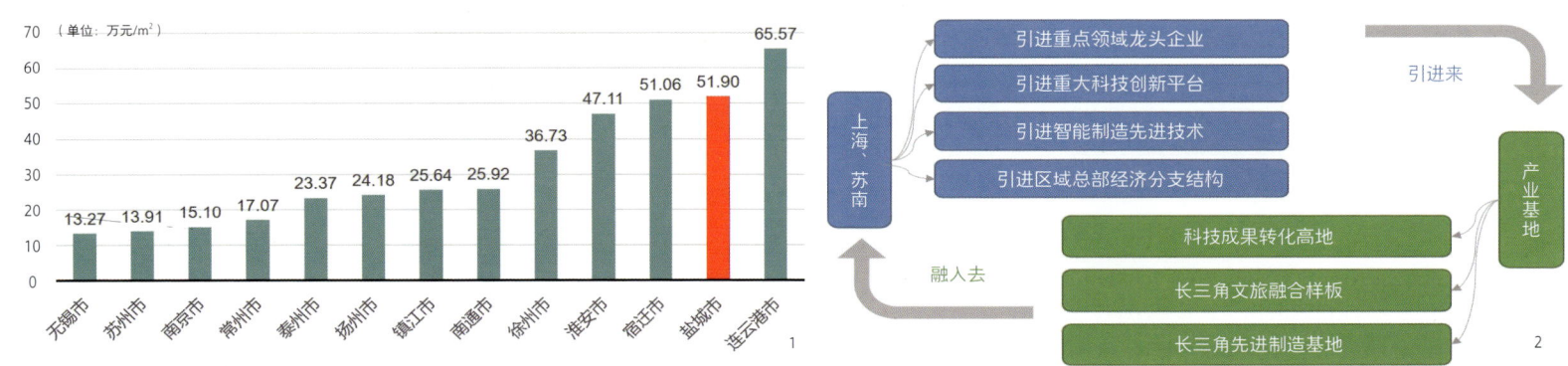

1.2020年江苏省十三个设区市单位GDP地耗统计图
2.融入区域产业分工体系示意图

一、一体化进程中的"外围"困境

长三角一体化发展是习近平总书记亲自谋划、亲自部署、亲自推动的重大国家战略，要求统筹国内国际两个大局，紧扣"一体化"和"高质量"两个关键词，更好发挥"先行探路"作用、好改革试验田、更好发挥"引领示范"作用、打造发展动力源，更好发挥"辐射带动"作用、做强经济增长极。要求在推动长三角一体化发展取得新的重大突破，在中国式现代化中走在前列。

长三角地区开展了多种类型的实践探索，不断推进高质量的一体化发展。长三角生态绿色一体化发展示范区通过跨界地区的共治共享，两省一市共同成立执委会作为专设机构，共同推进重大事项决策、重大项目建设，有效探索了跨界地区一体化协同治理模式。虹桥国际开放枢纽包括上海、江苏、浙江的部分县级行政区，通过建立以国际交通枢纽为核心，通过市场化的力量在更大区域范围内优化配置枢纽功能，推动长三角一体化发展、提升我国对外开放水平、增强国际竞争合作新优势的重要载体。南通地区也开展了跨江融合发展试验区等探索。

各地一体化空间载体的探索主要聚焦毗邻地区，长三角地区整体层面的一体化探索仍然集中在交通设施互联互通、基础设施共建共享、公共服务一体化配置等方面，非毗邻地区的"外围"城市如何融入长三角一体化、推动高质量发展成了各个城市的难题。

3.盐丰一体的综合交通体系规划图
4.产业基地"井"字形生态廊道结构图

二、盐城市一体化发展基础

1.经济有体量但发展质量不高

2023年盐城全市GDP达到7403.9亿元，排在全国第38位，一般公共预算收入482.7亿元。同时盐城发展质量不高，地均产出在江苏常年处于垫底位置，发展效益相比上海、苏州、宁波、南通等城市有较大差距。

2.产业有特色但区域关联不够

盐城已经形成了"5+2"战略性新兴产业和23条重点产业链，其中"5"是大力发展新能源汽车及核心零部件、新能源、新一代信息技术、新材料、大健康五大产业，"2"是数字经济、海洋经济两大产业。新能源产业已经成盐城市重要的战略性新兴产业，新能源发电量占盐城市社会用电量的60%以上。

相比苏南地区，依然面临主要产业园区发展重点雷同、与区域关联度不足等问题，迈向未来需进一步深度融入长三角，借助长三角参与世界分工的机遇，带动产业整体转型升级。

3.空间有优势但发展效益不高

陆海总面积3.18万km²，陆域面积1.51万km²，海域面积1.67万km²，国土空间总体规划中划定了1546km²的城镇开发边界。

广阔的陆海空间并未充分发挥效益，也未能充分吸引长三角地区的重大项目落地。沿江相关钢铁企业向海转移进程缓慢，优势的港口资源、沿海未利用地资源等未充分发挥效益，大丰港区、黄海新区大量空间闲置。

4.载体有基础但带动能力有限

盐城有众多的合作平台，沪苏产业发展集聚区、苏盐合作园区、常盐合作园区、中韩合作园区等一大批合作载体，层级高、数量多。沪苏层级属于上海与江苏省建立的园区，苏盐、常盐分别为苏州市、常州市与盐城建立的合作园区，中韩则为中国与韩国合作建立的园区之一。

各个园区均有自身的合作框架、组织架构、运作模式等。多个园区处于相对边缘的位置，发展条件、带动能力相对有限，总体上效益不高，经过多年的发展，合作园区对城市发展的带动作用极为有限（GDP占盐城市比重常年在5%以下），各个园区的产业也逐步趋于同质化，沪苏、苏盐等产业发展方向与大丰经开区、盐城市经开区趋同，恶性竞争态势明显。

三、盐城长三角一体化产业发展基地探索

盐城结合自身产业特征、空间特征等，形成了整合多个园区、产业发展为先、带动城市多组团发展的路径。

1.产业协作为核心

（1）立足自身阶段，坚持产业为要

盐城瞄准自身发展阶段，依然坚持以产业尤其战略性新兴产业为发展重点，侧重谋划以产业园区为基础，探索产业为核心融入一体化发展、带动高质量发展的路径。从单方面的"融入"向双向间的"融合"转变，打造长三角先进制造基地、长三角科技成果转化高地、长三角文旅融合样板，打响区域品牌，构建融入长三角一体化的盐城示范模式。

基于发展基础，承接上海、苏南地区科创资源、先进技术、龙头企业、总部经济等要素转移。利用产业基地的区位优势、资源禀赋和产业特色，依托沪苏、常盐、苏盐等合作平台，积极引进上海、苏南地区重点领域的龙头企业来盐投资；对接上海、苏南地区的国家实验室、省级科创平台等重大科技创新载体，打造全方位的创新合作平台；引进上海、苏南地区的先进技术和总部经济、商务金融等，为产业基地的产业高质量发展提供优质配套。

（2）立足区域特征，瞄准产业路径

制定链接区域、增链补链的产业发展策略，一方面承接区域要素转移，探索盐城示范模式，另一方面外引内聚，争取更多资源促进平台升级，充分研判区域产业发展基础与态势，确定融入长三角的"2+2+4"主导产业体系，即新能源、电子信息2个主导产业，高端装备、新材料2个优势产业，以及科教创新、生态文旅、现代物流、都市休闲4个服务业。

（3）细化产业分工，避免无序竞争

明确常州盐城工业园区及大丰经济开发区、南海未来城、便仓镇科教组团等产业主体各自的产业分工，避免低水平重复竞争。

5.产业基地管理模式示意图　7.产业基地空间结构示意图
6.产业基地实施机制示意图　8.盐城主要合作园区分布示意图

领导小组	办公室	工作组
市长三角一体化产业发展基地建设工作领导小组负责统筹协调产业基地开发建设重大政策、重大规划和重要事项	负责贯彻落实领导小组作出的决策部署和明确的工作任务；做好与领导小组成员单位的沟通对接工作，负责研究编排产业基地年度工作计划；协调解决产业基地开发建设中跨部门、跨区域的重点难点问题，督促检查各项工作落实情况	办公室下设综合协调、规划设计、产业发展、开发建设、资金保障5个工作组，承担产业基地开发建设日常工作

5

例会制度	督查推进制度	考核评价制度
每两月召开一次领导小组工作例会；每月召开一次办公室工作例会，落实领导小组工作会议确定事项；各工作组每半月召开一次工作组例会，研究制定工作计划，布置落实工作任务	领导小组办公室对产业基地开发建设重点任务进展情况实行月通报、季督查、年点评制度，督查结果以适当形式通报；各工作组建立重点工作专项督查制度，对产业基地重大项目、重点工程、重要事项和领导交办事项加强跟踪指导，督促工作落实	对各区及园区的开发建设任务完成情况、各相关部门的协调推进及项目服务情况进行考核；采取平时考核和年终考核相结合的方式，将考核结果纳入全市目标任务绩效考核

6

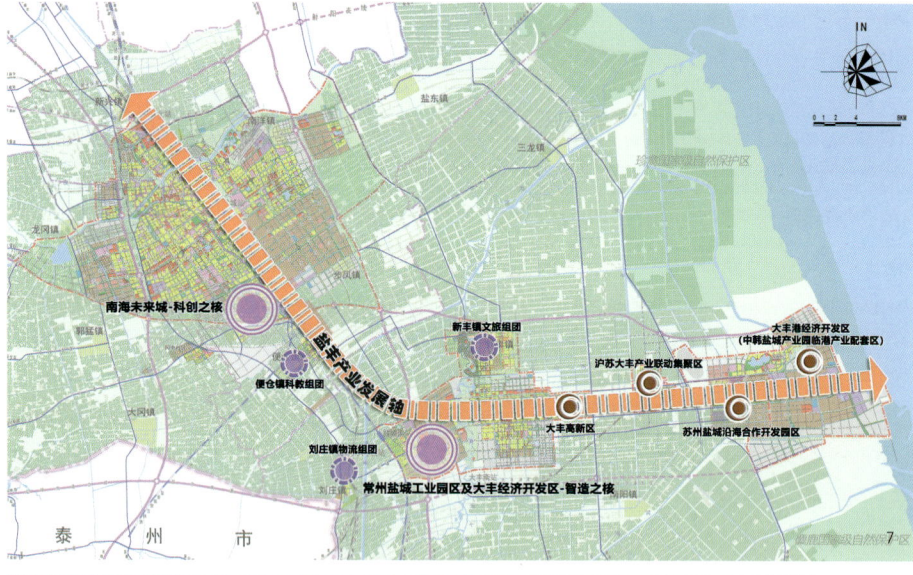

7

8

科创之核重点发展科创孵化、大数据应用、总部办公等产业。智造之核重点发展新能源、电子信息、新能源汽车零部件、高端制造等产业。

便仓科教组团重点发展高等教育、高校科研实验和孵化等产业。刘庄物流组团重点发展生产资料仓储、运输、联运等智慧物流服务产业。新丰文旅组团重点发展生态旅游、文化休闲、康养度假等产业。

大丰高新区重点发展智能终端、研发孵化、数字金融等产业。沪苏集聚区重点发展新能源、新基建和新农业等产业。苏盐园区重点发展新材料、高端装备制造、电子信息等产业。大丰港经开区重点发展新能源装备制造、海上风电、优特钢、石化新材料、专业物流等产业。

2.盐丰一体为框架

（1）搭建两个一体化相辅相成的空间框架

为解决以往合作园区较为偏远、与城市发展方向不契合的问题，本次将盐城融入区域最前沿的区域拿出来作为产业基地进行打造，推动一体化发展与城市发展方向相互促进、融合。以"长三角一体化"吸引高端功能，有效提升盐丰产业、信息、交通、功能联系，带动"盐丰一体化"；以"盐丰一体化"整合各松散的城市组团和产业载体，借助优势区位和合作平台优势，积极融入"长三角一体化"。

（2）搭建高质量的支撑体系行动计划

从交通体系、功能引导、生态格局和资源配给四大方面提出支撑一体化发展的行动计划。

打造交通一体化，以高快一体、枢纽强化、组团链接为策略，构建"四高三快"网络化交通体系，打通盐丰之间南部盐宝金高速，形成"两横两纵"的高速公路网，以盐洛高速、盐宝金高速为"两横"，沈海高速、临海高速为"两纵"，形成贯通港区、融入区域、组团快连的高速公路网。发挥南部邻近长三角核心城市的作用，强化刘庄多种交通方式兼具的优势，打造成为南北转换重要的综合物流枢纽。着力解决制约组团间产业一体化发展的交通瓶颈，拓展盐城快速路网框架，打通盐丰快速路、东环路南延、盐东快速路三条快速路，实现组团"快联通"。

助力功能一体化，以产业体系构建为抓手，谋划核心示范带动、片区互动融合的产业发展空间布局。构建生态一体化，以生态价值分析为基础，差异化引导四条区域性生态廊道的生态修复和开发建设控制。

推动资源一体化，以用地和其他约束性指标为落脚点，按各板块分工，统筹资源分配和供给，优化土地资源配置，加大对产业能耗、排放等指标保障力度。

3.空间整合为抓手

（1）整合提升多个合作园区

盐城原有的各园区发展，空间分散，产业重复严重，整合效率不高。将既有平台予以利用并扩大范围，推动"邻近空间整合"，如大丰港区与苏盐园区整合提升、常盐与大丰开发区整合，并立足盐城苏北平原特征，提出了"一轴双核三组团四园区"的生态开敞空间范式。

（2）统筹谋划周边节点

新丰、刘庄、便仓等作为重要阶段予以统筹谋划、统一定位和布局。新丰作为旅游组团，依托荷兰花海承接长三角地区旅游；刘庄作为物流组团，定位为盐城南物流枢纽；便仓作为科教组团，承担盐城科教功能并吸引长三角相关功能入驻。

（3）优化用地结构，保障产业发展空间

基于新的"产—城—人"关系，以产业发展为核心优化用地结构和产城关系，统筹安排各园区的产业布局和配套设施，提出对各个园区的用地指引要求，明确各园区产城融合要求、产业用地占比、产业用地规模等内容，建立起与产业发展目标和方向相对应的用地布局。

4.协同治理为关键

（1）开放共享、权责清晰的整体架构

建立市级统筹、多方参与的组织架构。加强市级层面对产业基地开发建设的顶层设计和要素保障，以产业基地为统领，以各板块为开发建设主体，采取"领导小组+办公室+工作组"的"三层次"管理模式，破除工作推进中跨部门、跨区域的壁垒。

（2）久久为功、方便落实的实施机制

对涉及产业基地建设的行政审批权下放至产业基地，建立信息共享的大数据平台。建立多项制度保障实施有效落位。以"例会+督查推进+考核"方式，分解工作任务，督促工作落实。细化一体化建设工作要点，明确近期涉及产业发展、基础设施建设、环境整治和风貌提升等51个重大项目和48个重点工程清单。

（3）落实一揽子工具政策

①产业集聚政策。推动高端制造、科教创新、旅游度假、现代物流等优势产业向产业基地转移布局享受支持经开区、高新区发展的相关政策。

②项目招引政策。产业基地内招商引资项目可同时享受市和各区相关招商引资优惠政策。全市各板块招引落户产业基地内的项目或产业基地各片区之间相互招引的项目，相关经济指标考核实行双算。

③土地配置政策。产业基地内的省重大项目用地、省级立项的基础设施项目，按有关规定优先安排用地计划；对产业基地内列入市"两重一实"项目所需建设用地指标，由市级层面统筹保障。

④指标保障政策。加大对产业基地能耗、排放等指标支持力度，对产业基地所需的指标按照市、区共担的原则"戴帽"下达重大项目所需相关指标，在全市总量中调剂保障。

⑤财政扶持政策。支持市属国有平台与各区属投资平台开展投融资合作，拓宽产业基地融资渠道；建立产业基地财政共同投入机制，市区两级共同出资设立开发基金，撬动更多社会资本投入产业基地开发建设。

⑥人才吸引政策。实施"黄海明珠人才计划"，对产业基地内领军人才在购房补贴、项目资助等方面给予重点倾斜；产业基地引进急需的各类人才，提供户籍办理、子女入学、医疗保险、创业投资等方面的"一站式"服务。

⑦设施建设支持政策。支持市属和区属国有平台通过EPC+F等模式参与产业基地内基础设施、工业地产和公共服务设施等建设。

⑧上位争取政策。积极争取省级部门在用地指标计划、资金、信贷等方面给予产业基地特殊政策扶持。

四、展望与思考

盐城代表了空间不相邻、自身仍处于产业集聚阶段的城市，为了实现更高质量的一体化发展，采取了产业为先、协同治理的模式，以此为核心整合了多个园区并搭建了相应的规划框架、治理框架和实施举措。产业基地也成为了盐城近几年最重要的战略和抓手，推动盐城在融入长三角一体化、推动盐丰一体化等方面有了重大突破，支持盐城建设长三角一体化产业发展基地写入2022年省政府工作报告。

迈向更高质量的一体化，单纯的各类空间载体已难以满足要求，亟需在治理体系上打开局面，治理的核心是一种发展权的共享，迈入改革的深水区，这种共享也体现在公共服务的共享共治、港口体系的共建共管、基础设施和生态要素的共同维护等，都需要发展权达成共识并重新界定与分配。这就需要形成一种互相尊重、开放式的架构，规划更重要的在于搭台，在充分了解协作规律的基础上搭台。

作者简介

唐小龙，江苏省规划设计集团城规院规划设计五所副所长，高级城乡规划师，注册城乡规划师。

从"形式美学"到"生态美学"
——基于国土空间规划体系的城市设计理论建构与案例研究

From "Formal Aesthetics" to "Ecological Aesthetics"
—Theoretical Construction and Case Study of Urban Design Based on Territorial Space Planning System

王天奇　魏文琪
Wang Tianqi Wei Wenqi

[摘　要]　生态文明语境下，国土空间规划体系正以统筹全域全要素资源为目标，逐步建立一套依托管控规则运转的规划管理信息平台。相较于信息平台提供的规则性空间产品，城市设计作为描述公众审美的叙事手法，将在提升空间美感和体感上继续发挥作用。但是，与传统城市设计表现出的形式美学特征不同，生态美学引导下的城市设计正从哲学内涵与形式应用上替换原本体现在历史情节、功能主义、人类知觉上的设计重点。据此，本文围绕"实用主义、协同主义与中心主义"三个层面对《国土空间规划城市设计指南》（TD/T 1065—2021）进行解析，从指导思想、编制目的、技术语言等内容提出对其编制的思考转变，以黑龙江省抚远市总体城市设计为例，论述该指南编制思想的必要性与指导性。

[关键词]　形式美学；生态美学；国土空间规划体系；城市设计理论

[Abstract]　In the context of ecological civilization, the territorial spatial planning system is gradually establishing a set of planning and management information platform operating on the basis of control rules, aiming at the overall planning of all elements of resources. Compared with the regular space products provided by the information platform, urban design, as a narrative method to describe the public aesthetic, will continue to play a role in improving the aesthetic and physical sense of space. However, different from the formal aesthetic features of traditional urban design, urban design under the guidance of ecological aesthetics is replacing the original design focus reflected in historical plot, functionalism and human perception from the philosophical connotation and form application. Based on this, this paper analyzes the *Urban Design Guide for Territorial Spatial Planning* (TD/T 1065-2021) from the three aspects of "pragmatism, synergism and centralism", and proposes the thinking transformation of the compilation of the Guide from the contents of guiding ideology, compilation purpose, technical language, etc., taking the overall urban design of Fuyuan City, Heilongjiang Province as an example. This paper discusses the necessity and guidance of compiling the thought of the Guide.

[Keywords]　formal aesthetics; ecological aesthetics; land space planning system; urban design theory

[文章编号]　2024-97-P-090

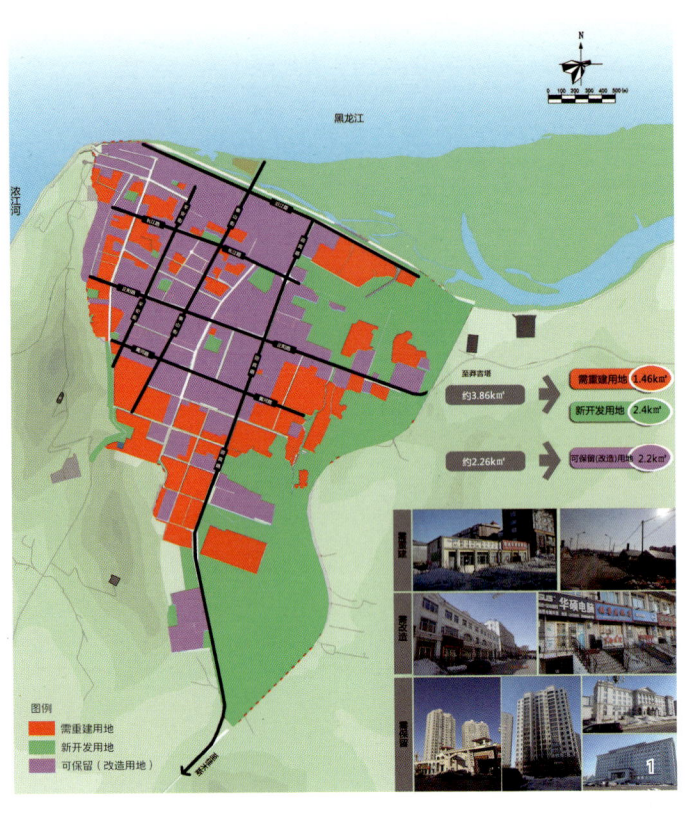

1 抚远片区存量更新研究分析图

一、引言

近年来，国土空间规划已成为深化国家规划体制改革，指导国土空间开发、保护、整治等各类活动的重要抓手。在这样一个全域全覆盖的国土空间规划体系中，规划范围已扩展到与人类活动密切相关的地球表层系统。相较于传统规划将重点放置在城市及与之联系的区域城市化地区，国土空间规划更强调人与自然的耦合关系，二者应作为平等的研究主体进入规划视野[1]。转译至生态文明语境可知，这是将"社会—经济—自然"共同纳入到一个复合共生系统中，人与自然的相互作用体现在物质、精神、制度的各个方面，代表了一个社会文明进步的较高状态[2]。由此演绎出的未来人居环境图景也将以生态美学为审美导向，描绘一幅具有澎湃生命力的人居画面。

为此，针对我国城市空间规划种类繁多、行政管理分割、信息协调不畅的现状[3]，国土空间规划体系正以统筹全域全要素资源为目标，逐步建立一套依托管控规则运转、全国统一实施的规划管理信息平台，通过"总体规划、详细规划、专项规划"三个类别，提供"纵向传导、横向衔接"的规则性空间产品。对此，仍有两项亟待解决的问题需要说明，一是如何实现弹性和刚性的双效管控，指导具体的空间建设；二是在新时代背景下，新的空间建设应如何体现"生态"及其附属的美学内涵。

本文认为，在生态时代来临之际，任何城市空间的营造活动都将成为一种生态建设，城市设计作为一种综合表现手法，不仅要改善城市的物质空间，还应把人的情感方式、生活方式、所思所想加以呈现，从而反映出现代社会精神的理想境界，这种物态表现是对未来图景的最直观描述[4]。本文通过解析《国土空间规划城市设计指南》（TD/T 1065—2021）蕴藏的生态美学思想，试图探讨新时代城市设计应当扮演的角色，围绕"指导思想、编制目的、技术语言"等内容重新搭建城市设计理论应用方向，进而理顺城市设计在法定化的国土空间规划体系中的位置及作用，继续发挥其在空间环境品质方面的提升作用。

二、生态文明语境下城市设计理论的美学思辨

1.从形式美学到生态美学的转变

任何一种审美观念的产生，都必然有其得以自明、得以自立的逻辑支点，也必然有其为阐释自身的合理性而自我设定的阿基米德点[5]。它是逻辑的而非实在的，是意象的而非具象的，是概括的而非单一的。这是美学产生的前提，也是现代科学发展的理论起点。

生态文明语境下，城市美学所代表的内涵与视野已超出"形式美"的范畴。随着全域统筹、全国统一的规划管理信息平台的建立，一种依靠"人—自然—社会"协同发展的管理机制宣告运行，人不得不从更为复杂的巨系统中重新审视城市。这种审美视角的转变，象征着人类中心主义的落幕，城市不再是人类文明的全部载体，而成为"人与自然的中介"。正如海德格尔在其著作《人、诗意地安居》所论述的，"单体房屋、村落和城镇都是建筑作品，它们在其内部和周围聚集了多种形式的空间，建筑物使人们接近了作为居住环境的大地，与此同时又将相邻的房屋置于广阔的天空之下"[6]。由此可知，人与自然动态平衡、和谐一致的诗意状态，便是生态美学成立的"阿基米德点"。

这与国土空间规划的改革思路是高度契合的。从建成区到绿水青山、从城乡二元到全域全覆盖，结合生态美学发展状态，建构并完善符合当代城市发展趋势的城市美学研究体系，既拓展和完善了城市设计理论，又解释和描绘了国土空间体系下的未来人居图景，最终促进人类—自然关系的可持续发展。

2.生态美学对城市设计理论架构的拓展

（1）哲学内涵：从城市伦理到诗意栖居

马克思（Marx）认为生产关系总合构成了某一历史发展阶段的具有独特特征的社会[7]，并将人类社会整合成一个有秩序的意义共同体。而作为承载生产关系的物质空间，城市同样承载了社会伦理的全部资质和取向[8]。据此，空间成为具有伦理意识的人工造物，城市伦理成为保持空间"利""义"均衡的理论批判工具。得益于这种维护"公正"的批判精神，城市设计理论及时发挥了调整规划价值观的作用，在应对20世纪"理性"危机浪潮的过程中，避免工具理性行为全面压倒追求价值、道德的沟通行为，在一定程度上缓和了《雅典宪章》带来的功能分解思想和机械主义倾向。

本文认为，城市伦理及相关理论旨在恢复理性主义对城市社会关系的相对还原，修补城市各组成要素间的有机性，其研究重点集中在对城市内景的审视，而不能作为生态文明背景中万物交互、万物互联的外延支撑。正如国内学者所发出的感叹，"西方城市设计已经无法完整展示中国城市美学"[9]。生态文明背景下的美学理念更强调理性与直觉并重、分析与综合并重的平衡观念，追求一种符合中国文化内涵的未来图景。借用海德格尔的诗意地栖居进行概括，是旨在通过艺术化和诗意化的生活场景来保留个体的自我个性，借助人和自然的持续沟通来抵消工具理性对人的物化，通过感性和理性的交融来抵制城市成为"形而上"的机械载体。

这一思想也暗合中国传统空间审美文化内涵。早在钱学森提出山水城市概念时，针对城市设计的研究便转向文化和美学视角。他认为城市"要有诗情、画意"，要把中国的山水诗词、中国古典园林建筑和中国的山水画融合在一起，强调山水城市不能仅理解为与自然关系的问题，还要融入文化艺术方面的内涵[10]。这便是生态美学在文化、艺术层面进行的哲学拓展。

（2）形式应用：从局部理性到整体协同

近代以来，西方城市美学的理论支撑始终建立在人类中心主义的思想基础上，认为城市是为征服自然和展现人类理性能力的手段所创造的，将"人"作为万物的尺度，将人的利益作为城市设计的出发点和归宿。反映在城市空间领域，则表现为人的主体性意识不断下沉以及人与城市的主客二分。在许多案例中，城市设计只关注城市特定尺度与层次的理性规划，只关注城市环境的视觉效果，基于行政意愿来协调物质安排。最终导致部分设计者不顾地方实际，呈现出生搬硬套的技术倾向，将城市设计视为一种模式化、标准化的技术框架简单移植到千差万别的城市，引发千城一面的问题[11]。

如果说人的审美观念反映了时代精神，那么推动城市美学发展的是整个社会在调整中变革的

2-4 抚远片区存量更新研究分析图

5.抚远片区总平面图
6-7.抚远片区生态视廊研究分析图
8-9.抚远片区滨江沿线建筑高度研究分析图

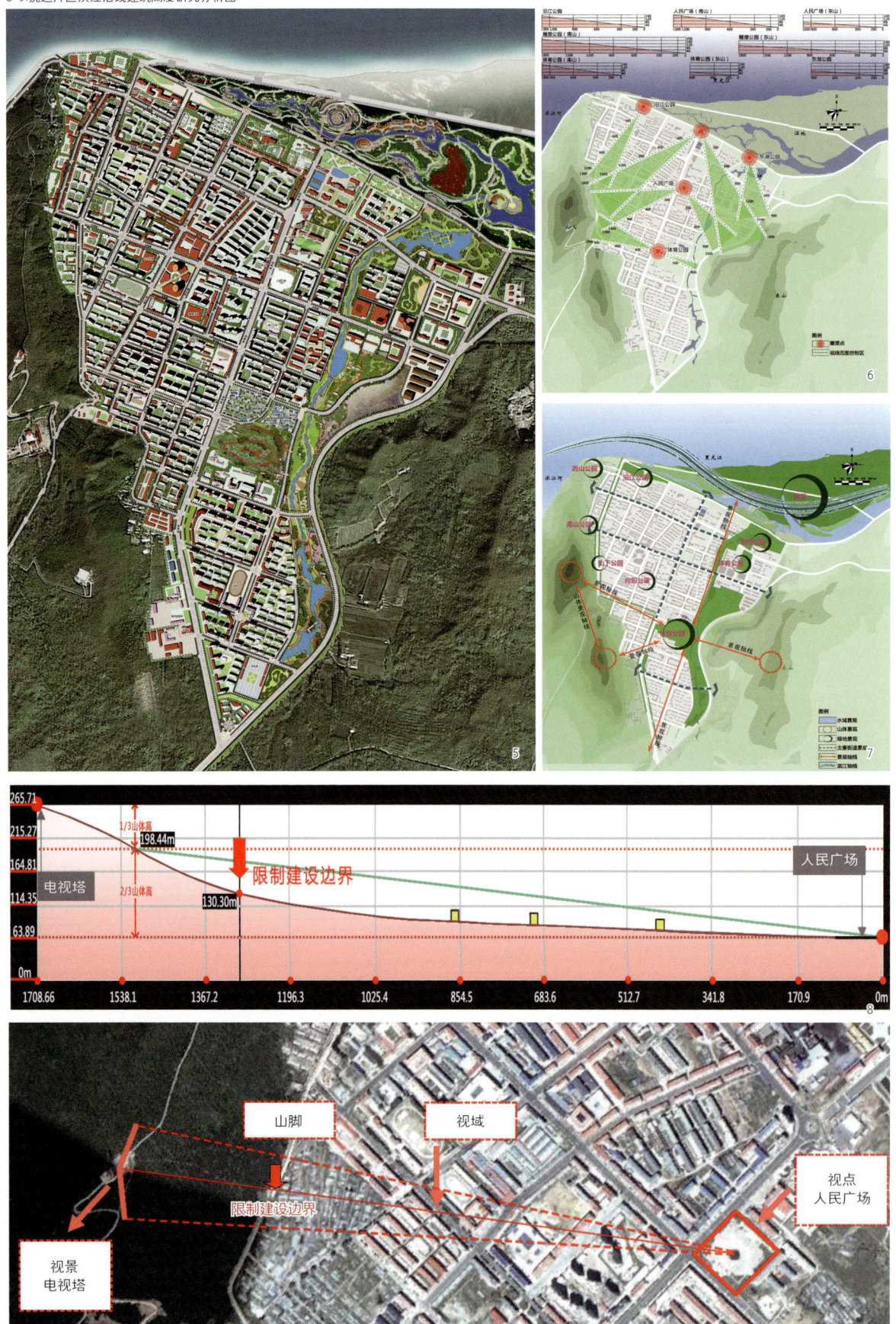

微观征兆[12]。在生态美学观念中，首先要加以否定的是主客二分的模式，设计者不再用俯视视角，而是用平视的目光深切关注人类及其他生物的生命活动，设计也不再是制造引人注目的"焦点空间"，而是对生存环境进行综合考察。其次是要摆脱西方模式的尺度语境，例如以区域、路径、节点等进行美学分析，它在割裂了城市的整体性的同时，根本无法获得"连续的综合印象"，使美的呈现无法跳出"知觉"的低层次[4]。最后要强调的是对"人"的重新认识。人类需要精神上的和谐与完整感，需要借助生存空间的体验来促进自身生命活动的完整和充实。从生态哲学视角来说，这意味着人由"经济人"向"理性生态人"转变[13]。作为研究未来图景的假设参照，"理性生态人"被赋予充分的生态意识与素养，既能对与自己相关的社会行为作出符合生态学的评价，也能够科学地制定符合生态意义的个人生存与发展策略。通过这个过程，人们将越来越深刻地意识到，人类只是更大的整体的一部分，城市也是如此。

三、《国土空间规划城市设计指南》的生态美学内涵

1.《国土空间规划城市设计指南》的编制思考与内涵辨析

面对全新的生态文明语境，相关学者也在不断探索新时期城市设计的自我定位和应用方向。2019年12月，在自然资源部的组织领导下，由东南大学牵头主持编制了《国土空间规划城市设计指南》（以下简称《指南》）。在了解相关编制思想的基础上，本文试图借助生态语境转译《指南》的编制思想，提炼其中的生态美学内涵。

（1）指导思想：基于实用主义的生态化表达

《指南》的编制要明确一个指导思想，即包括城市设计在内的一切城

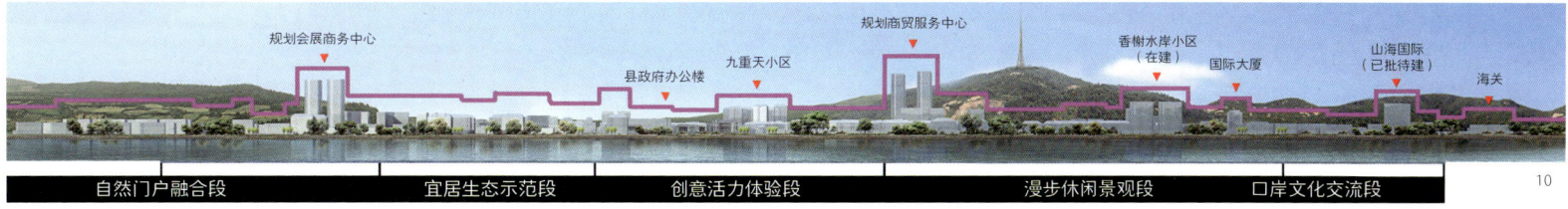

10 抚远片区滨江沿线建筑高度研究分析图

市美的创造，不是设计者主观的、随心所欲的发挥，也不是出于视觉效果而进行的艺术创造。其成果一方面应是物质环境生态化的体现，另一方面则是人的精神世界的生态化显现。

基于这一思想，城市特性不仅能与人的精神通过审美关系合而为一，还能够与更大时空范围内的自然合而为一。这不仅意味着城市设计理论对人的审美心理的认识深化，更意味着人与城市主动破除了主客二分模式，实现了经验与理论的实证统一。基于这种实用主义思想，在城市设计研究范式的宏观层面，城市功能与人的认知情感完成统一，表现为人的审美知觉对城市形象进行整体认识。在中观层面，文化要素与人的意境情感完成统一，表现为空间形态摆脱了设计者的主观臆断，借由人文精神、生活情趣、民族风情等内容进行激发，并与历史、文化、传统等城市精神建立深层次的联系。最后在微观层面，艺术追求与人的理性情感完成统一，表现为通过对城市环境构成要素的感知，主观情感在客观美感的基础上发挥能动的创造力[4]。

可以说，生态美学促使城市设计将有限的精力聚焦在"有用"和"统一"上。因此，《指南》不必追求城市设计自身体系的完整性，更看重城市设计与"五级三类"国土空间规划体系的关系，以充分发挥城市设计对规划编制的支撑作用[14]。

（2）编制目的：依托协同主义的自适应调节

《指南》的编制要进行一场深刻的自我辨析。由于"五级三类"的国土空间规划体系涵盖了全域全要素内容，作为面向国土空间规划体系出台的城市设计行业标准，需要找寻一个理论基础来支撑其在复杂体系中的定位及作用。回溯《指南》编制的核心目的可知，针对国土空间规划在各个编制阶段所产生的规则性空间，都需要通过城市设计的方法来进行品质的提升。

从生态美学视角来看，这从侧面反映出基于城市美学发展的城市设计工作同样具备着某些生态意识特点。例如：在建立研究范式时，设计者在体验、设计、建设、组织、管理等方面的感受都是相互协同的，且存在于研究过程的不同层面和阶段。同样，在与不同时代审美观念的交流中，城市设计始终保持自身的动态演替和适应。由此可知，城市设计所呈现出的生态特征有助于让其在不断完善的国土空间规划体系中实现自动适配，并保持全域全尺度的协同。因此，《指南》将城市设计作为一种思维方式和技术方法，全面介入到国土空间规划的各领域[11]，不仅能从纵向层面保证建成区的品质升级，还能从横向层面实现乡村、跨区域等领域的整体设计。

（3）技术语言：针对中心主义的诗意性消解

综合来看，传统城市设计理论中的人类中心主义思想在与形式美结合后，往往在三个方面进行自我宣传。一是通过某种历史情境、文化片段的延续来强调设计本身的"主题"与"立意"。二是将外观形式提升到不适宜的程度，进而追求一种视觉上的秩序效果。三是借助某种具有指代意义的符号及组合规则，作为设计者传递自身审美知觉、动向与品评的标尺。

对于围绕"主题"建立的中心主义来说，"主题"意味着"主观的合目的性"，要求形式与内容的统一。空间不仅要在"内容"上满足某种故事性，还要在"形式"上强行给出可供解读的序列特征。从围绕"视觉"建立的中心主义来看，形式美学是与数理规律和空间几何秩序完美对应，在透视法的支持下，所有空间结构都指向了视觉中心。一旦信以为真，设计者便失去了真实的体感经验，并将此作为复刻自然的美学标准。最后，对于围绕"符号"建立的中心主义，"符号"是一种由"词汇"及组合规则所构成的指代系统，它是万物显现的方式和根据，暗含着设计者的主观意图。由此，城市美学彻底成为一种信息交流的载体，城市审美活动变为一种破译性活动。

对此，《指南》试图将被"主题""视觉""符号"所遮蔽的生态美学展现出来，在明晰中心主义所建立的美学深度的基础上，探寻生态美学的无限性。它要求设计者首先理解生态美学具有的多维性和整体性，要对人居环境多层级空间特征进行系统性辨识，对自然、文化保护与发展进行整体认识，让观赏者的主体境界与多元环境的艺术深度发生共鸣，进而消除单一主题移植所带来的排斥反应。其次是要求设计者实现更高层次的视觉解放。正如美国城市设计学者埃德蒙·N.培根所言："任何地域规模上的天然地形的形态改变或土地开发，都应进行城市设计。"在生态美学视角中，山水不是物质的山水，城市也不是物质的城市，城市设计未必要给人带来强烈的视觉冲击，西方的几何等比构图也不再适用于中国城市的三远（平、高、深远）写意。设计者要依靠心中的写意抹去视觉上的灭点，进而消解视觉中心代表的人造特权，实现生态与景观、建设与更新、人与自然的和谐统一。最后是要求设计者不再给空间某种预设的意义，而是提供一种解放心灵的"留白"。所谓"留白"，在于整体大于局部，在于虚实相互依存的关系，在于引发审美者的主观能动性，在于非符号化的物态解读[15]。事实上，城市设计的最终意义不是绝对理念的临摹，而是要活生生地使用。当"留白"模糊了城市与乡村的身份标签，居住与生活场所的内在一致性才能在自然层面得到保证，可以预见，生态美学的发展必将促使城市设计观念与创作手法的返璞归真与灵活多元，进而达到一种"诗、画、景观、城市"于一体的心游之境[9]。

2.《指南》的编制作用与指导意义

生态文明语境下，《指南》的编制创作饱含着对"人与自然"关系的重新认识、对"功利主义"的纠正、对"技术"的反思。通过分析新时期城市设计的生态美学内涵，来扩展设计者的观察视野和感知能力，保障人的情感与空间的有机统一，最终在两方面提供现实指导意义。

一是给出一个层级递进的统一框架。依托国土空间规划体系所搭建的全流程、全要素、全领域的"多规合一"规划管理信息平台，《指南》将传统城市设计在"总体—区段—地块—专项"等层面的设计内容进行重新拆解和整合，构建了一套依托"五级三类"规划编制体系并桥接用途管制程序的城市设计运行参考框架[14]。该框架建立了城市设计与国土空间规划的衔接机制，确保美学思想与制度内涵的统一、融合。

二是提供一个包容多元的设计对象。《指南》构建了跨区域、市县域、中心城区和乡村4个层面，将城镇、乡村以及山水林田湖草沙生命共同体全部列入设计清单。除了"城市风貌特色""自然山水格局""城市形态格局""公共空间体系"等传统编制要求，《指南》还针对生态景观与农田景观的塑造与保护、绿色开放空间以及人工建造物的协调内容提出指导意见，通过更加包容的设计态度，体现出生态美学观念中"万物共生"的"和谐"向度。

四、《抚远市总体城市设计》的前瞻性实践

在多年的城市设计实践过程中，黑龙江省各地市主管部门及规划编制单位也在积极探索城市设计的内涵与外延。以《抚远市总体城市设计》为例，该项目在《城市设计管理办法》的指导下，对抚远市新一轮城市总体规划及政府工作重点进行深入解读，将抚远总体规划宏观的管理要求转换为具体的地块建设管理指标，使规划编制及规划管理与城市土地开发建设衔接，确保城市总体规划的贯彻实施。本文认为，结合省国土空间规划编制情况可知，该规划针对抚远市主要区域的相互关系、结构形态、空间风貌、管控传导，进行了层次化、系统化和整体化的协调安排，力图实现保护自然山水格局、管控城镇空间开发建设、提升人居环境质量的目标。在此过程中，编制团队已在逐步探索中向《指南》思想靠拢，具体表现在三个方面。

1.针对实用主义：强调多维度的成果传导与管控

《抚远市总体城市设计》立足于城市建设管理的客观需要，在"战略化、整体化、控制化"等思想的指导下，强调将总体规划、总体城市设计、控制性详细规划在垂直管控系统上进行紧密衔接，在宏观层面落实总体规划提出的功能定位，强化总体空间结构，落实用地布局；在实践层面，强调将控规成果进行整合，编制了生态规划、景观风貌、城市色彩等专篇内容。同时，在控制导则中，明确总体定位、天际线、建筑风格、材质、高度、第五立面等内容的管控要求，落实控制指标，辅助城市开发建设。

2.针对协同主义：推进多区域的设计统筹与衔接

《抚远市总体城市设计》将行政辖区内的"一岛三片区"作为研究范围，其中一岛为黑瞎子岛，三片区为抚远片区、莽吉塔片区、东极小镇片区。针对不同区域的职能特征和发展特点进行统筹规划，挖掘黑瞎子岛生态优势和地理区位，打造以生态旅游、对俄贸易和口岸通道为主的特色岛；发挥抚远片区的资源本底和综合基础，建设综合性服务基地和国际商贸旅游城；提升莽吉塔片区的交通条件，搭建以现代物流、临港经济为主的产业聚集区；在此基础上，赋予东极小镇片区服务职能，建设集文化交流、休闲娱乐于一体的服务型小镇。

除了差异化调整，各区之间也在建立协同联系。基于抚远市对自身产业升级和转型的发展要求，本轮规划将莽吉塔片区作为新型城镇化过程中的承接区，助力其他片区城镇人口的过渡和疏导。围绕国家级自然保护区的生态优势以及对俄贸易的基础条件，打造黑瞎子岛中俄国际合作示范区。同时为满足岛上贸易、旅游人群的生活需求，在黑瞎子岛南侧打造东极小镇，作为经贸往来的中转服务地。

3.针对中心主义：尝试多角度的空间组织与疏导

《抚远市总体城市设计》在梳理城市格局发展的历史脉络后指出，抚远城市的空间结构和形态格局伴随着各类服务中心的变迁而面临新一轮调整。与以往不同，本次规划尝试从存量更新、模型测算、视觉感知等多角度入手，促进基于价值观的设计创意与多源数据在长效管理导控量化基础上的有机结合，使城市设计成果更加科学有效[16]。

五、结论与展望——面向生态文明的图景转译

当前，讨论城市设计的美学内涵及实践意义，其目的不仅仅是促进城市物质空间与景观环境的塑造，还在于人类自我认知能力的提高与精神世界的完善。对于生态文明而言，城市提升的立足点不是试图去保护自然，而是找到一种可持续的处理人的介入的方法，并以简单、高效的方式来解决人的需求。因此，"整体的和谐"才是生态城市建设的终极目标，其作为审美对象更多发挥一种"中介"的作用，用于兼顾"社会、经济和环境"三者的整体效益。

据此，本文在梳理城市美学研究的逻辑起点的基础上认为，当设计者采用生态美学视角建设城市时，更强调在"整体布局、生态系统、历史文脉、功能组织、风貌特色、公共空间"等方面达成和谐的共识。由此展开，生态美学下的未来图景便有了更清晰的画面，当"中心与灭点"被"诗意与写意"所消解，当"理性与机械的解构"被"文化与意境的渲染"所代替，当"经济理性"被"生态自觉"所转换，城市才会真正成为人类诗意聚居的"家园"。

参考文献

[1]李强, 邵丹丹, 张鲸, 等. 论生态文明时代国土空间规划的对象[J]. 城市发展研究, 2023, 30(4): 1-8.

[2]胡娟, 谭悦, 王刚, 等. 生态文明理论指导下的城乡规划与人文地理的教学融合研究[J]. 城市发展研究, 2019, 26(2): 45-50+56.

[3]苏文松, 徐振强, 谢伊羚. 我国"三规合一"的理论实践与推进"多规融合"的政策建议[J]. 城市规划学刊, 2014(6): 85-89.

[4]李哲. 生态城市美学的理论建构与应用性前景研究[D]. 天津: 天津大学, 2007.

[5]潘知常. 美学的边缘——在阐释中理解当代审美观念[M]. 上海: 上海人民出版社, 1998.

[6]海德格尔. 人、诗意地安居[M]. 郜元宝, 译. 桂林: 广西师范大学出版社, 2000.

[7]马克思,恩格斯.马克思恩格斯全集（第三卷）[M].北京: 人民出版社,1960.

[8]唐代兴. 城市及城市化的伦理问题[J]. 中国名城, 2017(4): 4-10.

[9]陶涛, 刘泉. 为何西方城市设计无法完整展示中国城市美学——山水诗画视角下的三个问题分析[J].城市规划, 2023, 47(4): 79-85.

[10]鲍世行, 吴江宇. 钱学森论山水城市[M]. 北京: 中国建筑工业出版社, 2010.

[11]段进, 兰文龙. 总体城市设计的制度建构与实践考察: 核心内容与关键要素[J]. 规划师, 2023, 39(6): 5-10.

[12]刘成纪. 物象美学: 自然的再发现[M]. 郑州: 郑州大学出版社, 2002.

[13]徐嵩龄. 环境伦理学进展:评论与阐释[M]. 北京: 社会科学文献出版社, 1999.

[14]段进, 殷铭, 兰文龙. 中国城市设计发展与《国土空间规划城市设计指南》的制定[J]. 城市规划学刊, 2022(5): 24-28.

[15]左为.城市规划的"留白"之道[J].城市规划, 2018, 42(1): 83-91.

[16]杨一帆, 邓东, 肖礼军, 等. 大尺度城市设计定量方法与技术初探——以"苏州市总体城市设计"为例[J].城市规划, 2010, 34(5): 88-91.

作者简介

王天奇，黑龙江省城市规划勘测设计研究院所长助理，工程师；

魏文琪，黑龙江省城市规划勘测设计研究院所长，高级工程师。

面向京津冀协同发展的多维指标评价体系的构建与研究

Construction and Research of a Multi-dimensional Index Evaluation System for the Coordinated Development of Beijing-Tianjin-Hebei

吴 娟 杨慧萌
Wu Juan Yang Huimeng

[摘 要] 2014年，京津冀协同发展上升为重大国家战略。十年来，三地通过整体谋划在协同发展方面取得了显著成效。但与世界级城市群相比，京津冀依然面临城市群内各城市间协同度不高、发展不均衡、不充分等问题。本研究细化研究颗粒度，将北京16区、天津16区、河北13地级市（含2个省辖县级市），共45个同一行政级别的区（市）作为研究主体，增强研究结果的指导意义。借鉴国内外主流城市发展实力的指数研究经验，通过从数十项指标中进行筛选、寻找共性，综合考虑京津冀城镇群具体发展特点，构建涵盖"经济实力、科技创新、宜居生活"3大维度（一级指标）、9个二级指标，以及12项三级指标的多维度评价的京津冀城市指数（BTHI）三级指标体系。通过对研究结果的剖析，帮助三省市各区域明晰其在区域内的优劣势及发展地位，促进各区域在未来发展中明优势、补短板，提高区域发展的均衡水平，以推动京津冀协同不断向纵深发展。

[关键词] 京津冀；协同发展；指标体系；城市群

[Abstract] In 2014, the coordinated development of Beijing-Tianjin-Hebei was elevated to a major national strategy. Over the past decade, the three regions have achieved remarkable results in coordinated development through overall planning. However, compared with world-class urban agglomerations, Beijing-Tianjin-Hebei still faces problems such as low degree of coordination among cities in the urban agglomeration, and unbalanced and insufficient development. The research subjects are 45 districts (cities) at the same administrative level. Among them, there are 16 districts of Beijing, 16 districts of Tianjin, 13 prefecture-level cities in Hebei (including 2 county-level cities under the jurisdiction of the province). Drawing on the experience of index research on the development strength of mainstream cities, by screening and finding commonalities from dozens of indicators, and comprehensively considering the specific development characteristics of the Beijing-Tianjin-Hebei urban agglomeration, the third-level index system of the Beijing-Tianjin-Hebei City Index (BTHI) covering three dimensions of "economic strength, technological innovation and livable life" was constructed. The analysis of the research results helps three regions and cities to clarify their advantages and disadvantages and development status in the urban agglomeration region, promote the advantages and shortcomings of each region in future development, and improve the balanced level of regional development, so as to promote coordinated development of the Beijing-Tianjin-Hebei region.

[Keywords] Beijing-Tianjin-Hebei region; coordinated development; indication system; urban agglomeration

[文章编号] 2024-97-P-095

一、背景概述

1.历史渊源深厚

京津冀城市群包括两市一省（北京市、天津市、河北省）共43个区（市），总面积达21.8万km²，总人口约1.1亿人，占中国总人口数量十四分之一。京津冀地区古为幽燕、燕赵，历元明清三朝八百余年本为一家，地缘相接、人缘相亲、地域一体、文化一脉。

2.国家重大战略区域

京津冀协同发展是习近平总书记亲自谋划、亲自部署、亲自推动的区域重大战略，是十八大以来的第一个重大区域发展战略。自2014年京津冀协同发展上升为重大国家战略，十年来，三地通过整体谋划、一体发展，在规划政策框架搭建、非首都功能疏解、重点区域高质量发展等领域实现了率先突破，谱写了区域协同发展、共建共享的时代新篇章。

3.社会经济发展举足轻重

2023年，京津冀城市群总人口约1.1亿人，占中国总人口数量十四分之一；京津冀地区生产总值合计10.4万亿元，占全国生产总值（126.06万亿元）的8.25%。

（1）人口发展现状

分省（市）来看，北京市常住人口2188.6万人，城镇化率为87.6%；天津市常住人口总量1386.60万人，城镇化率为85.11%；河北省常住总人口7461万人，城镇化率为61.66%。

分市（区）来看，河北省石家庄市人口最多，为1122.35万人，其次为邯郸市941.4万人，保定市以微小差距位居第三，人口数量914.4万人，人口规模最低的北京市延庆区，仅为34.5万人。将北京市和天津市人口规模进行对比，北京市共有九个区人口超过百万，其中最高的朝阳区人口为344.2万人；天津市共有三个区人口超百万，最高的为滨海新区，人口为202.38万人。

（2）经济发展现状

2023年，京津冀地区生产总值合计10.4万亿元，占全国生产总值（126.06万亿元）的8.25%。北京虽在占地面积上远不及河北省，但在生产总值上却可以和河北省比肩，分别为4.38万亿元和4.39万亿元，均跨越4万亿元量级；天津生产总值则为1.67万亿元。

分市（区）来看，北京市海淀区经济总量最高，达10206.86亿元，其次为河北省唐山市，经济总量为8900.70亿元，北京市朝阳区位居第三，经济总量7911.17亿元。值得注意的是：在天津市各区中，唯有滨海新区的经济总量较高，达到了约7000亿元。而其余各区均低于京津冀经济总量平均值，其中红桥区的GDP最低，仅为180.77亿元。

京津冀地区人均生产总值为9.12万元/人，略高于全国人均生产总值（8.57万元/人）。从京津冀三省市看，北京市人均GDP最高，为19.03万元/人，天津市人均GDP次之，为11.92万元/人，河北省人均GDP最低，为5.7万元/人，可见三省市人均GDP差异较大。在空间上呈现出"内高外低"态势，与GDP总量分布相反。

分市（区）看，北京市内部发展差异巨大，部分强区堪称中国的"天花板"，而最弱的区放在全国范围则是平平无奇，人均GDP最高的西城区高达51.81万元/人，是最低的大兴区的9.4倍，大兴区人均GDP不仅低于全国均值，也低于中西部很多城市；值得注意的是，北京16区中只有9个区高于全国平均水平8.57万元/人，其余各区均低于全国平均水平。在天津市各区中，人均GDP最高的为滨海新区，达34.49万元/人，其次为和平区（20.05万元/人）、河西区（14.05万元/人），而其余13个区人均GDP均低于全

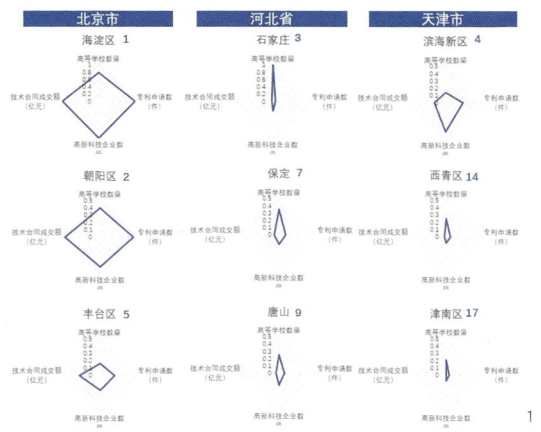
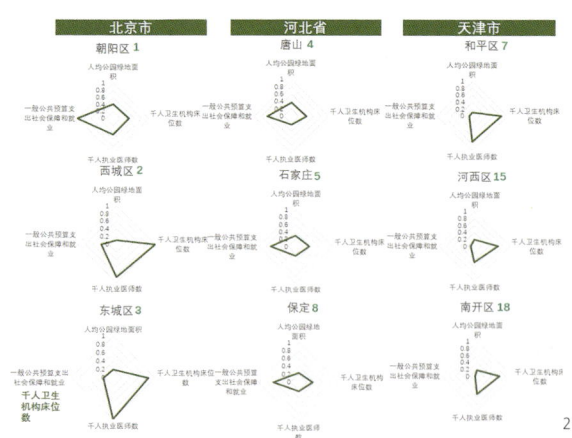

1. 京津冀区域科技创新指数分布图及维度分析图
2. 京津冀区域宜居生活指数分布图及维度分析图

国均值。其中蓟州区的人均GDP最低，仅为3.54万元/人。河北省人均GDP最高的为唐山市11.55万元/人，其余各市均低于全国均值，最低的邢台市人均GDP为3.61万元/人。

二、研究思路

当前，城市发展实力的指数研究属于新兴领域，国际上较为权威的有：英国GaWC"全球城市排行榜"、美国Kearney"全球城市指数"等，分别从可持续发展、宜居、创新等方面客观展现不同城市或区域的发展现状、自身优劣势，以及未来发展潜力等，成为城市发展的重要指引。借鉴国内外主流榜单经验，本研究通过从数十项指标中进行筛选、寻找共性，综合考虑京津冀城镇群具体发展特点，构建多维度评价的京津冀城市指数（BTHI）三级指标体系。该指标体系具体涵盖"经济实力、科技创新、宜居生活"3大维度（一级指标）、9个二级指标，以及12项三级指标（表1）。

为增强研究结果的指导性，细化研究颗粒度，本文将北京16区、天津16区、河北13地级市（含2个省辖县级市），共45个同一行政级别的区（市）作为研究主体。为保证数据的真实性、可比性和可获取性，所有数据均来自各省市统计年鉴、年度政府工作报告、国民经济与社会发展统计公报等官方对外公布数据。

借鉴统计学层次分析法、Min-Max数据标准化法等，明确数据指标运算方法，增强其科学性与客观性。

三、体系评价

1.经济实力指数评价

从数据结果分析，区域间差距明显：前十名以北京市中心城区内的海淀区、西城区、朝阳区、东城区经济实力最强；其次是河北省的唐山市、天津滨海新区，由于整体用地规模较大，经济体量较大，排名靠前；再有就是大兴、丰台、廊坊等环首都核心地区，经济实力较强。

借鉴统计学理论分析，京津冀区域整体数据平均数明显高于中位数，呈典型负偏态分布，说明京津冀区域内各区域经济实力悬殊，且位于前部的区域数量较少，位于后部的区域数量众多，呈现出"头小尾大"的分布格局，说明区域内发展不均衡问题突出。

2.科技创新指数评价

在科技创新领域，北京市的海淀区遥遥领先，表现出极强的创新实力。借鉴城市群首位度理论分析，二城市首位度为2.13，十一城市首位度为0.91，说明京津冀区域在科技创新领域"单核"发展态势明显，存在资源过度集中，发展不均衡问题。此外，前十名中包括北京朝阳区、河北省石家庄市、天津滨海新区等。从三省市总体排名分布来看，北京整体科技创新实力强劲，前十、前二十排名中，均占一半席位。

借鉴统计学理论分析，京津冀科技创新指数与经济实力指数情况类似，平均数明显高于中位数，各区域指数数据呈负偏态分布，说明京津冀区域内各区域科技创新能力差距较大，且位于前部的区域数量较少，位于后部的区域数量众多，呈现出"头小尾大"的总体分布格局。

3.宜居生活指数评价

宜居生活方面，北京市的朝阳区、西城区、东城区综合指标较高，排名前三位；此外，河北的唐山、石家庄、保定、邢台均位列前十；而天津仅和平区跻身前十。借鉴统计学理论分析，京津冀宜居生活指数中位数略低于平均数，两者极为接近，说明基本呈正态分布，表示京津冀内各区域总体宜居生活水平分布较为均质，差距均衡。

4.综合评价：京津冀城市指数（BTHI）总指标评价

综合上述经济实力指数、科技创新指数和宜居

表1　京津冀城市指数（BTHI）一览表

一级指标	二级指标	三级指标	指标选取意义
经济实力	GDP水平	GDP	反映地区经济状况和发展水平
		人均GDP	反映人民生活水平标准
	财政水平	一般公共预算收支总额	反映地区可支配财力情况
	人民收入水平	城镇居民可支配收入	反映地区居民的消费能力
科技创新	高等教育	高等学校数量	反映地区科学创新实力
	高新企业	高新科技企业数量	反映地区应用型创新能力
	成果转化	专利申请数	反映地区创新在应用转化能力
		技术合同成交额	反映地区创新产出能力
宜居生活	生态水平	人均公园绿地面积	反映地区公园绿化水平
	医疗水平	千人卫生机构床位数	反映地区医疗卫生设施水平
		千人执业医师数	反映地区医疗卫生服务能力
	财政支持	一般公共预算社会保障和就业支出	反映地区政府在社会保障等方面的财政实力

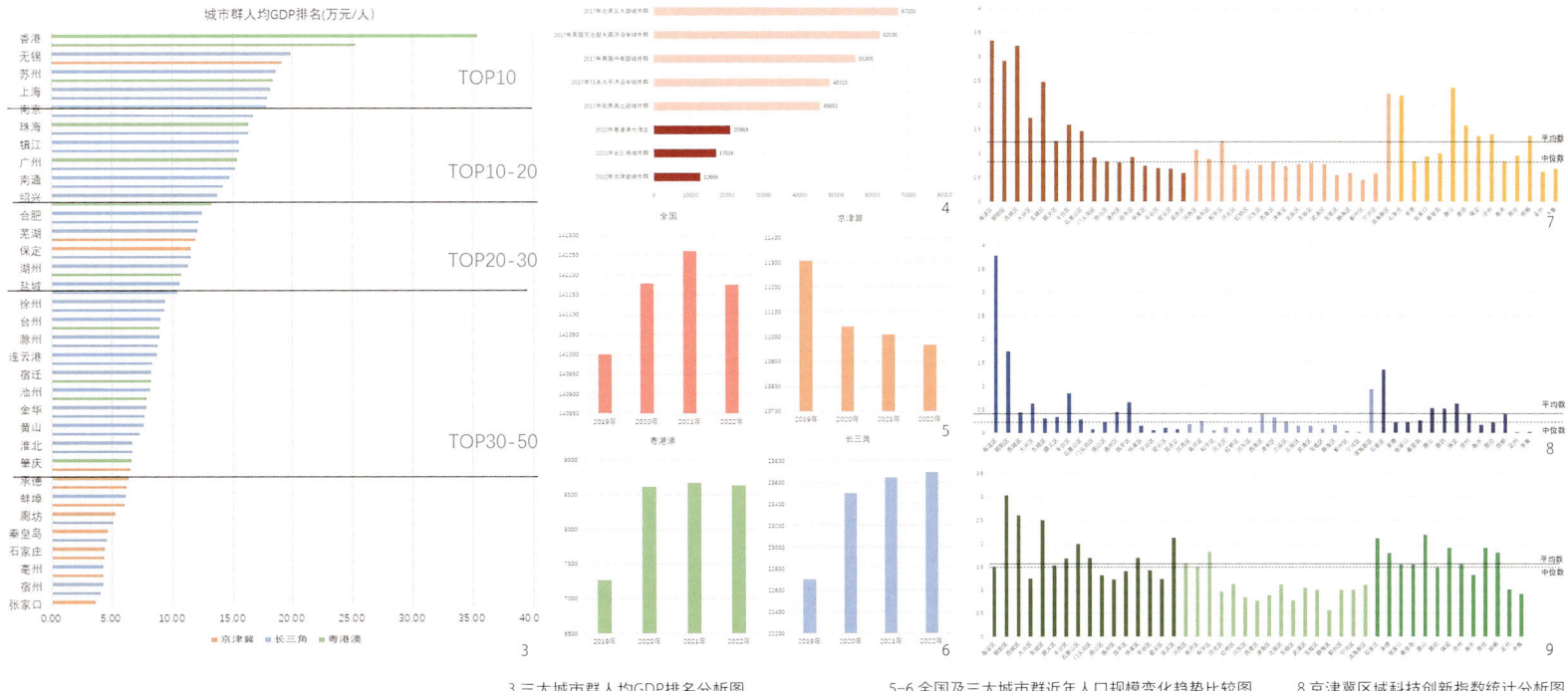

3.三大城市群人均GDP排名分析图
4.世界级城市群人均GDP对比分析图（美元/人）
5-6.全国及三大城市群近年人口规模变化趋势比较图
7.京津冀区域经济实力指数统计分析图
8.京津冀区域科技创新指数统计分析图
9.京津冀区域宜居生活指数统计分析图

生活指数，汇总形成京津冀城市指数（BTHI）总指标。从评价结果来看，北京的海淀区、朝阳区、西城区位列前三名；河北省的石家庄、唐山、保定位于前十名内；天津仅有滨海新区跻进前十。而天津的静海、蓟州、宁河、宝坻、东丽、河东、武清、河北均位列排名的后十名。对京津冀3省（市）45市（区）城市指数分析，平均数高于中位数，呈负偏态分布，说明京津冀区域内各区域整体发展水平差距较大，且位于前部的区域数量较少，位于后部的区域数量众多，呈现出"头小尾大"的分布格局，城市间发展的不均衡问题突出。

四、启示

1.整体经济体量尚有较大差距

对标世界级城市群发展目标，目前京津冀在整体经济发展水平上差距甚大。甚至与国内的长三角、粤港澳相比，在GDP总量上差距明显：京津冀GDP不及长三角GDP的三分之一。特别是第二产业，京津冀产值为2.97万亿元，仅为长三角的25%，粤港澳的65%；而京津冀第三产业产值也远低于长三角和粤港澳，其产值为6.58万亿元，是长三角的41%，粤港澳的77%。

京津冀地区人均GDP为9.12万元/人，略高于全国水平（8.57万元/人），与长三角、粤港澳有较大差距，与世界级城市群差距更为明显，甚至不及2017年北美五大湖城市群人均GDP的1/5。与全国平均水平相比，除了北京市区的西城、东城、海淀等区人均GDP较高外，京津冀区域内有将近70%的市（区）区域人均GDP水平低于全国均值，其中，天津约有80%的区域低于全国均值，河北除唐山外，其余均低于全国均值，与世界级城市群目标差距较大。

2.区域发展不均衡问题

从评价指标的结果来看，京津冀区域具有明显的空间分异性有核心高、外围中、东部低的空间特点。其中，北京整体指标水平较高，特别是位于中心的海淀区、朝阳区、西城区数据指标遥遥领先。外围河北省各地级市，由于整体用地规模较大，在一些总量规模绝对值指标上，具有一定的优势，因此，总体指标水平也较高，特别是石家庄、唐山、保定，区域总排名中，位列前十。而天津市，在区域比较看，整体指标水平较低。

具体分析经济实力、科技创新、生态宜居三个方面，北京市在三个方面指标水平都较高，而天津落后的原因，主要是由生态宜居指标造成的，其余在经济实力和科技创新方面仍具有一定的优势。

此外，对比三大城市群，通过各城市人均GDP整体排名，发现长三角和粤港澳的城镇相对均质分布在各个梯队中。反观京津冀，前十名中只有北京一个城市上榜，而后十名的城市中京津冀占领半壁江山，反映出城市群发展不均衡问题明显。

从京津冀城市群内部看，三省市45市（区）城市指数排名均为负偏态分布，区域内北京独大，大中城市偏少，城市规模结构"断档"问题突出，反映出城镇群存在发展不均衡问题。

3.整体发展态势不容乐观

对比三大城市群，从近年人口变化趋势来看，长三角与粤港澳人口变化趋势与全国相近，而京津冀却明显呈连续负增长态势，8年内常住人口净流出约440万人，可见京津冀人口流出问题严重，近年来城市群吸引力明显不足。

从近十年京津冀区域经济发展态势来看，京津冀城市群的经济总量虽保持增长趋势，且快于全国平均水平，但增长有所放缓，特别是近几年，经济增长疲软，30个市区经济正增长，而有13个市区则为经济负增长，增速慢于长三角城市群。从近年来人均GDP增速来看，与全国人均GDP相比，京津冀人均GDP逐年接近全国平均水平，发展优势逐渐减弱，其增速慢于长三角，略快于粤港澳，说明地区发展的内生动力不足，在全国的发展地位逐步下降。

作者简介

吴娟，天津市城市规划设计研究总院有限公司高级规划师；

杨慧萌，天津市城市规划设计研究总院有限公司高级规划师。

面向高质量发展的黑龙江省资源型城市韧性调控策略
Resilience Regulation Strategies for Resource-Based Cities in Heilongjiang Province Facing High-Quality Development

谭卓琳 陆 明 董 慰 董 宇
Tan Zhuolin　Lu Ming　Dong Wei　Dong Yu

[摘　要]　资源型城市转型是国家高质量发展的重要战略部署之一，而黑龙江省资源型城市在转型过程中陷入瓶颈期。本研究以解决黑龙江省资源型城市转型困境为出发点，通过大量现状分析和实地调研，明确黑龙江省资源型城市发展问题；继而面向当前黑龙江省现行规划及高质量发展要求，提出分类型的韧性规划调控策略，以期为深化黑龙江省资源型城市的高质量发展转型起到现实推动作用。

[关键词]　高质量发展；城市韧性；资源型城市；黑龙江省

[Abstract]　The transformation of resource-based cities is one of the important strategic arrangements for the high-quality development of the country, but the resource-based cities in Heilongjiang Province have fallen into a bottleneck period during the transformation process. The purpose of this study is to solve the transformation dilemma of resource-based cities in Heilongjiang Province. Firstly, through a large number of current situation analyses and field investigations, this paper clarifies the development problems of resource-based cities in Heilongjiang Province. Then, according to the current planning and high-quality development requirements of Heilongjiang Province, this paper puts forward the regulation strategy of resilience planning by types. It is expected to play a realistic role in promoting the transformation of high-quality development of resource-based cities in Heilongjiang Province.

[Keywords]　high quality development; urban resilience; resource-based cities; Heilongjiang Province

[文章编号]　2024-97-P-098

一、引言

资源型城市转型是国家高质量发展的重要战略部署之一，国家发改委印发了《"十四五"支持老工业城市和资源型城市产业转型升级示范区高质量发展实施方案》，要求资源型城市持续推进产业结构调整、推动高质量发展[1]。然而，黑龙江省资源型城市在转型过程中陷入困境，如何在解决转型问题的同时推动城市高质量发展，是目前亟需面对的议题。在演进韧性视角下城市韧性是系统在遇到扰动时抵御、转化并适应的动态过程，并形成周期性的适应性循环框架[2]。同样，资源型城市发展具有明确的阶段式生命周期发展过程。因此，韧性作为一种长期的、周期性的扰动应对能力，可以适应资源型城市阶段性生命周期发展规律，能够成为支持资源型城市高质量发展的新途径与新方法。

二、黑龙江省资源型城市发展问题

黑龙江省随着新中国成立初期国家重点项目的不断发展，逐渐形成了围绕煤炭、石油、森林资源开发和经营的资源型城市，并逐渐成为我国重要的森林木材加工以及煤炭和石油能源工业基地，为国家"一五""二五"规划时期的基础设施建设和社会经济发展奠定了重要的资源保障。然而，黑龙江省资源型城市经过长期对不可再生资源的无节制开采与加工后，自然资源出现枯竭迹象，资源开采周期也开始缩短，出现了主导产业衰退、经济下行的困境。伴随着后期市场化改革和可持续发展政策限制的双重压力，黑龙江省资源型城市的各方面发展均面临严峻挑战。在国务院发布的《全国资源型城市可持续发展规划2013—2020年》[3]中明确了位于黑龙江省内的9个地级行政区为资源型城市，其中，伊春市、鹤岗市、双鸭山市、七台河市和大兴安岭地区为枯竭型城市，黑河、鸡西市、大庆市、牡丹江市为成熟型城市。上述9个黑龙江省资源型城市土地总面积约30万km²，占黑龙江省域土地面积的62.2%；人口数量总计为1325.3万人，占当年全省总人口数量的37.1%；地区生产总值总计为6603.9亿元，占当年全省的40.4%；综合能源消耗量总计为3574.7万吨标准煤，占当年全省的68.7%。本研究结合实地调研、网络报道及统计数据对各方面的黑龙江省资源型城市发展问题进行具体分析。

1.产业结构及经济发展问题

黑龙江省资源型城市产业构成中第二产业占比重大，约占国民生产总值的60%至70%，其中，大庆市第二产业最高占比曾高达82.2%。黑龙江省资源型产业大多为国有经济，如鹤岗、大庆、黑河市的公有制经济所占比最高曾达到了71.7%、76.4%和74.1%[4]。其中大部分产值来自"四大煤矿""大庆油田""森工集团"等国家大型资源企业。然而，近年来可开采资源的枯竭及可持续发展政策的限制，使得黑龙江省资源型产业急速衰退。鸡西、鹤岗、双鸭山、七台河4个国有重点煤矿在濒临破产情况下进行了重组，合并为龙煤集团。然而，由于长期的亏损导致煤矿破产经费缺口较大，龙煤集团一直处于亏损状态。2013年，龙煤集团整体亏损23.4亿元，其资产负债率超过了80%，大幅超过国内规模以上煤炭企业平均64.9%的负债水平。主导资源型产业的衰退导致黑龙江省整体经济开始出现下行趋势。2019年，黑龙江省的GDP总量在全国34个省级行政区中排第28名。其中，鸡西、伊春、鹤岗和七台河的GDP总量在全国297个地级市排名分别为276、288、289和292名。

2.人口及社会发展问题

黑龙江省资源型城市持续的经济下行随之而来的是大量的人口流失。2010—2020年的10年间黑龙江省人口流失高达646.39万，降幅16.87%。"十二五"规划期间黑龙江省总人口年均增长率为-0.34%，自2015年以后逐年自然增长率均为负增长。其中，双鸭山市在2017年更是出现了-14.69%的极低值。

黑龙江省资源型城市在国企改革相关政策实施后，由于城市经济结构发生了巨大转变，围绕"资源开发—生产生活"的城市二元社会结构也开始转变。但黑龙江省资源型企业的市场经济转型并不成功，大型国有企业的衰退和破产导致大量职工下岗。其中，由于龙煤集团企业亏损严重，黑龙江省煤炭型企业职工出现缓发、减发、欠发职工工资的情况；黑龙江省森工集团共计38.2万名职工下岗，职工年平均工资为2489元，累计拖欠职工工资14亿元。

3.自然资源及环境发展问题

无节制的资源开采使黑龙江省资源型城市产生了严重的生态环境问题。一方面，煤炭型城市和石油型城市由于过度矿产开采，形成大面积的地下采空区，继而形成地面塌陷和地面沉降等地质灾害。2007年，双鸭山市矿区地面塌陷区域共计38处，矿山采空区总面积为91.59km²，其中已造成地表塌陷区域的面积为80.52km²，占采空区面积的87.91%，塌陷区平均深度约4.8m，塌陷坑最深可达11.2m[5]；林业型城市由于大范围的森林采伐，裸露的地表使得水土流失问题严峻。2005年，黑龙江土壤侵蚀面积为4.47万km²，占总面积的37.9%[6]。此外，不恰当的资源加工方式也带来了大量工业废水、气体和不透水下垫面，进一步加剧了区域生态环境的恶化。

另一方面，黑龙江省资源型城市发展初期以资源产业为主导的城市建设用地开发建设方式对城市空间布局的安全性和合理性缺乏一定的考虑。为方便开展资源活动，在"矿区"和"林区"等工业用地附近搭建了大量的临时安置房，并逐步形成大面积的职工居住区。而矿区地面塌陷等次生灾害问题，进一步造成了房屋和城市基础设施的损坏，使得城市在交通通行、居住环境和公共服务设施等方面问题严峻。

三、黑龙江省资源型城市韧性调控策略

演进韧性是韧性概念的进一步修正，即在原本"适应外部冲击、吸收扰动并恢复"的韧性概

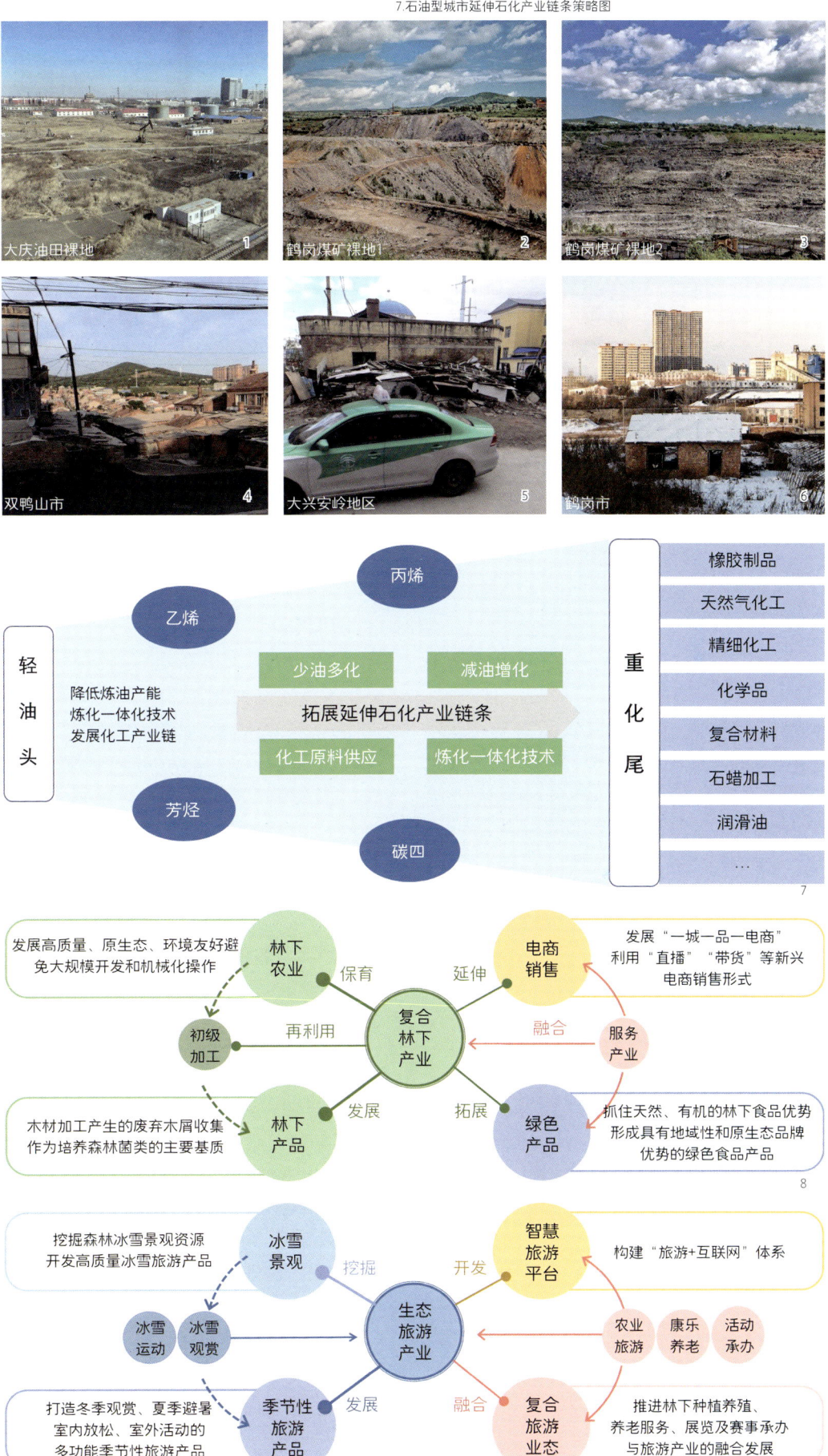

1-3 大庆油田及鹤岗煤矿裸地现状图
4-6 部分黑龙江省资源型城市棚户区现状图
7.石油型城市延伸石化产业链条策略图
8.林下农业产业融合结构图
9.生态旅游产业融合结构图

10.大庆市生态保育景观系统图

念基础上,增加时间和复杂性视角,认为韧性是指系统回应压力和限制条件而激发的一种变化、适应和改变的能力。为更加直观地理解韧性动态演化的周期过程,霍林(Gunderson)等人进一步提出了适应性循环框架,将韧性演化过程描述为由开发阶段r、保存阶段K、释放阶段Ω和更新阶段α组成的4阶段循环[7]。在城市视角下,城市系统会通过多种韧性特征持续应对扰动,这一应对过程会形成4阶段的适应性循环周期,开发阶段r,韧性处于上升状态;保存阶段K,韧性处于平稳状态;释放阶段Ω,韧性处于快速下降状态;更新阶段α,韧性处于回升状态,并进入下一个循环中,但当城市完全丧失韧性时,则可能向无序状态发展。基于此,黑龙江省资源型城市需基于适应性循环的周期性视角,依据资源型城市的韧性演化特征,面向资源型城市的高质量发展需求,提出分类型、分重点调控策略。

1.石油型城市调控策略

石油型城市是三类黑龙江省资源型城市中韧性水平最高的类型,石油产业的稳固地位使其长期处于韧性平稳的保存阶段K,但石油化工产业的绝对主导地位及市场经济活力不足等因素将使得城市形成过于单一且刚性的城市结构。在适应性循环韧性视角下,单一城市系统构成一旦受到外部扰动的影响,由于系统要素间灵活性的缺失,很容易进入韧性快速下降的释放阶段Ω。因此,结合上文分析出的产业结构、经济发展、自然资源等方面问题,石油型城市韧性调控应是通过减少低效冗余要素、提升城市构成要素间连通性来逐步调整城市韧性,使石油型城市构成要素逐渐从单一化向多元化发展,避免形成过于刚性的城市结构。

(1)产业结构调控

石油型城市可以通过"减油增气"的方式转化落后且低效的石油开采开发产业,减少原油开采与开发,为新型绿色油化产业发展预留空间,在既保证适能源输出总量不变的同时,降低落后的产能要素,进一步提升石油产业的多样性。此外,石油型城市可以进一步延伸资源型产业链条,发展乙烯、丙烯、芳烃、碳四等精细化工产业链。提升石油提炼和化工加工的炼化一体化技术,打造复合材料、油田化学品等精细化工产业基地,形成"化尾"产业集群,提升产业结构连通性,避免城市系统的运作机制过于刚性和僵化。

(2)生态环境调控

石油型城市裸地多为油田生产设施、油田配套设施等矿业用地。裸地割裂了大地景观,中断了自然生态过程,改变了生物多样性的方式及水平,使得城市景观破碎化、异质性增强、稳定性降低。因此,石油型城市首先需要对城市裸地进行生态修复,串联起生态修复后的点状裸地,与城市其他绿地相连接,构建城市绿色基础设施网络。继而有计划、分阶段地恢复裸地的生态功能,构建具有自组织性的城市生态韧性空间及城市生态保育系统以提升城市生态系统抗扰性。

(3)社会经济调控

石油型城市长期受计划经济体制影响,在政企分离过程中,油田公司对城市建设的管理权限和管理职责存在"隐形在场"现象,石油公司与市政府的职能分配问题使其承受了更大的潜在风险。石油型城市需通过"简政放权"的方式,优化国有资本企业市场布局,下调公有制经济占比,增加新兴产业业态高质量供需,保证产业结构均衡性和产业业态多样性,激发市场经济活力。此外,石油型城市可通过自下而上的方式,构建"政—企—民"相互合作的城市管理模式,融合多方权属机构,成立政策协调小组,同时兼任风险应对小组,共同决策石油型更新改造项目和风险应对策略,拓宽城市建设资金来源渠道、降低单一决策风险、增加城市居民在城市发展决策中参与程度。

2.林业型城市调控策略

林业型城市依托良好的森林生态资源具有较为稳固的城市系统结构,但国家实行全面停止天然林商业性采伐后,城市系统进入韧性快速下降的释放阶段Ω,原本稳定的城市系统结构和运作机制被打破,但由于森工产业并未转型,城市系统缺乏稳定性和内驱动力,无法进入韧性回升的更新阶段α。因此,林业型城市应是通过快速累积城市各类构成要素,重塑城市系统结构稳定性;并依托技术革新,激发智慧性,增强韧性提升的内驱动力。

(1)产业结构调整

产业方面,林业型城市的生态环境优势突出,但森林保育政策实施后,林业型城市无法再通过木材资源转换为经济要素,经济持续性下行。但森林资源并不只包含木材资源,良好的景观和丰富的生态资源都可以在涵养森林的同时转化为有效的经济冗余。因此,林业型城市可以在丰富的森林资源基础之上拓展复合的林下产业集群。依托森林资源、生物资源、冰雪资源和边境资源等将三次产业进行有机融合,打造林下产业的竞争优势,形成多要素相互联通、相互作用的稳定结构。如"森林保育+林下农业+林下产品生产+互联网销售"及"冰雪景观+季节性旅游项目+业态融合+智慧旅游平台"等林下产业结构。

（2）社会经济调整

林场所撤并及生态移民政策使得林业型城市的人口流失问题突出，人力资源的缺失使得城市社会经济发展缺少必要的基础要素。林业型城市可以充分利用自身自然资源优势，通过冰雪旅游、冰雪赛事、森林康乐养老等项目吸引外部人口聚集，并通过提升居民生活保障和设施服务质量的方式保留人口，提升人口要素冗余性，为经济增长提供驱动力。此外，林业型城市森林资源储量大且大部分为近年种植的中幼林，碳汇容量将长期处于净增长趋势。因此，林业型城市可以抓住国家大力发展碳汇经济的契机，进入国际碳排放交易市场，将二氧化碳排放权商品化，出售碳排放权交易配额，充分挖掘碳汇经济发展潜力。

（3）生态环境调整

林业型城市在发展初期对森林资源进行大规模采伐，导致森林生态环境遭受到不可逆的破坏，部分尚未恢复的生态系统区域仍处于脆弱性状态。因此，林业型城市首先需要严守生态保护红线，依据不同的生态韧性或脆弱性情况进行细致划分，并采取细致化和差异化的保护、修复和管控措施，保证生态系统稳定性。其次，良好的森林垂直结构能够在一定程度上补偿生态系统服务功能。黑龙江省由于地处高纬度，森林多为塔状针叶树，垂直结构相对简单。因此，可通过种植适宜北方寒冷气候的高度不一的乔灌木、多年生草本、附生植物等来构造复杂化的森林垂直空间，保证森林系统的稳定性。

3.煤炭型城市调控策略

煤炭型城市受自然资源枯竭和可持续政策限制影响最大，脆弱性高，正处于韧性快速下降的释放阶段Ω，尚未形成能够抵御政策变革和自然灾害风险等外部扰动的稳定结构；但恰恰由于固有制度的打破，才给予了系统发展新的要素、动力和机制的契机，并在冲击过程中不断学习和吸收上次发生灾难性事件的经验，提自身对外部扰动的适应能力。因此，煤炭型城市的韧性演化调控路径应是通过提升系统冗余性，构建强健的城市系统；并把握冲击契机，通过吸收和学习过往冲击过程中的经验和方法，提升系统对外部冲击的适应能力。

（1）产业结构调整

首先，煤炭型城市的产业结构调整在"三去一补一降"的供给侧改革基础上，积极推进产业向绿色循环发展模式转变。其次，在黑龙江省"十四五"国土空间总体规划基础上，形成"两群一带"的城镇体系空间布局，即围绕牡丹江市和佳木斯市两个区域综合性中心城市，构建"牡丹江+鸡西+七台河"和"佳木斯+双鸭山+鹤岗"两个城镇组群，并形成黑龙江省东南部城镇组群带。最后，在产业空间布局基础上对4个城市邻近的产业要素整合和聚集，形成差异化的、有区域竞争优势的产业聚集龙头，并向周边区域辐射。

（2）社会经济调整

煤炭型城市市场经济调整后，国有企业受到重大影响，大量国有煤矿破产。加之煤炭产业不适于小微企业发展，市场经济活力较弱。因此，煤炭型城市需从国有企业和民营经济两方面着手进行经济体制调整，建立自由公平的市场竞争环境和资源配置机制，构建更为稳定的城市经济结构。此外，在绿色清洁能源及碳汇经济的影响下，世界焦煤行业在未来仍会持续下行，从更长远的角度来看，"煤头化尾"和"煤头电尾"并不能够完全应对社会经济下行风险。因此，煤炭型城市可以通过发展数字化服务业，构建"数字产业中心、孵化中心、融媒体中心、软件研发中心、培训就业中心"等多元融合的互联网业态经济模式，通过新兴业态的发展来抵御焦煤经济下行风险。

（3）生态环境调整

煤炭型城市由于煤炭的开采方式，产生了横纵裸露体积较大的废弃矿坑，使得大地景观被割裂，地表结构被破坏，生态系统呈现破碎化，所面临的次生自然灾害风险加剧。煤炭型城市需在矿坑生态修复的基础上，将部分采煤沉陷区及废弃地作为城市生态涵养绿地，通过矿坑生态修复和生态涵养转为城市绿色基础设施，并串联起城市绿色基础设施网络。在解决地质沉陷、滑坡等次生灾害的同时，形成良好的抵御自然灾害的整体生态安全格局。

参考文献

[1]国家发展改革委,等."十四五"支持老工业城市和资源型城市产业转型升级示范区高质量发展实施方案[EB/OL].(2021-11-19)[2024-05-30].https://www.gov.cn/zhengce/zhengceku/2021-12/01/5655185/files/a8a10ba40c994031a3d471f617fc6a98.pdf.

[2]邵亦文,徐江.城市韧性：基于国际文献综述的概念解析[J].国际城市规划,2015,30(2): 48-54.

[3]中央政府门户.全国资源型城市可持续发展规划（2013-2020年）[EB/OL].(2013-12-03)[2024-05-30].https://www.gov.cn/zfwj/2013-12/03/content_2540070.htm.

[4]谭俊涛.基于演化弹性理论的东北地区资源型城市转型研究[D].长春：中国科学院大学（中国科学院东北地理与农业生态研究所），2017.

[5]李雨阳.黑龙江省双鸭山市矿山地质环境综合评估[D].长春：吉林大学,2008.

[6]杨文文,张学培,王洪英.东北黑土区坡耕地水土流失及防治技术研究进展[J].水土保持研究,2005,12(5): 232-236.

[7]GUNDERSON L H, HOLLING C S. Panarchy：Understanding Transformations In Human And Natural Systems[M]. Washington: Island Press, 2003.

作者简介

谭卓琳，哈尔滨工业大学建筑与设计学院助理研究员；

陆　明，哈尔滨工业大学建筑与设计学院教授；

董　慰，哈尔滨工业大学建筑与设计学院副院长，教授；

董　宇，哈尔滨工业大学建筑与设计学院副教授。

回归价值理性
——长沙北片区国际方案征集及深化工作体会

Returning to Value Rationality
—Reflections on the Collection and Deepening of International Plans for the Changsha Northern Area

陈蕾蕾
Chen Leilei

[摘　要]　新时代背景下片区发展战略越来越关注价值取舍和价值判断等内容，如何"发现价值、创造价值"往往成为项目关键。本文以长沙北片区项目为例，通过"塑造可辨识的目标，以目标引领价值""创造高价值的空间，以设计重塑价值""制定可实现的蓝图，以落地保障价值"三大手段，回归价值理性，坚持价值规划。

[关键词]　价值理性；塑造价值目标；创造价值空间；实现价值蓝图

[Abstract]　In the context of the new era, the development strategy of regional development increasingly focuses on value selection and judgment, and how to "discover value and create value" often becomes the key to projects. This article takes the project in the northern area of Changsha as an example, using three major methods: "shaping identifiable goals, guiding value with goals", "creating high-value spaces, reshaping value with design", and "developing achievable blueprints to ensure value through implementation", in order to return to value rationality and adhere to value planning.

[Keywords]　value rationality; shaping value goals; creating value space; achieving value blueprint

[文章编号]　2024-97-P-102

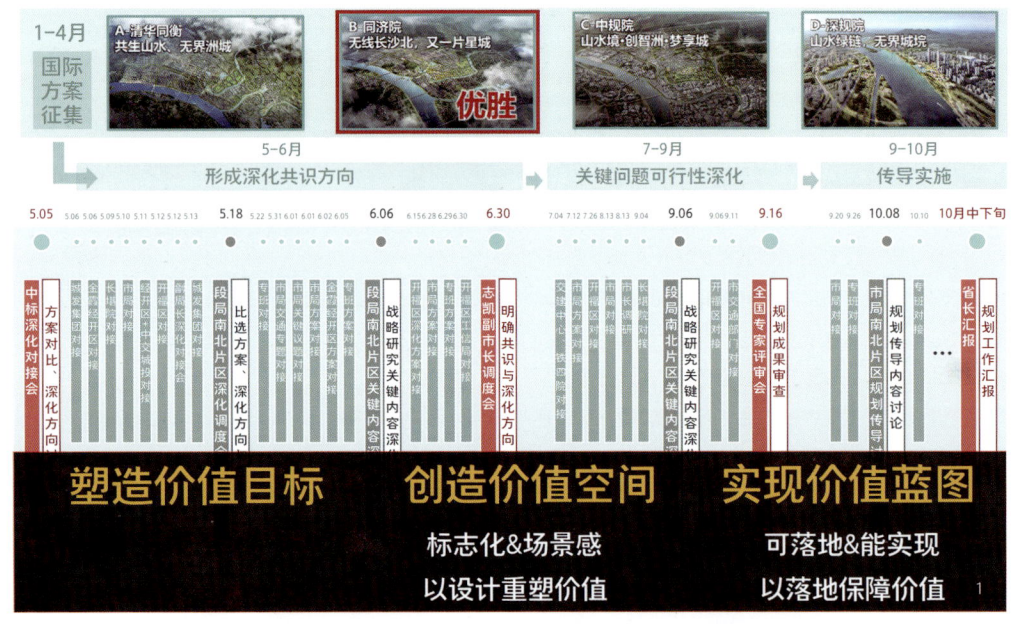

1.北片区国际方案征集与深化过程示意图
2.目标愿景示意图

2023年长沙市召开了"一南一北"两大片区的国际方案征集，北片区主要由深规院、同济院、清华同衡和中规院四个国内一流规划院分别联合四个国外知名策划机构同台竞争，最终同济院和仲量联行联合体顺利中标并深化。从中标到深化，最大的体会是要坚持价值理性，坚持价值规划。主要总结为以下三点：塑造价值目标、创造价值空间、实现价值蓝图。

一、价值目标塑造

在方案征集过程中需要有辨识度并契合现实发展需求的目标和品牌，以目标引领价值。回归片区特质，以战略眼光发现价值，围绕片区"真问题"，寻求北片区战略突破口，从而凝练目标和愿景。

1.以战略眼光发现片区价值

北片区总体上是长沙具有战略意义的功能型新片区。打造"功能型新片区"是当前新一线城市的普遍选择，如杭州临空经济示范片区、武汉长江新区、成都青金新大港区等都在谋划兼具高质量产业、高品质环境和高浓度创新的综合型片区。

基于总体认识的基础上，深度挖掘片区特色，以战略眼光发现北片区的战略价值。第一，北片区是长沙强化"省会功能"的战略方向。通过北片区建设可以助力长沙省会城市群从"均衡型"向"网络化"发展，从"三角均衡型"城市群向"一核多副网络化"城市群转变。长沙南向连接沪昆轴，北向融合沿江轴，北片区能更好发挥长沙强省会作用，尤其是面向长江经济带和双循环格局的开放功能。第二，北片区是长沙拓展"城市功能"的主要空间。经统计发现北片区有逾50km²的增量和可更新空间，是长沙中心城区最大的增量空间，在如今存量时代，规模型的增量空间具有重大战略价值。第三，北片区是长沙培育"产业功能"的平台载体。北片区汇聚新兴产业的驱动要素，布局了霞凝港、长沙北站、高速公路等重大开放设施，集聚了马栏山视频文创园、商飞动力试验平台、传化公路港等重要产业锚点，还拥有太阳山、鹅羊山、秀峰山、湘江、浏阳河、捞刀河、沙河、桃花溪、关公湖等"山水洲城"的特色环境禀赋。通过充分发掘片区特色，深度认识片区三大战略价值：长沙强化"省会功能"的战略方向、长沙拓展"城市功能"的主要空间和长沙培育"产业功能"的平台载体。

2.围绕"真问题"，寻求突破口

但是，北片区现状也面临三大问题。一是开发碎片化，优质资源提前消耗。实际上对北片区来说没有形成规模集聚优势，优质资源提前消耗，尤其优质滨江地区几乎全部建成，未来可吸引投资的空间非常少。二是产业与人群的吸引力偏低。产业质量总体不高，企业留不住，统计下来发现北片区物流用地面积约3.7km²占产业用地1/2，且低效物流用地面积约2.5km²，占产业用地的1/3。此外，北片区缺乏城市活力，缺少事件与设施支撑，通过知乎词频分析，市民心中对北片区印象多为"冷清、北丐、农村"等词语，从POI热力分析上也能看出来，北片区是长沙市热力的洼地。三是要素能级低，但空间门槛高。比如霞凝港铁水联运格局形成，但区域竞争力不强，长沙北站规模和绩效与头部城市仍有较大差距。而作为片区核心的苏托垸片区，空间与心理门槛效应突出，整体更新难度大，拉大北片区跟中心城区的心理距离。

围绕问题，形成四个战略突破口，聚合四股力量。第一，生活竞争力，北片区的发展提升要强化生活竞争力，长沙之所以能成为网红城市，生活竞争力是最重要的方面。第二，未来想象力，北片区面积约160km²，单一功能无法涵盖北片区的所有空间，需要未来想象力和更多的产业功能融入。第三，空间魅力，强调设计重塑价值，通过设计重新找到北片区的高价值空间。第四，战略定力，要沉淀地开发，形成成熟一片开发一片的模式。

3.价值引领，塑造战略目标

基于战略价值和关键问题的挖掘，以"聚合四力"为突破口，提出"长沙向北、未来星城"的发展愿景，一方面突出长沙北的区位特征和长沙向北的发展态势，另一方面体现星城的生活竞争力和未来想象力，形成"三高地一枢纽"的定位，即国际数字文创高地、区域供应链枢纽、长株潭智造产业高地和湖湘青年生活高地。

目标愿景和功能定位取得了市区两级广泛的共识，也成为政府对外推介宣传的标语，并纳入到长沙市和开福区2023年政府工作报告当中。

二、价值空间创造

在取得一个有辨识度、有共识的战略目标的基础上，聚焦创造价值空间，以设计重塑价值。

1.以桃花溪为脉重塑空间价值

北片区最大的问题是开发碎片化，没有形成规模集聚优势，而且优质资源提前消耗，尤其优质滨江地区几乎全部建成。实际上对北片区来说，未来能够吸引投资的空间很少，供应好的地方已经全用完了。所以未来需要价值发现和价值重塑，要寻找新的价值空间。

3."聚合四力"的战略突破口示意图
4.北片区开发碎片化分析图
5.功能定位示意图

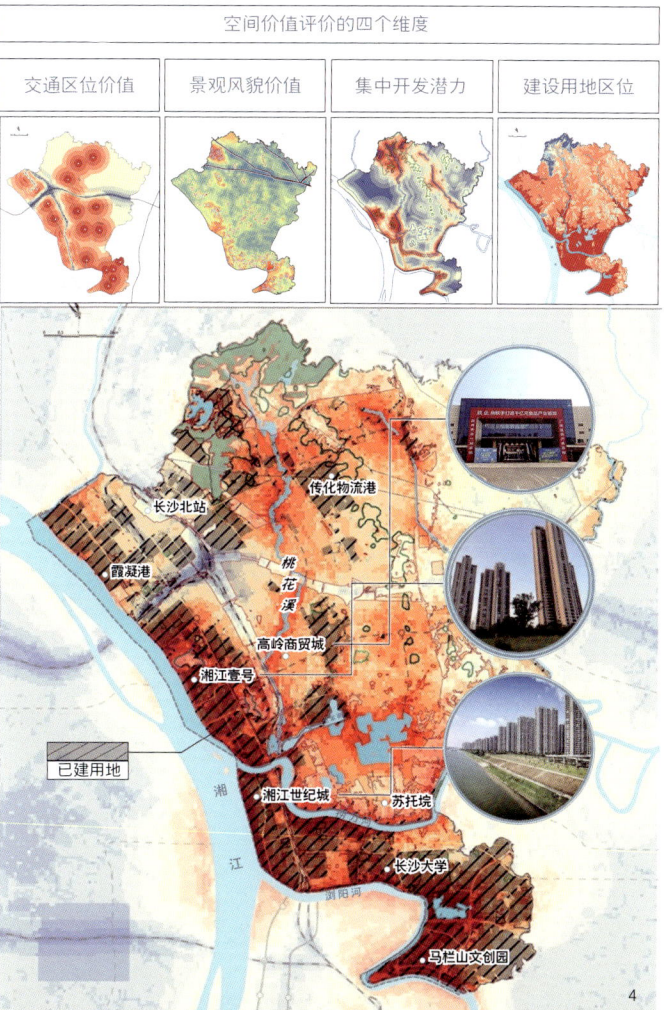

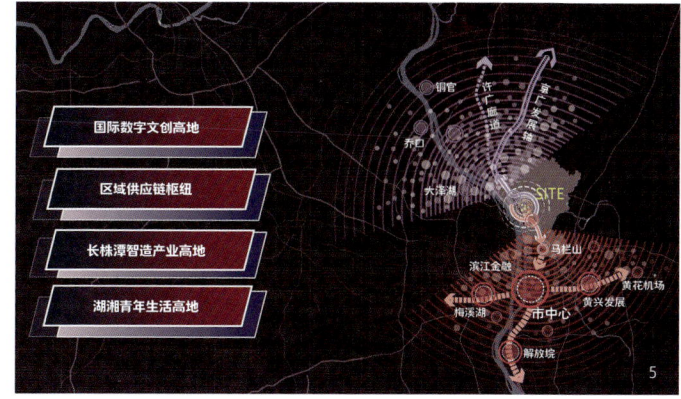

6.长沙北片区总体城市设计平面图
7.长沙北片区鸟瞰效果图

围绕问题，通过价值再发现，明确桃花溪未来具有可塑性。总体上，桃花溪总水量有保障，此外桃花溪周边还有近20km²的未开发空间，而且景观上形态多样，相比于平实开阔的湘江，桃花溪形成独特的环境和品质，有助于人居环境的塑造。通过桃花溪设计重塑，充分挖掘北片区的价值空间。

以桃花溪为核，重塑北片区空间价值。因桃花溪成脉，串联2大城市综合服务中心——金霞城站综合服务中心和金霞湾综合服务中心和4个组团服务中心。金霞城站中心，依托未来城际站点的资源，打造"站城一体"的门户枢纽，联动桃花溪，塑造"出站即风景、推窗见桃溪"的魅力空间，从而强化对青年的吸引力。金霞湾中心，依托捞刀河河口地区的打开实现公共中心落位滨江，充分发挥现状捞刀河、秀峰山、桃花溪等山水资源，打造一片新山水洲城的风貌集中展示区。

以设计赋能，通过设计重塑价值，以桃花溪为脉串联桃溪绿洲，实现一个中心一片绿洲的布局模式，并与湘江上的自然江洲形成一个呼应，形成外江洲、内绿洲的多样化的场景。

总体上形成了"以桃花溪为脉"的空间结构，即"两面山水、双擎双核、两廊多链"，以东西双境融合自然山水，以国际港、马栏山发挥引擎作用，以金霞湾、金霞城站承载核心功能，以桃花溪、东二环串联功能组团，并建立多条与长沙县、望城区的链接通道。

以桃花溪为脉重塑北片区空间价值的处理手法获得了专家和当地政府的一致好评。

2.以山水洲城时代内涵重构城市表现力

北片区存在"品质较低，风貌洼地"的问题，是长沙市民印象中的"大农村"，如何增强城市表现力是关键。

本次规划深度理解山水洲城的三重内涵，一是稳定山、水、洲、城的要素格局，形成公园城市的长沙方案。二是彰显人与自然和谐共生的理念实质，形成中国式现代化的长沙表达。三是传递具有生活热情的精神内核，形成人民城市的长沙样板。

因循自然地形，保留黑麋峰余脉、秀峰山、鹅羊山等山丘，重塑远山近丘镶嵌的城

8.金霞湾中心效果图

野格局。点亮江河溪川，对湘江、浏阳河、捞刀河、桃花溪、楚家湖等多样的滨水空间进行差异化打造，构建多样、多层次的风景蓝岸，塑造阔江映城、桃溪耀城的特色景象。建设桃溪绿脉，串联5个绿洲，呼应2个江洲，塑造两岸联动的城市格局。营造长沙场所，打造青年街区，展现星城生活创造力。从而形成"青山渐入、曲水半绕、桃溪绿洲、烟火星城"的空间意向。

3.回归长沙生活竞争力重塑片区活力

北片区面临缺乏城市活力、缺少重大设施和重大事件的支撑、缺乏人群吸引力的问题。

规划强调回归长沙的生活竞争力，立足长沙的气质，放大长沙生活方式的吸引力，建设5个长沙街市、21条不夜街巷和百个烟火节点，展现星城生活创造力。

同时，用大设施、大事件引流，重点吸引青年人群，撬动城市活力。重点围绕四类人群，即创新创业人员、数媒文创人群、本地都市人群和智造技术人员，根据强交往、有格调、烟火气、够便捷的需求特征，植入国际传媒港、元宇宙体验中心和极限运动公园等一系列重大设施，并策划世界元宇宙大会和国际青年发展论坛两大事件。

三、价值蓝图实现

实现价值蓝图，以落地保障价值。方案深化过程中为确保蓝图能实现，做了以下三点探索。

1.理性求证，补充研究

在方案深化过程中，针对国际方案征集的内容理性求证，补充研究，以保障方案可落地可实施。如桃花溪、黑糜峰余脉在方案征集过程中欠缺细化研究，深化过程中加强论证，联合长沙规划勘测设计研究院、中铁第四勘察设计院等合作单位，同步进行专项论证，从空间细化设计、业态策划、工程可行性等多方面进行论证，最终形成一个可落地、能实施的方案。既满足市政工程角度水质水量的保障，又塑造了多样空间场景，还维护开发平台的经济利益，也让市水利局、开福区和金霞经开区多方满意。

2.主动协商，兼顾现实

针对国际方案征集过程中有争议的内容，深化过程中主动协商，兼顾现实。如金霞城站对于是否设置高铁站点各方存在争议，市交建中心和铁四院开始态度很坚决，提出渝长厦和长九已定线不能调整，经过多轮专家讨论和比选争取，主动去和市交建中心和铁四院对接，最终达成共识为金霞城站预留为城际站，在原中标方案基础上降低等级缩小规模，从而适应现实和开发需求。

3.刚弹结合，强化传导

围绕如何编制一个好用、管用的战略研究，本次规划进行了积极探索，通过刚弹结合的方式，强化传导。深化过程中探索了战略传导机制，通过导则的方式强化管控，兼具开发与管理思维构建传导体系，保障落地实施。主动跟行业主管部门和开发主体协商导则管控的具体内容，深化期间与市自规局、开福区、金霞经开区、城发集团等主体进行多轮讨论。从一开始各主体诉求存在矛盾，到后来多方形成共识，逐步形成管控导则。对于导则始终坚持刚弹结合，面向职能部门控底线，面向开发主

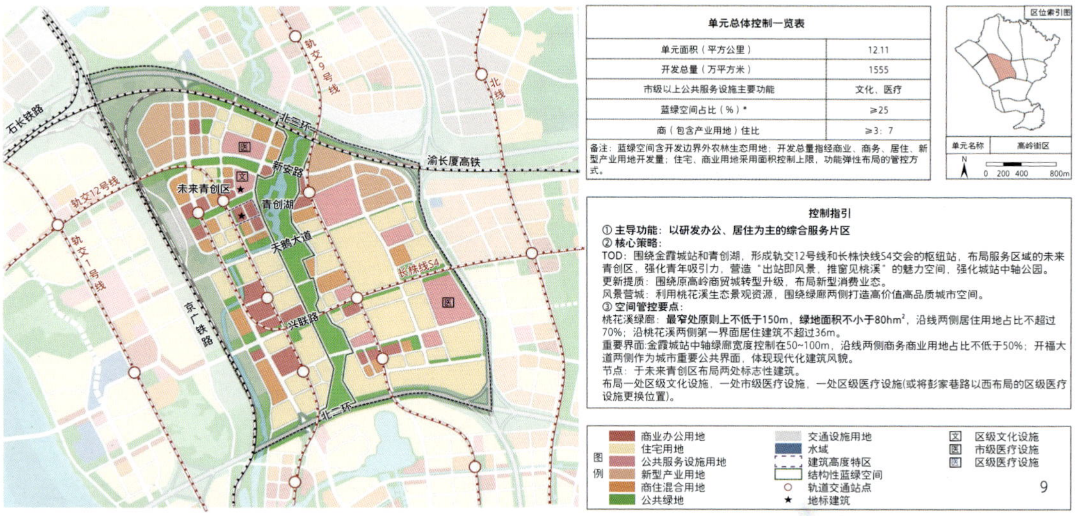

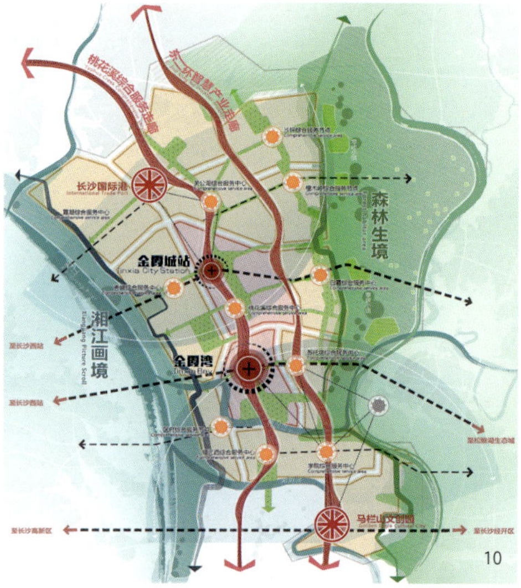

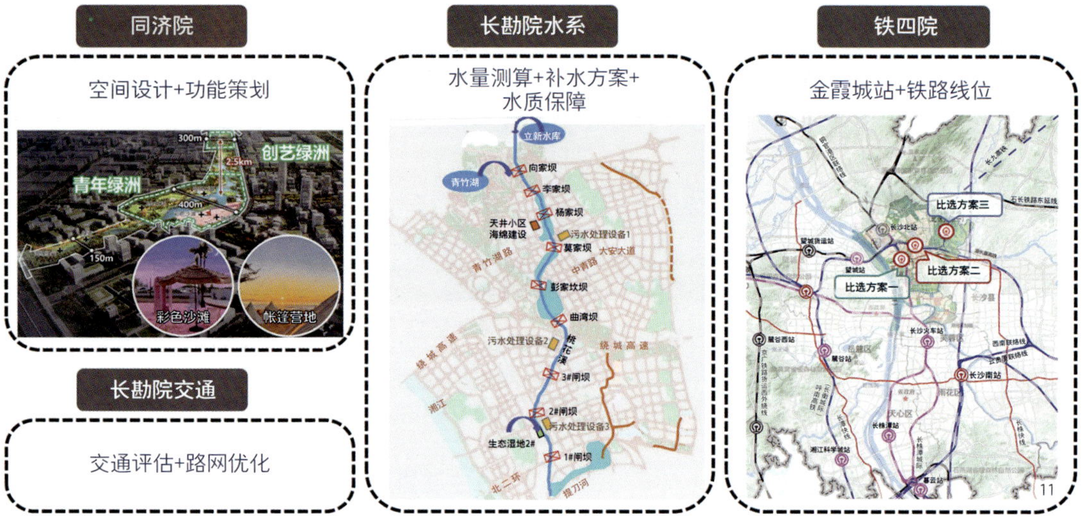

9.高岭街区单元示意图　11.桃花溪专项论证组织框架图
10.长沙北片区空间结构图　12.桃花溪沿线中心功能结构图

体留弹性，适应开发。根据北片区战略研究的管控导则，有效地指导了各单元详细规划，比如白霞组团、苏托垸组团、关公湖组团等都较好地落实战略研究的意图。

四、结语

总体而言，这一年多来，通过高频次、多主体、协商式的推进，50多场沟通讨论会，明确各主体诉求，协商解决矛盾，逐步形成共识。

长沙北片区始终坚持聚焦价值取舍，回归价值理性，从"塑造可辨识的目标，以目标引领价值""创造高价值的空间，以设计重塑价值""制定可实现的蓝图，以落地保障价值"三个方面坚持做一个价值规划。回顾规划编制的整个过程，形成两点思考。

一是坚持做一个理性规划。无论是方案征集阶段还是深化阶段，都应该控制冲动，理性求证，有所为有所不为。比如对于霞凝港的判断，方案征集过程中有两种态度，一个是保留并控制规模，另外一个是整体更新做城市中心，坚持回归理性视角，从综合经济视角与港口发展规律出发，判断得到霞凝港近期搬迁条件尚未成熟。又比如苏托垸，是挖大湖面还是延续坑塘水面的肌理，坚持回到现实三区三线的制约，理性判断，做一个可落地、能实施的方案。

二是坚持做一个价值规划，以设计创造价值。从目标设定到空间设计再到实施，始终坚持价值理性和价值引领，通过发现、创造价值空间，重塑北片区发展格局和发展脉络。

项目负责人： 张尚武、朱郁郁、陈蕾蕾

主要参编人员： 田梦谊、刘悦、陈恺欣、曹源、贾怡鑫、叶卓颖、郝转、郭子营、董芷彧、凌阳

作者简介

陈蕾蕾，上海同济城市规划设计研究院有限公司空间规划研究院创新二所副所长。

数据意象：国土空间规划视角下的城市意象研究
Data Image: Study on Urban Image from the Perspective of Territorial Spatial Planning

韩胜发 李 潇
Han Shengfa Li Xiao

[摘　要]　城市意象理论是城市设计领域解析城市空间结构的重要基础理论之一，随着经济社会发展和技术工具更新，该理论在实践中的局限性越发凸显，主要表现为规划实践中的空间尺度局限、城市风貌局限和静态思维局限。为解决该理论存在的局限，研究从城乡规划和行为地理学跨学科研究视角，基于"时间序列、空间分布、行为模式"三个维度，利用多源数据解析城市尺度的城市意象。研究从图示特征、人群作用、要素关系、空间尺度、理论基础和研究方法六个方面阐述了城市意象理论的新发现，揭示了城市意象的结构特征、动态特征和新意象要素，研究体现了从小数据到大数据、从静态地图到动态地图、从局部地区到城市整体的城市意象分类、分级研究方法创新，拓展了城市意象理论的内涵。

[关键词]　手机信令数据；结构意象；动态地图；人群行为；空间模式；宿州市

[Abstract]　The image of the city is one of the important foundational theories for analyzing urban spatial structure in the field of urban design. With the development of the economy and society and the updating of technological tools, the limitations of this theory in practice have become increasingly prominent, such as spatial scale limitations, urban style limitations, and static thinking limitations in planning practice. To address the limitations of this theory, this study takes an interdisciplinary research perspective from urban and rural planning and behavioral geography, and uses multi-source data to analyze urban intentions at the city scale based on three dimensions: time series, spatial distribution, and behavioral patterns. The study elaborates on the new findings of urban intention theory from six aspects: graphic features, crowd effects, element relationships, spatial scales, theoretical foundations, and research methods. It reveals the structural characteristics, dynamic characteristics, and new intention elements of urban intention. The study reflects the innovation of urban image classification and grading research methods from small data to big data, from static maps to dynamic maps, from local areas to the overall city, and expands the connotation of urban image theory.

[Keywords]　mobile signaling data; structure image; dynamic map; crowd behavior; spatial patterns; Suzhou City

[文章编号]　2024-97-P-107

一、引言——研究尺度引发的思考

美国城市理论家凯文·林奇（Lynch K.）在《城市意象》（*The Image of the City*）的城市尺度一章中指出，"整个大都市地区清晰而且全面的意象是未来城市的基本要求，如果能够实现，那么将会把城市体验提升到一个新的，与当代功能单元相当的水准，在这一尺度上的意象组织将涉及全新的设计问题"。凯文·林奇指出了该研究方法在空间尺度方面的局限性，并明确了大尺度城市研究的重要性。

为解决大尺度城市无法通过个体认知建立完整城市空间结构的难题，研究运用时间地理学和行为分析方法，通过对城市人群进行"时间序列、行为特征和空间分布"三个维度的城市空间刻画，提出通过手机信令来表征市民对城市意象要素的认知深度，进而识别道路、边界、区域、节点、标志物，构建城市尺度的认知地图和空间结构，从图示特征、人群作用、要素关系、空间尺度、理论基础和研究方法六个方面，对大数据分析方法和认知地图方法进行了比较分析，进而拓展城市意象理论内涵。

二、城市意象理论的适用性和局限性

1.城市意象理论——路径、边缘、区域、节点和地标

凯文·林奇在1960年出版《城市意象》，对波士顿、泽西市和洛杉矶进行为期五年的研究，该研究是观察者如何获取城市信息，并用它来制作心理地图，提出了一种我们由此可以开始在城市尺度处理视觉形态的方法，以及一些城市设计中的首要原则。林奇的结论是，人们形成了关于周围环境的由五种基本要素构成的心理地图，体验一座城市的人们的头脑中都存在着相应的一套心理图像，帮助形成这些意象的是路径、边缘、区域、节点和地标的五种要素。

2.城市意象理论的局限性——空间尺度局限、城市可读性局限、静态思维局限

（1）空间尺度局限

对于规模远超5~10km²，达到上百平方公里甚至更大尺度的城市而言，认知地图和实地步行踏勘的方法受到体力和时间限制无法实现，进而限制了该方法在大城市地区的应用。然而，大都市地区的各类城市意象要素却是客观存在的，如何快速科学地识别大都市地区的城市意象要素，并拓展城市意象理论在大都市地区的适用性和理论内涵是一项亟待解决的问题。

（2）城市可读性局限

快速城镇化和批量化生产导致的千城一面和建筑风貌缺乏个性问题，使得很多城市功能区域不具备明显的辨识度，且大量地区没有重要的公共建筑和特色街道，导致未受过专业培训的人员很难识别节点、界面和地标等要素，进而难以绘制认知地图，使得城市意象理论的应用具有较大的局限。

（3）静态思维局限

凯文·林奇所采用的方法是平面二维的静态图示表达，是典型的蓝图式静态思维，而随着"流空间"思维引入到城市研究中，城市是在变化、动态发展的，静态的物质空间和流动的人、信息、车辆重新定义了城市结构和城市意象要素。

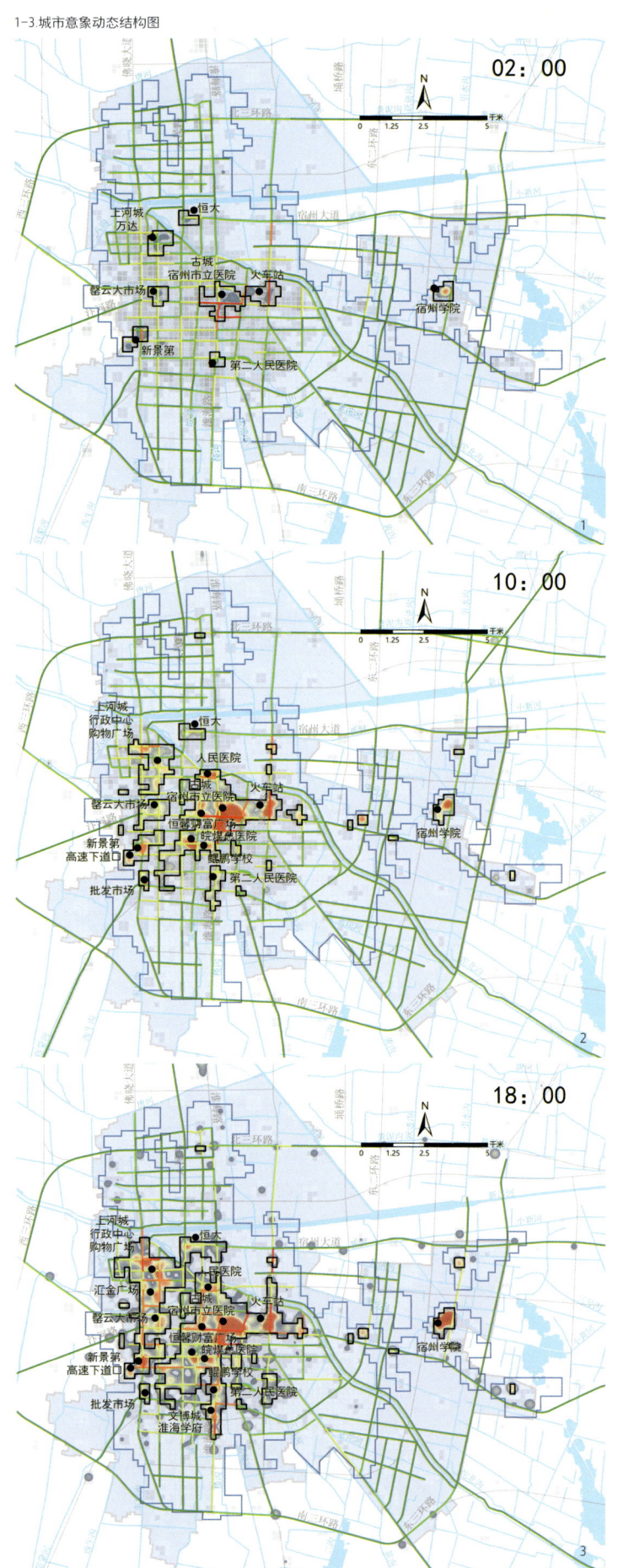

1-3.城市意象动态结构图

三、城市意象理论拓展——从"场所空间和流空间"双维视角解析城市意象要素的结构特征、网络要素和空间模式

1.结构特征——以道路和节点为核心要素、标志物—边界—区域为衍生要素的结构特征

凯文·林奇提出的五要素是并列平行关系,仅从心理认知和平面形态的角度阐述了五要素之间的空间关联,缺乏对五要素的内在结构关系研究。通过多源大数据对城市意象进行时间序列分析,可发现五要素之间存在主次结构性关系。研究以人群的活动在空间上的分布为研究对象,进行24小时的时间序列分析,发现各类城市功能节点是人群活动组织的核心,功能节点中人群的集聚和消散具有明显的周期性特征。节点间通过道路相连实现人群在城市中进行各项活动的目的,节点和道路是城市功能展开和人群活动的核心空间载体。

节点和路径之外的标志物、边界和区域是节点功能的衍生要素,是人群活动在节点和路径上集聚和消散的空间表征。标志物是节点中具有重要视觉或功能的部分,如门、塔等,其在城市中的作用体现依赖于节点,好的标志物能够对节点提供重要的支撑。

边界包括物理边界和功能边界两种类型,由于人群在不同时段的活动强度差异导致功能边界是动态变化的,而功能区或者节点的物理边界是固定的,分析人群活动时间序列发现,人群集聚所表征的功能区边界与功能区物理边界在不同时段是动态交织的,往往不是一致的,这一方面表明物理边界对城市的解释力的局限,另一方面拓展了边界要素的理论内涵,体现了场所空间和流空间相结合的空间认知思维。

区域包含两种类型,一种是以节点为核心,通过人群集聚的密度和规模而表征的节点功能影响区域,另一种是工业区、居住区等人群分布较为均质的区域。区域规模会随着时间和人群活动而动态变化,是以人群密度为表征的节点功能重要性的体现。商业中心或工业区在人群活动高峰时段呈现较大的区域范围,在人群活动低谷时段呈现为较小的区域范围。

2.第六要素——基于人群时空间行为的网络要素

通过手机信令表征的动态地图可视化分析发现意象要素之间具有较强的时空网络关联特征和时间周期特征,微观层面表现为个体在24小时内的生产、生活、交通、消费、娱乐等行为在城市空间上的分布,宏观层面汇总后表现为动态的城市结构和人群活动的时空网络。由此,在五要素之上,存在一个更重要的网络要素,网络包含物质网络和功能网络两类,物质网络是指道路网络、节点网络等城市物理空间网络,功能网络是指人群活动所形成的就业、居住、休闲等功能活动体系网络,是城市物质空间网络的人群行为表达,功能网络与物质网络共同组成了城市的网络意象要素。

3.空间模式——核心圈层模式和网络化模式兼具的空间模式

各类要素在城市空间上的布局呈现出核心圈层模式和网络化模式。核心圈层模式是指人群活动在城市空间中的变化呈现出以节点和地标为核心,以区域、边界为外围的布局模式。节点通过人群在不同时间的活动强度的动态变化,表现出作为城市功能中心的重要组织作用,区域等要素是对核心节点在发挥作用过程中的衍生表达。网络化模式是指各类要素在空间上的布局呈现网络化特征,存在网络节点和网络路径链接,通过物质空间和人群行为表达城市功能网络。

每个重要的节点都会形成地标—节点、区域—路径—边界的核心圈层模式,而不同的节点之间又会在整体上形成一个节点网络,进而呈现出涌现性特征。圈层模式和网络模式是相互嵌套的,总体上表现为城市的结构。

4.城市意象与数据意象的比较

城市意象和数据意象的差异体现在图示特征、人群作用、要素关系、空间尺度、理论基础和研究方法六个方面。城市意象理论是利用城市意象要素，通过绘制静态平面认知地图来表达城市结构，数据意象通过模拟人群活动的时空变化形成了动态地图，更加真实、深刻地揭示了城市结构的形成机制和内涵。城市意象理论是部分人群的认知地图汇总形成城市意象，而数据意象是对城市中的全部人群进行意象汇总，体现了更为全面和综合的群体行为。林奇的城市意象五要素是平行关系，五要素之间的布局形成了整体的城市空间结构表达，数据意象分析表明要素之间存在以节点和道路为主、区域—地标—边界为衍生要素的主次结构关系。城市意象理论通过认知地图所描绘的空间范围是建立在步行5~10km²的范围，数据意象可以刻画城市总体结构，其范围远远大于步行范围，具有更广的实践和应用价值。城市意象理论的研究运用了城市规划学、心理学和社会学的相关理论，注重从人的认知角度描绘客观世界，而数据意象运用了城市规划、行为地理学、时间地理学的理论，实现了行为和空间的统一，对城市意象理论进行了拓展。城市意象理论采用的研究方法为社会调查和现场踏勘，数据意象采用的是大数据分析方法，更能深刻、理性地分析空间和人群行为，做到大样本分析，研究结论更为稳健可信（表1）。

四、结论

本研究从数据方法、动态思维、空间分级三个方面对凯文·林奇的城市意象研究方法进行了拓展创新，对将城市意象研究纳入到国土空间规划做出了积极的探索和尝试。在数据方法方面，本研究在凯文·林奇提出的利用认知地图来描绘城市空间结构的方法基础上，提出了利用手机信令数据来描绘人群在大城市中分布和活动，以此表征人群对意象要素的认知，避免了问卷访谈和认知地图无法应用于大城市的局限性。在动态思维方面，研究提出了从静态认知地图到动态分布地图的研究思路，更加符合城市运行和人群活动的客观规律，转变了城市空间结构的蓝图式思维认知，变为以人为本的动态认知模式。在空间分级思维方面，研究构建了从城市整体的角度识别城市的结构，用分级的方式对城市意象要素进行了系统性的研究，兼顾了城市整体和局部的认知。

参考文献

[1] 曹越皓,龙瀛,杨培峰.基于网络照片数据的城市意象研究——以中国24个主要城市为例[J].规划师, 2017, 33(2): 61-67.

[2] 傅玮,刘祎绯,薛博文,等.基于网络数据的古城城市意象研究——以定兴古城为例[J].现代城市研究, 2017(8): 31-38.

[3] 顾朝林,宋国臣.城市意象研究及其在城市规划中的应用[J].城市规划, 2001(3): 70-73+77.

[4] 冯维波,黄光宇.基于重庆主城区居民感知的城市意象元素分析评价[J].地理研究, 2006, 25(5): 803-813.

[5] 杨宇振.城市历史地图与近代文学解读中的重庆城市意象[J].南方建筑, 2011(4): 33-37.

[6] 林玉莲,胡正凡.环境心理学.北京: 中国建筑工业出版社, 2000.

[7] 徐苗.城市意象的秩序与意义[J].规划师, 2003, 19(4): 47-49+53.

[8] 韩胜发,刘欢迎,申彪.国土空间规划视角下的城市空间结构研究——基于多源数据的宿州实证分析[J]. 中国名城, 2022, 36(10): 15-23.

[9] 吴忠,韩胜发.多源数据支持下的"城市双修"规划实践——以廊坊市中心城区为例[C]//中国城市规划学会.面向高质量发展的空间治理——2020中国城市规划年会论文集（02城市更新）.北京: 中国建筑工业出版社, 2021: 1-14.

作者简介

韩胜发，上海同济城市规划设计研究院有限公司，高级工程师；

李　潇，上海同济城市规划设计研究院有限公司副主任规划师，高级工程师。

表1　　　　　　　　城市意象和数据意向对比分析

	城市意象	数据意象
图示特征	静态地图	动态地图
人群作用	个体认知	群体画像
要素关系	要素扁平	结构关系、主次关系、核心边缘
空间尺度	步行尺度	城市尺度
理论基础	城市规划、心理学	城市规划、时间地理学、行为地理学
研究方法	社会调查、现场踏勘	大数据分析

新时期规划管理技术规定的若干问题探讨
——以图木舒克市为例

Discussion on Several Issues of Technical Regulations for Planning and Management in the New Era
—Taking Tumushuke City as an Example

陈娜姿　程相炜
Chen Nazi　Cheng Xiangwei

[摘　要]　新时期国土空间规划时代的全新变化，给城市规划管理主管部门带来诸多难题，为规范科学地指导城市规划管理建设工作，规划管理技术规定的编制需求日益增长，本文研究城市规划管理技术规定的发展史，分析新时期城市发展普遍面临的四大变化，把握规划管理工作的四大需求逻辑，并以图木舒克市为例，举例分析若干关键条款的设定。

[关键词]　新时期；规划管理技术规定；图木舒克市

[Abstract]　The new changes in the era of national spatial planning in the new era have brought many difficulties to the competent department of urban planning management. In order to guide management and construction of urban planning in a standardized and scientific manner, the demand for the formulation of planning and management technical regulations is increasing. This article studies the development history of urban planning and management technical regulations, analyzes the four major changes that urban development generally faces in the new era, grasps the four major demand logics of planning and management work, and takes Tumushuke City as an example to analyze the setting of several key clauses.

[Keywords]　new era; technical regulations for planning and management; Tumushuke city

[文章编号]　2024-97-P-110

1.新时期规划管理技术规定框架构成的两种变化趋势分析图
2.图木舒克市规划管理技术规定的编制原则框架图

一、引言

新时期高质量发展的空间治理更需要政府、市场和社会主体的治理协同，要求规划项目的编制更加注重实施性。规划编制单位在重点从规划编制角度出发面向实施进行技术性创新探索的同时，也应积极参与到从规划管理角度出发的面向实施的制度性设计中来。

本文为新时期规划管理技术规定的若干问题探讨，聚焦在编制城市规划管理技术规定的初期三个最简单、最原始的问题并对其进行探讨。第一个问题：城市规划管理技术规定以及它的发展历史和主要任务是什么？第二个问题：在新时期，规划管理技术规定发生了哪些变化？第三个问题：在这些变化的影响指引下，规划管理技术规定的关键条款如何进行设定？

二、规划管理技术规定溯源

1.发展史

城市规划管理技术规定与城市规划法诞生起因相同，都旨在解决城市实际建设问题，是为了合理规划和管理城市发展而制定的一系列技术标准和规范。这些技术标准和规范来源于国家的主干法规和专项标准，是主干法规和专项标准的地方性、具体性和技术性的表达。

城市规划管理技术规定最早可追溯到计划经济时期的建筑管理技术规定，20世纪90年代土地经济时期，学习国外经验，城市采用控制性详细规划管控城市建设和管理，后续针对不同城市特色，由上海和深圳带领，多个城市采用"控规+规定"的双管控模式进行城市建设和管理，这其中的规定就是指"规划管理技术规定"，有些城市也称为"技术导则""技术准则"等。根据2014年同济大学耿慧志的研究，全国一半以上的地级市和1/10以上的县城已经编制技术规定。2020年以来，随着国土空间规划时代的到来，城市建设和发展更趋复杂化，如达州、厦门、文山州、海口等更多城市陆续出台国土空间规划管理技术规定。

2.法理学层级

根据国家规定要求，只有拥有地方立法权的城市和地区，可以制订地方性法规和地方政府规章。城市应顺从国家法理学要求，根据城市级别确定规划管理技术规定的文件层级。如《武汉市城市建筑规划管理技术规定》（武汉市人民政府令 第143号）及《南昌市城市规划管理技术规定》（南昌市人民政府令第154号），武汉市和南昌市具有地方立法权，规划管理技术规定以地方政府规章形式公布。而图木舒克市是一个没有地方立法权的县级市，图木舒克市规划管理技术规定只能以地方政府或规划主管部门的规范性文件进行公布，为了提升严肃性，建议以政府的规范性文件公布。

3.内容设置

规划管理技术规定的主要任务与规划管理主管部门的任务密切相关。规划管理主管部门有5大板块的任务，分别是规划编制与审批建设、项目规划许可、规划监督检查、违章建筑查处和乡村规划管理，城市可根据自身需求确定规划管理技术规定的内容设置，如针对图木舒克市兵团的特殊管理体制以及本身的实际需求，确定规划编制与审批、建设项目规划许可和规划监督检查3个板块作为规划管理技术规定的重点编制内容。

规划编制过程中进行了相关案例的搜集，完成了对颇有影响力的上海、深圳技术规定的搜集及相类似城市的规划管理技术规定搜集。研究其他城市的规划管理技术规定，可以发现，在章节设置中，用地和建筑是技术规定永恒的主题。随着城市管理的日益精细化，市政、交通和公服等方面引起越来越多城市的关注，还有一些章节是根据城市的发展阶段和自身特色设定。

三、新时期变化表现及内涵

新时期国土空间规划时代的到来，对城市规划管理也提出了新的要求。2023年10月24日，自然资源部发布《关于做好城镇开发边界管理的通知（试行）》，推进"三区三线"管理政策制定。原则上要求守住底线、有序实施、留有弹性、上下贯通。

1.变化表现

研究近两年其他城市规划管理技术规定可以发现，规划管理技术规定名称发生了变化，调整为"国土空间规划管理技术规定"。此外，框架内容也有所变化，目前有两种趋势：一种是名称虽变但条款设置与传统框架没有太大变化，例如达州市国土空间规划管理技术规定；另一种是章节条款与国土空间规划有密切联系，如威海市国土空间规划管理技术规定和茂名市国土空间规划管理技术规定，增加了国土空间规划的专有章节，以及城市更新和地下空间利用内容。

然而，仅局限于技术规定本身的变化研究是远远不够的，应该从更广泛的视野来审视城市普遍面临的变化，总体来看有四大变化。

一是国土空间规划时代体系下的全域管控要求，生态红线、永久基本农田和城镇开发边界的三区空间融合要求；二是人民城市、智慧城市、海绵城市等新理念和新技术对城市规划管理建设的新要求；三是随着国家社会经济的常态化运行和国土空间的底线约束，城市的用地空间从增量转存量，城市运营由土地财政转向功能赋新，城市管理由粗放型向精细化转型，城市发展形势及环境都发生了质的变化；四是住宅、建筑、环境卫生等一系列新标准、新规范陆续出台，都要求在城市规划建设管理过程中得到落实。

2.变化逻辑

这些变化体现在城市建设和管理的各个方面，烦琐复杂，我们试图在这些变化中抽丝剥茧，从需求角度寻求出一条逻辑主线，并用这条逻辑主线指导图木舒克

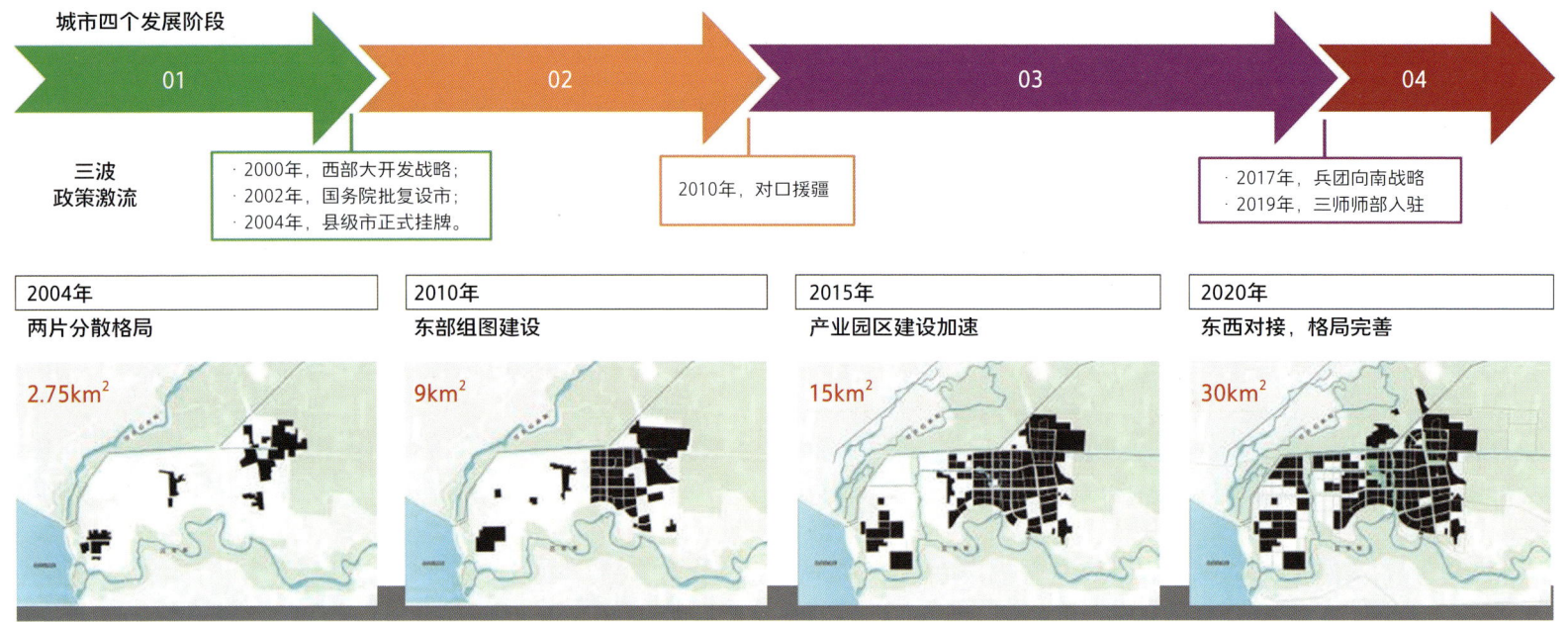

7.图木舒克市城市空间变化图

市技术规定关键条款的设置。目前寻找到4个需求逻辑:一是空间重绩效,这主要反映在用地兼容、混合用地以及城市更新等诸多方面;二是管控需要弹性,需要对精细化管理要求和特殊情况的指标设定进行弹性探索;三是主体人本化,摆脱以前的汽车主体思维,以人为本,建设品质优先的人民城市;四是客体生态化,生态保护红线、永久基本农田和城镇开发边界三区共融,建设生态城市。

四、图木舒克市规划管理技术规定

1.图木舒克市概况

图木舒克市是一个党政军企高度统一、具有特殊管理体制的兵团城市。由于区位特殊性,城市战略地位非常重要,《第三师图木舒克市国土空间总体规划(2021—2035年)》中明确图木舒克市为兵团向南发展战略格局中的南疆兵团副中心城市。从城市建设方面来看,图木舒克市是受政策驱动影响非常明显的城市,在西部大开发、对口援疆及兵团向南发展三波战略政策影响下的短短20年间,图木舒克市建成区面积从不到3km²发展到30km²,城市在经历了快速的空间扩张期后,进入品质提升期。

在城市品质建设过程中,逐渐发现在用地规划、建筑管控、交通、绿化、市政、生态等诸多方面存在些或大或小的问题,这给当地规划管理主管部门带来了很大困扰。上海同济城市规划设计研究院与图木舒克市签署了总师服务协议,每天持续不断地在规划编制与规划管理方面为其提供技术支持。在双方的交流沟通过程中发现,图市城市建设和管理目前主要依据的是2012年公布的《新疆城市规划管理技术规定》,由于年代久远,许多规定条款已不再适宜,双方达成共识,尽快编制《图木舒克市城市规划管理技术规定》。

图木舒克市作为南疆兵团副中心城市,对城市发展有更高的要求。在当前的国土空间规划时代下,城市建设又遇到了前所未有的难题。针对现实存在的问题,技术规定条款需要能够实践落地。响应政策要求、适应时代变化及缓解现实压力,这三个方面都对图木舒克市规划管理技术规定的编制提出了更高要求,应该有针对性地解决。

2.规划管理技术规定编制思路

图木舒克市规划管理技术规定编制原则确定为以需求和特色为导向的规划建设管控体系。第一个编制原则是需求导向,编制组参与了图木舒克市的国土空间总体规划、中心城区详细规划以及风貌品质提升等多个专项规划,对图木舒克市现状及发展需求有较为深入的了解。第二个原则是因地制宜,该项目是在《新疆城市规划管理技术规定》的基础上,适度调整修订,同时体现图木舒克市的地方性和特色性。此外,遵循充分借鉴和协同编制的原则。

规划确定"研定判磨"四字诀的编制技术路线。在充分研究的基础上,剖析实际需求,确定框架内容,同时,不断反馈、调整和磨合细节,最终形成图市技术规定的完整成果。

3.规划管理技术规定框架调整

在新疆技术规定的基础上,适应新时期需求和变化,对《图木舒克市城市规划管理技术规定》框架进行初步探索和调整,主要进行三个方面的调整。一是顺应国土空间规划时代的到来,落实国土空间总体规划的相应要求,增加了国土空间规划和城市更新的章节内容。二是结合图木舒克市管理体制的兵团管理特殊性、规划审批工作人员水平有限及无相应法定依据的实际工作需求,增加韧性国土空间规划和规划批后管理的内容。三是考虑图木舒克市中心城区规划管理的需求更为迫切的实际情况,本轮编制的规划管理技术规定适用范围为中心城区,因为中心城区的历史文化保护内容较少,故去除新疆城市规划管理技术规定中的历史文化保护相关内容,同时增加图木舒克市更为迫切需要的风貌城市设计和交通内容。初步形成一个12章的框架体系。

4.应对变化的关键条款设定

图木舒克市规划管理技术规定在条款设定时,紧紧跟随时代发展变化,分别对应落实四大需求逻辑,本文就以此为序,逐一选择关键典型条款进行简单说明。

8.图木舒克市某地块实景鸟瞰图

（1）空间重绩效

"空间重绩效"逻辑下重点关注"用地条款"的设定。图木舒克市规划管理技术规定用地条款的内容编制主要进行了两项工作。

一是将2023年11月发布的用地用海分类的新标准，纳入规划管理技术规定，且结合图木舒克市实际情况进行用地用海分类的调整，如去除海洋类有关用地分类。

二是重点进行混合用地的探索。大多城市规划管理技术规定都提到了用地兼容和适建性规定。而混合用地是两种或者两种以上用地功能的高度复合利用，它的混合种类、混合程度和混合方式与原先的用地兼容存在质的差异。

2020年4月《关于构建更加完善的要素市场化配置体制机制的意见》中创新提出"探索增加混合产业用地供给"，这是官方层面首次提出支持"混合产业用地"，此后国家陆续出台有关政策支持，上海、北京、杭州、武汉、深圳、厦门等许多城市也进行了混合用地的实践探索，出台了相应的地方政策。图木舒克市主要借鉴上海和北京的探索实践，建议从街区功能混合、地块性质兼容和建筑用途转换三个层面，用正负清单管控、面积比例管控及供应机制管控三个管控手段，进行图木舒克市混合用地管控引导。

（2）管控需弹性

"管控需弹性"逻辑下重点关注绿化指标的设定。图木舒克市在实际建设过程中遇到审批难题，研究后建议，在大地块满足绿地率30%的情况下，若边角地块单独出让，绿地率可以降低到10%，便于土地出让和实际建设。

（3）主体人本化

"主体人本化"逻辑下重点关注公共服务设施指标的设定。衔接居住区规划设计标准、新疆住宅设计标准，增补垃圾回收设施、快递服务设施及养老服务设施要求，满足人自身的多项需求。

（4）客体生态化

"客体生态化"逻辑重点关注建筑及风貌条款设定。建筑方面，为促进建设用地集约建设，调减过高的道路退距规定。另在新疆规划管理技术规定建筑和蓝线的退距规定之外，随着国土空间规划时代的到来，增加永久性基本农田、城镇开发边界和生态保护红线的退距规定，实现三区共融、有机和谐。

风貌方面，根据图木舒克市的实际发展需求，建议在有建筑界面连续要求的地段增设贴现率指标，并在不同功能主导的道路上，贴现率也给予一定的弹性空间。同时建议增加建筑色彩、群体组合变化的控制要求，引导沿街道路色彩梯度有节奏变化，并在不同功能为主的道路上，设定不同的最大连续界面控制距离，构建图木舒克市生动而丰富的城市风貌。

参考文献

[1] 耿慧志, 张乐, 杨春侠. 《城市规划管理技术规定》的综述分析和规范建议[J]. 城市规划学刊, 2014(6): 95-101.

[2] 黄娜, 李汉飞. 城乡转型时期地方性规划技术规定的修订探讨[C]//中国城市规划学会. 持续发展 理性规划——2017中国城市规划年会论文集（12城乡治理与政策研究）. 北京: 建筑工业出版社, 2017.

[3] 耿慧志, 张晨杰. 城市规划管理技术规定的比较分析——以上海、深圳为例[C]//中国城市规划学会. 规划50年——2006年中国城市规划年会论文集. 北京: 建筑工业出版社, 2006.

[4] 李畅, 陈璐青, 欧瑶. 国土空间规划背景下的技术规定转型研究——以长沙市技术管理规定修编为例[J]. 城市建设理论研究(电子版), 2023(12): 4-6.

[5] 高萌萌, 于茜. 精细化转型背景下《青岛市城乡规划管理技术规定》修订研究[J]. 城市建设理论研究(电子版), 2020(6): 13-15.

作者简介

陈娜姿，上海同济城市规划设计研究院有限公司空间规划研究院主创规划师；

程相炜，上海同济城市规划设计研究院有限公司空间规划研究院创新一所所长。

理想空间 IDEAL SPACE

治理视角下城市品质提升的价值导向与规划实践
——以沈抚改革创新示范区为例
Value Orientation and Planning Practice of Urban Quality Improvement from the Perspective of Governance
—Taking Shenfu Reform and Innovation Demonstration Zone as an Example

刘 笑
Liu Xiao

[摘 要] 目前我国城镇化进入以提升质量为主的转型发展新阶段，城市建设进入了追求品质优先和美好生活的后半场。新时期城市品质提升应以人民美好生活的需求为核心，重点围绕城市的区域价值、空间场所、服务品质、设施支撑、现代治理五个方面升维，实现从"快速建城"向"品质营城"转变。以沈抚改革创新示范区为例，在融合评估凝聚共识、顶层设计汇聚共栖、场景营城促进共享、行动计划实现共治四个方面深入探讨了城市品质提升的规划实践。

[关键词] 城市治理；品质提升；价值导向；规划实践；沈抚改革创新示范区

[Abstract] At present, China's urbanization has entered a new stage of transformation and development focusing on improving quality, and urban construction has entered the second half of pursuing quality priority and a better life. In the new era, the improvement of urban quality should focus on the needs of people's better life, focusing on five aspects of urban regional value, space, public services, facilities support and modern governance, so as to realize the transformation from "building a city quickly" to "running a city with quality". Taking Shenfu Reform and Innovation Demonstration Zone as an example, the planning practice of urban quality improvement is discussed in four aspects: convergence and consensus of integration evaluation, convergence and coexistence of top-level design, promotion and sharing of scenes and cities, and realization of joint governance of action plan.

[Keywords] urban governance; quality improvement; value orientation; planning practice; Shenfu Reform And Innovation Demonstration Zone

[文章编号] 2024-97-P-114

城市是推动高质量发展、创造高品质生活、全面建设社会主义现代化国家的重要载体[1]。改革开放以来，我国经历了世界历史上规模最大、速度最快的城镇化进程。第七次全国人口普查数据显示，当前我国居住在城镇的人口达到90199万人，占63.89%。城市已成为我国经济、政治、文化、社会等方面活动的中心，在国家工作全局中具有举足轻重的地位[2]。

党的二十大报告中提出"坚持人民城市人民建、人民城市为人民，提高城市规划、建设、治理水平，加快转变超大特大城市发展方式，实施城市更新行动，加强城市基础设施建设，打造宜居、韧性、智慧城市"。如何响应新时期城市的发展要求，构建高品质人居环境，积极探索城市治理现代化的有效路径，是本文的重点研究内容。

一、我国城市品质提升的实践与启示

1.我国品质提升的经验——从新中国成立初期的"因需求量"向十八大之后的"品质优先"转变

起步探索阶段（新中国成立后至改革开放），以"补短板"为主导，面向基本生活需求的供给。以恢复生产为中心，围绕为生产服务、为工人服务。城市规划附属于国民经济社会发展计划，是"国民经济计划的延伸和具体化"，城市规划以高度集中的国家投资体制为依托，为社会主义工业化服务[3]。

快速发展阶段（改革开放至2012年），以"优功能"为主，面向生产、生活的物质空间供给。我国城市建设进入了大规模的"空间生产"阶段[4]，城市规划在顶层设计上提出有效的框架指引，构建了较为完善的城市规划核心体系，明确了各项规划建设标准，为各类城市服务配套建设的标准化提供依据。

内涵提升阶段（2012年至今），以"提品质"为主，面向美好生活的多样化、多层次的服务供给。我国进入了生态文明建设时期，追求质量的新型城镇化上升为国家战略。规划强调面向服务人民美好生活需要、彰显美好生活体验，城市建设面向质量、品位和层次的提高。

2.城市规划的初衷与应对

第一，"人民至上"是城市规划不变的价值追求。"人民城市"是新时期的城市治理的价值导向，围绕人民的多样化、多层次需求，不断提升群众的获得感。2022年"人民城市"作为国家执政理念的提出，系统地回答了新时代"为谁建设城市、建设什么样的城市、如何建设城市"的根本问题。对中国式现代化城市多年来实践提炼并总结，是新时期城市发展突显美好生活的价值坐标，也是未来城市高品质营城的重要方向。

第二，不断探索多元化的技术方法和有效的实施路径，是新时期面向精细化的城市治理的重要方向。原有侧重目标蓝图和增量扩展的传统规划方式，忽略了对实施路径和对既有建设优化提升的关注的方式不可持续，应转变城市发展逻辑，培育城市发展的新动能[4]，促进以人为核心的新型城镇化，打造"更宜居、更智慧、更韧性"的城市。

二、新时期城市品质提升的价值导向

生态文明语境下，高品质营城规划的逻辑起点应由吸引产业转变为吸引人，"人民城市"应围绕人民美好生活的需要，不断满足人民多样化、个性化的需求，重点在区域价值、空间场所、服务品质、设施支撑、现代治理五个方面升维，实现从"快速建城"向"品质营城"转变，引导城市品质全方位的提升。

（1）区域价值，由"产城融合"向"三生融合"

引导绿色化的生产和生活，统筹城市生产、生活、生态三大布局，推动城市健康可持续发展。强化科技创新成为城市增长动力，推动绿色经济和数字经济发展。

（2）空间场所，由"空间建造"向"场景营造"

围绕特色场景塑造空间载体；注重城市公共空间和环境的整体规划设计和营造，注重共享办公空间、公园等非正式空间的建设。结合城市更新提升公共空间艺术性和趣味性，增强市民舒适体验。

（3）服务品质，由"公共服务"向"消费服务"

搭建国际化对外交往平台，吸引优质国际资源和知名服务机构，提升国际化、定制化的服务，提升地区品牌力和影响力。推动生活服务与公共服务互嵌式、阶梯式发展，满足人民高层次的社会性和心理性需要。

（4）设施支撑，由"被动响应"向"主动适应"

引导智慧化的设施和服务，增强城市应对突发安全威胁或灾害的抵御力、适应力、调节力和恢复力。构建强化极端灾害事故应对，完善场景化、预案式的全过程防灾减灾体系[5]。

（5）现代治理，由"设施共建"向"包容共享"

强化全民共享，注重城市的包容性和归属感，树立系统思维、探索全周期管理的理念，推动城市治理精细化，推动城市营商环境持续改善，治理体系和治理能力现代化水平不断提升。

三、沈抚示范区城市品质提升的探索

本次工作基于对示范区成立五年来规划建设的全方位评估，聚焦25km²高品质核心区，围绕城市创新发展与人民美好生活，按照"找问题—建体系—落载体—塑示范"的思路开展工作，探索面向国土空间全要素、

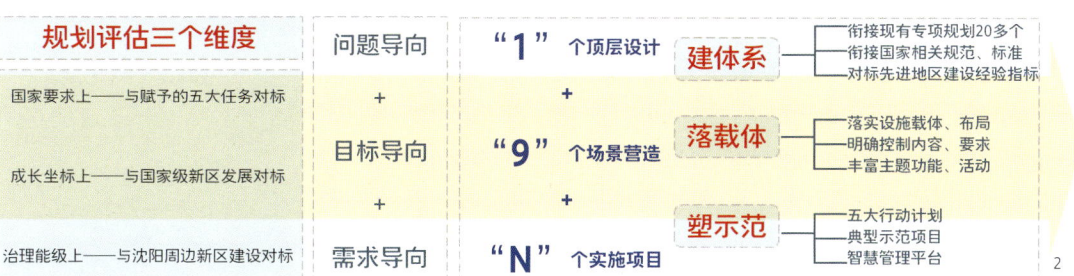

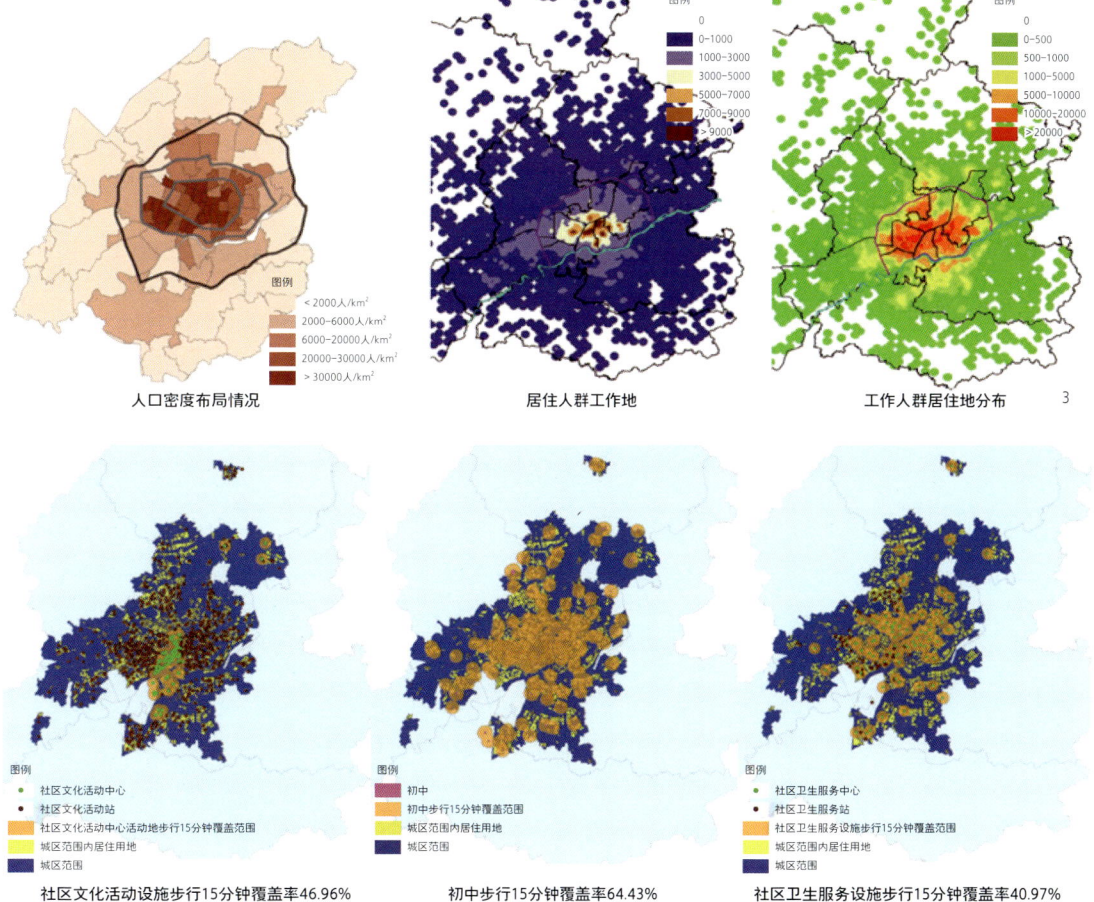

1.高品质营城核心区范围以及各个层级编制的相关专项规划（部分）情况分析图
2.高品质营城实践路径图
3.示范区与沈阳外围新区人群"工作—居住"的评估分析图
4.示范区与沈阳外围新区公共服务配套覆盖程度的评估分析图

5.“1+2+N”的全要素支撑体系图
6.服务支撑体系图
7.三年行动计划图

5

级别		生态融合	绿色出行	全时教育	健康医养	特色消费	文旅休闲		创新创业	智慧韧性	包容共享
区域级		浑河公园	公交枢纽 四位一体站	高中教育	综合医院	商业中心 特色商业街	白沙岛博览中心 白沙岛论坛展示 白沙岛滨湖演艺中心	综合体育运动公园 健身慢道	成果转化平台 知识产权综合服务平台	污水处理	城市大脑
		浑河慢道	地铁	艺术类学院		大型超市	改革创新文化馆		人才市场		
		综合公园	静态停车	老年教育 职业教育	专科医院 区域医养中心	商业综合体	白沙岛4A级景区接待中心	主图旅游景区旅游路线	创业服务 就业培训	综合能源站	
			轻轨	国际中小学 国际幼儿园	省疾控中心	酒店	玄菟郡文化博物馆		孵化器		
片区级		小沙河等绿道 专类公园	静态停车	—	—	片区商业综合体	—	全民健身中心	科技馆 媒体发布中心	—	—
邻里级	15分钟生活圈/工作圈	社区公园	公交及微循环	初中	卫生服务中心	菜市场/生鲜超市	文化活动中心 多功能厅 展览厅	三大球球馆 足球 排球	双创空间 产品展示中心 共享办公中心	垃圾转运站	行政管理派出所
			机动车停车	小学	门诊部		影院 电脑室	篮球 三小球球馆	众创服务中心 公共交往中心		社区智慧APP
		街头绿地	非机动车及共享单车停车场	儿童服务中心 家庭科学育儿指导站	养老服务中心	餐饮设施 银行营业网点	视听与互动传媒 视觉艺术	健身馆 游泳馆	职业中介	雨污分流	消防站
			充电桩	全年龄教育活动室	弱势群体服务中心	电信营业网点 邮政营业网点	休闲娱乐	户外健身场			
	5分钟生活圈	口袋公园	非机动车及共享单车停车场	幼儿园 托儿所	卫生服务站	生活服务中心	文体活动室 阅览室	室外健身场地 篮球场	失业救助站	公厕	社区基层服务机构
				儿童之家	老年活动室	便民商店	棋牌室 活动室	网球场 羽毛球场		垃圾收集点	警务室
			机动车停车	共享书房	老年人日间照料站	社区商业中心	信息苑 自助图书馆	儿童活动场地 慢跑道		废旧回收点	快递驿站

（灰色背景部分为待完善的设施，白色背景部分为已有设施）

6

五大任务	九大场景	序号	重点任务	任务内容
绿色韧性支撑	生态融合场景	1	打造“高颜值”生态融合新名片	加强金水湖、光华湖环湖蓝绿空间高质量建设约100hm^2
		2	推进环湖慢道系统建设	结合两湖建设同步推进慢道空间建设约1km
		3	搭建智慧健康步道全民健身互动平台	结合慢道空间设置智慧设施5个
	智慧韧性场景	4	建立安全多源的供水系统	新建给水主干线连网工程全长19.5km
		5	推进污水处理高质量发展	新建玄菟污水厂，近期规模5万吨/日
		6	提高城市排水防涝能力开展	编制提质争效实施方案，编制海绵城市专项规划，编制防洪防涝规划
		7	打造高效智能的电网系统	加强新能源推广光伏覆盖率力争达到50%，新建66kv金橙变
		8	建设智慧高速通信网络	5g基站覆盖率100%
		9	升级清洁可靠的供热系统	新建综合能源站
		10	提高固体废物循环利用水平	建设生活垃圾分类示范区
		11	建设稳定韧性的公共安全体系	浑河100年防洪标准，白沙河20年防洪标准
	绿色出行场景	12	提升交通基础设施	完善核心区路网建设，新建、续建道路19条，长度25.7km；新增7条公交线路，4处公交场站，174处公交站亭；47个路口16处卡口交通信号、视频监控、电子警察设备安装
		13	加强智慧路建设	增设智慧灯杆
		14	启动智轨示范线建设	全长15.2km
现代产业服务	全时教育场景	15	打造产教融合的职业教育基地	结合三大医院、锦联梦工厂等企业，搭建4处广全职业教育大学的产教实训基地
	健康医养场景	16	塑造医产融合和生命健康集群	结合方大医疗小镇、省肿瘤医院、七喜宝璋医院、一方天年数字医疗产业园形成生命健康产业集群
国际品质环境	全时教育场景	17	布局优质均衡的基础教育体系	已建小区幼儿园覆盖率100%，中小学覆盖率达到60%
		18	提高国际多样的教育服务水平	与国际知名学校进行师生交换，增设3处全年龄教育活动室
	健康医养场景	19	建设医养结合的公共卫生体系	已建住宅所在生活圈的卫生服务中心、老年服务中心、卫生服站、老年服务站覆盖率100%
		20	搭建医家互通的智慧医疗平台	搭建“医院-社区-家庭”互通的智慧医疗服务平台
	文体休闲场景	21	打造多元文化交融的前沿阵地	结合国际会展中心和玄菟郡遗址打造2大文化设施集群
		22	强化浑河大型公共活动吸引能力	完善浑河沿线绿岛及服务设施，强化大型活动的举办
		23	打造高水平全域旅游示范区	开发建设4处高品质环湖、滨河、乐园休闲体验设施，提升流量经济
	特色消费场景	24	建设全面覆盖的基层消费设施	已建住宅所在生活圈的基层社区商业中心覆盖率100%
		25	打造多样宜人的主题商业街区	建设方大康养主题商业街，盘活金朗商业街
		26	提供亲水亲绿的绿色消费场景	结合白鹭湾布置户外露营场地、水上运动基地
创新创业环境	创新创业场景	27	形成全过程创新生态	布局一批企业研发中心、孵化一批科技企业
		28	构建全链条的科技服务体系	布局一批成果转化平台和专利服务平台
		29	创建高水平众创空间	建设一批功能混合、类型丰富、灵活共享的办公空间
现代治理水平	包容共享场景	30	建设类型多样的活力社区	引入各类创新人群，配套专属特色设施
		31	健全社区共建的体制机制	初步建立特色社区治理架构
		32	实现“数智沈抚”的智慧升级	智慧赋能，打造数字化社区服务平台

7

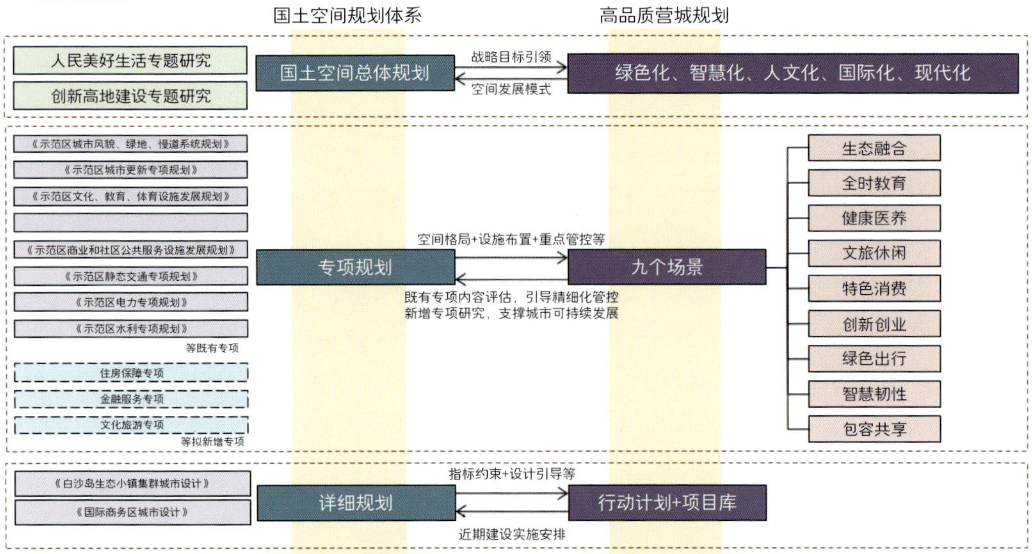

多专业协同全场景、项目实施全周期、全民共享协同共治的高品质营城规划实践路径。

1.评估成效汇聚“共识”，全面梳理优势与问题

融合评估阶段，坚持问题、目标、需求双导向，利用人流大数据、企业大数据、手机信令、灯光数据、遥感变化、POI等新型数据的空间识别方法，全面评估示范区成效与问题。第一，在战略目标上，围绕国家赋予的五大任务“科技创新、对外开放、新型产业、绿色发展”等内容开展评估，发现示范区高等级平台和空间载体缺失，科技创新领域的产研转化和结合程度有待加强。第二，成长坐标上，对人民的“供给—需求”开展评估，重点围绕“品质服务、智慧低碳、人文底蕴”等内容，发现生活性服务配套服务供给能力不足、均等化不够的问题；高端人才对于文化、休闲的需求缺少空间载体等问题。第三，治理体系上，虽然政府基础设施、生态设施、产业设施类项目实施有序推进，人才政策、产业落地等扶持政策有序落地，但存在与沈阳同维度地区特色化、差异化不显著的问题。

2.顶层设计凝聚“共栖”，建立高品质城区发展范式

第一，通过规划框架搭建、城市设计引领、专项规划支撑、控规实施管控，强化规划一张蓝图干到底。国土空间总体规划层面突出目标导向，围绕创新高地和美好生活两个着力点提出高品质营城的战略思路，引领城市绿色化、智慧化、人文化、国际化、现代化建设。专项规划层面突出问题导向，衔接与城市未来生产、生活、生态的九个场景，一是开展既有35项专项规划的实施评估工作；二是面向新场景、新要求、新技术进一步补充完善科技、住房、金融等相关专项编制。详细规划层面，突出需求导向，是对高品质项目库的具体落实，是建设实施和运营管理的操作指南，突出对用地指标的约束性、对空间形态的引领性作用，落实“品质型”城市共享发展成果。

第二，围绕示范区五大任务，在九个场景初步建立“50+10”的高品质指标体系。一是践行示范区历史使命，重点提取专项规划中各个要素在城市发展中的“改革创新”特征，形成沈抚特色。基础指标50个，作为地区高品质发展的底线指标，结合城市体检评估，判断城市发展状况。特色指标10个，强化地区的特性和个性，提升地区艺术性。二是探

索高品质指标体系，建立高品质城区服务的"标准尺"，形成可推广可复制、可量化可评估的"沈抚样本"。

3.场景营城促进"共享"，满足多元需求的优质服务供给

构建"4类、9场景"的场景营造框架。结合地区重点功能和空间结构，明确9个场景发展目标、重点任务、评估指标、项目库建设等内容。对根据场景的现状基础，构建"补设施—优空间—增服务—搭平台"4类营建方式。①"补设施"，构建"区域级—片区级—邻里级"服务设施体系，作为九大场景建设的支撑载体。②"优空间"，激活公共空间价值，以精细化设计提升城区活力。③"增服务"，扩大优质服务消费供给，挖掘服务价值的"增量"。④"搭平台"，以"创新社区+活力街坊"为载体，引导城市创新型服务建设。

4.行动计划实现"共治"，推动示范项目全周期实施

第一，有效衔接示范区全面振兴新突破行动方案（2023—2025年），重点在"公共医疗、教育、智慧交通、现代服务业、生态环境"等领域实施5大行动计划、32项重点任务、500余个建设项目储备库，形成整体行动方案。重点将150余个近期实施的项目清单纳入多规合一综合管理平台，从项目生成、招商、策划、立项、审批、建设等环节，实现一张蓝图贯穿项目工程建设全生命周期管理。

第二，城市更新方面，积极主动贯彻落实部省共建城市更新行动工作部署，大力盘活闲置项目，重点推动在完整社区建设、既有建筑改造利用、历史文化遗址保护、生态修复等方面建设，探索"城市更新政策性贷款""社会资本方投资+政府补助""方案设计+社会资本投资+运营"等投融资模式。在片区开发方面，引导"城市设计—控规—土地出让—单元开发—实施统筹"全流程把控，搭建智能建造监督管理平台，以"全过程咨询服务、工程总承包施工、平台可视化管理"三位一体，奠定了对工程项目进行精细化管理的基础。

第三，利用"智慧化住建管理平台"，促进跨部门、跨行业、跨地区信息共享与互联互通，各类信息可视化。重点对项规划审批、交通管理、环境管理、不动产管理等板块进行功能整合，促进公共服务便捷化、市政公用设施智慧化、网络与信息安全化，使城市建设更加有序，城市管理更加精细，政务服务更加便捷，行业管理更加高效[6]。

8 创新社区示意图

四、结语

"城，所以盛民也；民，乃城之本也。"人民是城市建设的主体，也是城市建设成果的共享者[7]。让人民群众在城市中生活更好，应成为城市品质提升的重要价值标尺。同时，我们也应该清晰地认识到"城市发展的品质，并不是简单的高标准，最关键的是生活在城市里的人，是他们的满意度，是他们能够观赏、体验和感悟的家园氛围"[8]。因此，城市规划应面向人民对美好生活的需求，与经济、社会、民生等多领域有效衔接，不断积累可操作、可复制的项目实施经验，探索因地制宜的品质营城路径，让发展成果更多、更公平地惠及全体人民。

项目负责人：刘笑
主要参编人员：马玲、陈思宇

参考文献

[1]施芝鸿. 全面践行人民城市理念[J]. 红旗文稿. 2023(23): 9-12.

[2]卢庆强. "人民城市"理念的人民主体观与城市现代性[J]. 新型城镇化, 2023(7): 12-15.

[3]何娟. 形成需求牵引供给、供给创造需求的更高水平动态平衡[N]. 人民日报, 2023-02-24(5).

[4]陈飞. 准确把握人民城市的三个理论内涵和五个发展维度[EB/OL]. (2020-09-05) [2024-04-17]. https://export.shobserver.com/baijiahao/html/285549.html.

[5]张强, 黄盛尚, 谢建和. 城市品质提升助推城市更新的福建省实践[J]. 规划师, 2023, 39(10): 120-125.

[6]张莉. 国土空间规划视角下的上海城市设计技术体系构建思考[J]. 规划师, 2022, 38(12): 94-99.

[7]李扬. 人民城市人民建，人民城市为人民[N]. 光明日报, 2023-12-06(02).

[8]石楠. 编者絮语[J]. 城市规划, 2018(08): 1-2.

作者简介

刘　笑，沈阳市规划设计研究院有限公司主任工程师。

文化传承背景下历史古城展示规划方法体系研究进展
——以唐长安城为例

Research Progress on Exhibition Planning Methodology for Historical Cities Under the Background of Cultural Heritage Transmission
—A Case Study of Tang Chang'an City

李 晨 王馨怡 侯星羽
Li Chen Wang Xinyi Hou Xingyu

[摘 要] 保护与展示利用是文化传承的重要相关环节，目前保护规划作为法定性规划，其方法体系已相对成熟。展示层面，现行历史文化展示工作更多是针对局部历史文化要素的展示与设计，而针对历史古城整体范围普遍缺乏系统的展示性规划体系。本文结合唐长安城案例研究，基于其地面遗存少、文化感知弱等现实问题，探索适用于地面遗存少的历史古城文化展示方法，初步建立历史古城展示规划内容体系，并作适度留白可供未来进一步拓展调整，以适应不同城市的需求。

[关键词] 历史古城；展示规划；文化传承；唐长安城

[Abstract] Protecting and showcasing cultural heritage are crucial aspects of cultural transmission. Currently, conservation planning, as a statutory requirement, has developed a relatively mature methodological framework. On the exhibition front, current efforts in historical and cultural displays predominantly focus on showcasing and designing local historical and cultural elements, while systematic exhibition planning systems for the comprehensive scope of historical cities are generally lacking. This paper, through a case study of Tang Chang'an City, addresses practical issues such as sparse ground remains and weak cultural perception. It explores methods for cultural display in historical cities with limited ground remains, initially establishes a content framework for historical city exhibition planning, and suggests further expansion and adjustment to meet the needs of different cities.

[Keywords] historic city; exhibition planning; cultural heritage; Tang Chang'an City

[文章编号] 2024-97-P-118

一、研究背景

在中华民族走向伟大复兴的新时代，党中央高度重视城乡历史文化保护传承与文化展示传播工作。开展历史古城文化展示研究，对于弘扬中国文化自信与影响力、带动地方城市发展具有重要现实意义。

由于东方古城以木构建筑为主，历史城市建筑大多已消失，地面遗存少、文化感知弱是我国历史古城区别于西方历史古城的主要特征。尤其是在历史城市的根基上发展而来的现代城市，其与历史古城形成叠压空间关系，这样的情况分布十分广泛。大到都城，中到府城，小到县城，均有各自历史文化资源与底蕴，传承展示历史文化十分必要，除唐长安城与西安主城以外，如元大都、明清北京与北京主城，唐洛阳城与洛阳主城等。因此，开展历史文化展示研究具有普遍性需要与普适性意义。

由于缺乏宏观战略层面的研究与整体部署，历史古城文化保护、旅游发展与城市功能系统割裂。除景区外，城市文化气息不够浓厚。相较于保护规划体系，基于历史古城整体层面的展示规划体系尚未形成。

本研究基于唐长安城外郭城城墙向外扩1~2个街区为展示规划控制范围，总面积约91.93km²。外围研究范围扩展到西安都市圈乃至关天区域，涵盖周边山、水、塬以及帝王陵墓与各类遗址。

二、唐长安城历史文化空间现状

唐长安城是中华文明重要标识地，是中国古代都城营造典范和人类共有的文化遗产。由于千年历史演变，唐长安城与西安中心城区高度叠压，基于史料研究和实地调查，唐长安城已探明遗址点及文物出土点共计154个，其中包含大雁塔、小雁塔、圜丘遗址、西五台遗址、玄武门西段城墙遗址、芳林门东段城墙遗址共6个地上遗存，东市遗址、明德门遗址等18个保存良好的遗存。总体来看，唐长安城现状地上遗存仅6处，属典型的地上遗存少的东方历史古城现状特征。

虽然已探明的地面遗存较少，但由于作为东方古代营城的典范，其文化价值依然很高。因此，如何在大西安城乡建设中传承展示唐长安城历史文脉，发挥历史文化价值，通过资源转化带动城市发展是当下的重要使命。

三、唐长安城展示规划思路与方法

1.理念与原则

其一，优先保护已发掘唐长安城历史遗存，在保护的基础上充分展示并合理发挥利用其历史文化价值，按照百年保护与展示的时间尺度计划，并与近期建设实施相结合。其二，重点展示城墙、城门、宫市等框架性要素及重要标志性建筑。其三，探索文化保护、旅游发展与城市功能三位一体融合发展模式，让历史走入市民生活。其四，活化软质文化，增强历史文化空间感知度与体验性。其五，树立整体的历史价值观，统筹隋唐、明清与近现代各时期文化空间关系，确立文化定位、文化功能与文化空间的系统性规划设计方法。

2.思路与方法

借鉴国内外特别是韩日等国研究实践，针对东方木构建筑为主的古城遗址特征，运用新技术手段和学科交叉，持续开展了唐长安城保护展示方法集成和创新，探索与法定规划相衔接的展示规划编制体系。

（1）总体展示思路

确立物质空间和软质文化两大展示内容，形成文化空间基因传承和文化精神两大基因传承路径。在此基础上，结合西安城市发展目标与条件，逐渐形成感知游线串接，并与现代城市职能要求和公共空间功能融合的宏观框架、中观场所、微观符号的三层次展示空间体系。

其一，展示宏观格局框架。结合遗址挖掘和历史资料，强化对城墙、城门、轴线、宫市等框架性要素统一控制、动态展示、逐渐强化，形成唐长安整体结构感知，解决碎片化问题。以朱雀大街、大明宫、大小雁塔等为主体，构建唐长安总体展示框架，同时明确外围山水格局、台原地貌、别业苑囿等风貌展示思路。

其二，展示中观场所环境。强化展示空间与现代城市功能公共空间相结合，增强唐文化感知度与体验性，让历史走入市民生活；活化诗词书画等软质文化，通过公众参与、演艺活动文化推广、影视剧、旅游纪念品等展示唐文化丰富内容、历史典故和精神特质。

其三，展示微观形态符号。通过建筑写意与复原、植被营造、活动策划等途径，结合兴庆宫、城墙城门、VR唐长安等展示项目和文化场馆、旅游景点等公共场所，进行综合展示与传承推广。

（2）确立五大展示方法和五大感知途径

途径包括意象符号展示（写意）、形态写实展示（写实）、虚拟现实展示（VR）、文化活化展示（活动）、文化宣传展示（精神）。针对无地物遗址物质空间，确立多感官感知补差完型、促成感知者认知联想，进而达成肌理构架等形态符号多维展示与文化内涵多路径传承方式。

确立以视觉为主的五大感知途径，包括听觉、触觉、嗅觉、味觉，目标是全感官沉浸式展示。依据多年研究成果，建立视、听、触、味、嗅等全感官沉浸式感知途径。通过视觉、听觉补差等方式，形成历史场景感知完型和联想，营造具身体验的唐文化氛围。

四、唐长安城展示规划工作体系

1.唐长安城展示规划编制体系

当下展示规划缺乏系统性的研究与工作实施机制，亟待强化展示规划编制体系。对接保护规划等法定规划，构建形成"展示总体规划+展示详细规划+展示专项规划"的展示规划编制体系，并与法定规划、城市设计相衔接。

（1）总体展示规划

全面梳理唐城墙等古城框架要素与核心问题，结合历史要素和现实建设情况，建立展示要素评估体系，对要素的历史遗存度、历史重要度、空间耦合度、周边衔接度、空间表征度、建设实施度6个评估指标进行评级，形成对唐长安城内历史遗存的展示强度与优先顺序评级，形成展示强度评估图，以合理选择历史文化空间的展示和发展方式。

提出建设具有东方神韵的世界一流文化旅游目的地的唐长安城历史文化区总体目标定位。以朱雀大街、唐城墙等为主体，构建"三环、五轴、六区、多点"的唐长安总体展示框架，在此基础上，结合现状城市地块边界，划定20%区域作为重点展示区域，并建议开展详细展示规划工作。同时，城市道路串联已有项目和展示项目，形成环唐城墙等特色旅游感知线路。

明确外围山水格局、台原地貌、别业苑囿等风貌展示思路。在唐城墙部分展示项目基础上，进一步明确整体框架保护展示策略和远景实施目标，为总体规划和周秦汉唐大遗址连绵区保护申遗等提供依据。

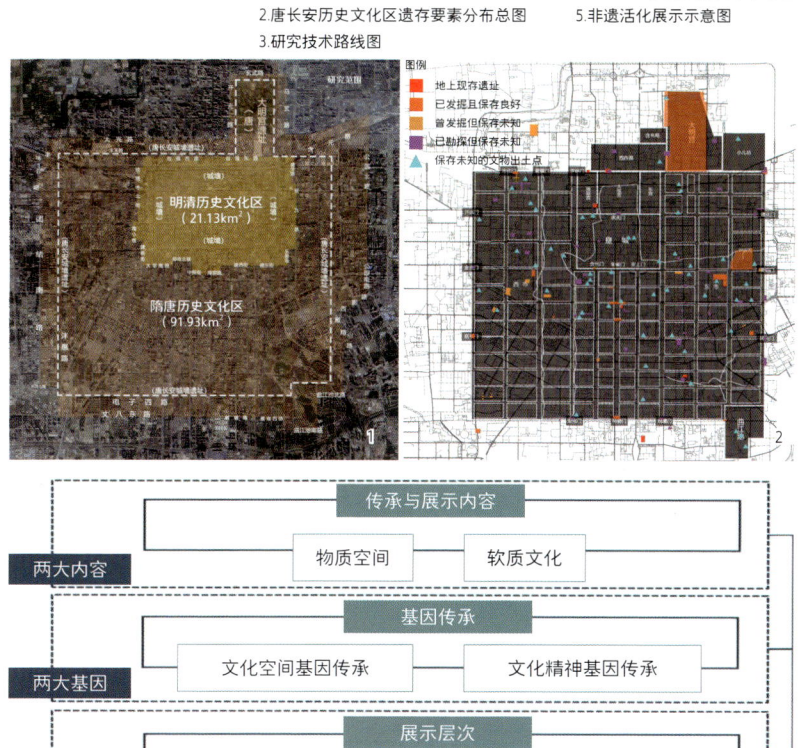

1.研究范围图
2.唐长安历史文化区遗存要素分布总图
3.研究技术路线图
4.展示规划实施衔接体系示意图
5.非遗活化展示示意图

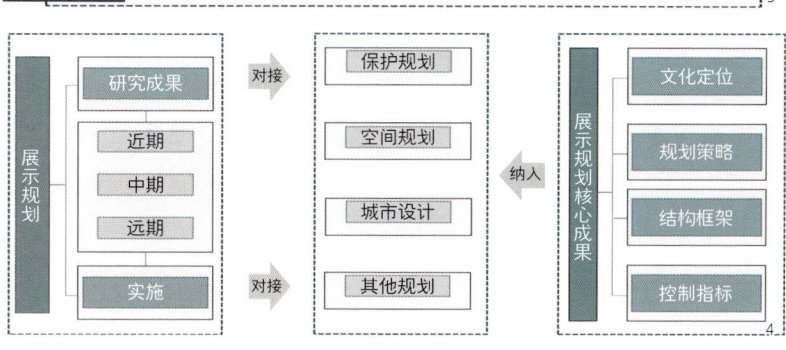

6.文化传承与人的感知关系示意图
7.唐长安城文化空间展示强度评估图
8.环钟楼步行街主题示意图
9.唐长安历史文化区现状高层建筑分布图
10.小雁塔—安仁坊历史文化片区展示意向图

（2）详细展示规划

结合重点展示区域，运用多元化展示方法和全感知途径，对城墙、城门、里坊、市肆等重要标志性场所进行详细规划研究，在充分展示基础上，带动城市公共空间建设，并与市民生活相结合。

整体标记唐城墙及城门位置并划定保护及控制范围，限制范围内新的开发建设，已有建筑应逐步疏解并拆迁，有条件的区域建设林带，有现状建筑和已审批建筑的区域，近期建立标识体系。围绕交通站点，探索文化展示、休闲旅游、生态营造与城市开发结合的综合型TOD模式；重点建设高线慢行公园、自行车高速公路、运动步道专线等，优化解决区域通勤交通与市民休闲问题；策划组织环唐城墙马拉松、自行车等体育赛事，提升唐城墙地理空间的辨识度与影响力。

保护展示承天门、玄武门、延兴门、西南城角等唐长安重要文化标识工程。通过公共建筑、广场、装置雕塑、灯光及XR等多种方式展示、标记玄武门、芳林门、金光门、延兴门等重要城门意象，彰显隋大兴/唐长安城的宏大意象和空间格局，形成历史文化地标。

探索文化保护、旅游发展、城市更新三位一体模式，保护传承老西安文化，打造环钟楼步行街区。基于北院门及钟鼓楼区域旅游承载压力和西安老城品牌步行街缺失的现状，以微更新为原则，营造特色空间序列节点，构建传统文化与现代生活、民俗文化与时尚艺术交融并存的慢行休闲街区，结合近期城市慢行（city walk）火爆潮流和青年人群的传播力，打造西安老城步行街品牌，进而带动明清古城整体更新。

（3）专项展示规划

对唐诗、植被、地理标识等体系进行专项展示规划研究，为总体展示提供支撑。

全面展示唐长安地理标识与地名展示体系。以里坊、塔寺、诗人居所或代表性要素命名设施和公共空间，进一步强化唐长安地理标识体系。结合历史资源点及城市生活圈规划的用地引导与口袋公园、公共设施等现实功能需求，建设融合文化展示、旅游驿站、咖啡休闲、体育活动、生态空间等功能为一体的唐文化特色的复合型城市微空间（唐文化BOX），并活化展示蹴鞠、唐诗、唐乐、唐餐等唐代市井文化，达到良好的自运营循环状态。

活化展示唐诗文化，建设唐诗主题园。梳理解析唐诗文化精神与要素特征，通过唐诗大数据分析城市、建筑、植被、人物等诗词要素（表1），结合唐诗的宏观依存环境、场所分布、要素构成等方面的分析，叠合城市现状开发与建设情况，提出山水保护、场所营造、物象还原、场景活化、主题标示五大唐诗意境展示策略。展示唐诗中的典型物象要素，包括代表建筑及柳树、桃花等典型植被。针对一些故事场景性较强的诗文，如《清平调》《卖炭翁》等诗篇，通过主题剧演绎、表演活动等方式活化展示唐诗意境。

针对西安唐诗文化资源，活化唐诗文化意境，建设唐诗主题园。通过诗景、舞台剧等手段打造集诗境展示、国际交流、研学参观等为一体的山水园林式文化主题公园。

突出唐诗文化的体验性与参与性，开展唐诗文化节，将唐诗主题园塑造为西安诗城的集中展示地。同时表征建设辋川王维诗庄、樊川杜甫文化公园等典型唐诗文化空间，进而带动郊野片区发展。

2.唐长安城展示规划实施路径

（1）确立展示规划风貌管控指标体系

重点对唐长安城区域内高度控制进行研究。对唐长安历史文化区91.93km²

范围内的建筑信息进行获取，并对区域内26420多栋建筑进行分析统计（表2）。与主观认知不同的是，现状平均建筑高度仅28.54m，且高层建筑占比并不高，仅16.35%。

研究梳理总结相关城市高度控制方法，结合唐长安历史文化区实际情况，基于底线控制思维，提出"整体控制+重点控制+单元控制"的三重控制法。其一，确立36m作为唐长安城区域高度上限，弹性比率约为26.14%，可以满足唐长安范围内空间容量需求。同时，除重要标志性建筑以外，新建建筑原则上不超过此高度。其二，针对重要历史风貌区周边开展高度控制，通过环形后退、线性互望、线性后退三种高度控制法控制。其三，通过多因子叠加分析，对区域837个单元地块进行高度控制，确立每个地块的高度控制指标。结合三重因素的基础上，构建形成唐长安历史文化区高度控制模型。

同时，运用城市设计方法，提出唐长安城范围内建筑风格、色彩、环境小品、广告标识、夜景照明等要素的管控引导办法，将相关指标纳入控规及土地出让条件，保障唐长安历史文化展示区整体环境氛围的提升。

（2）衔接保护规划体系，将展示总体规划成果纳入国土空间规划等法定规划体系

为了保障展示总体规划有效实施，将文化定位、目标策略、结构框架、控制指标等核心成果内容与保护规划、空间规划等法定规划体系对接，并衔接旅游规划。综合统筹文化保护、旅游发展与城市更新，划定20%区域作为历史文化展示区，在保护规划控制的基础上，重点开展历史文化展示详细规划及展示工程设计。

（3）结合历史文化展示区确立重点展示项目库

提出近详远略、分步实施的工作计划，构建历史文化展示项目库，综合确定25个建设项目，明确近期重点建设，通过城市更新与文化旅游空间建设落实。目前已初步完成安仁坊片区、明德门遗址展示、唐城墙西南段等重点展示工程。

五、结语

作为文化保护和旅游发展之间的重要环节，历史文化展示发挥着重要的纽带作用。构建历史古城展示规划体系，将有效弥补历史古城展示的系统性上位工作，对于协调历史文化保护、文化旅游发展与城市功能完善具有重要作用，可以系统科学指导历史文化展示工程设计。本研究初步探索形成了适用于地面遗存少的历史古城文化展示方法和历史古城展示规划内容

表1　唐代名人大数据指数统计表

姓名	住址	百度数据月平均值（次）	360趋势月平均值（次）	搜狗指数月平均图（次）	总和（次）
杜甫	长安区	4833	3341	20453	28627
孙思邈	光德坊	1349	672	10336	12357
白居易	新昌坊、常乐坊、宣平坊	3332	1615	5024	9971
太平公主	醴泉坊	4121	2930	2797	9848
程咬金	怀德坊	2605	1509	4779	8893
柳宗元	亲仁坊	1262	543	5702	7507
元稹	安仁坊、靖安坊	1461	578	2546	4585
欧阳询	通化坊	1054	633	2824	4511
韩愈	靖安坊	1403	814	1715	3932
郭子仪	亲仁坊	1142	524	2154	3820
杜牧	永宁坊	1287	851	1420	3558
李靖	平康坊	1310	760	1210	3280
安禄山	宣义坊	1342	722	664	2728
魏徵	永兴坊	1170	571	964	2705
长孙无忌	崇仁坊	1298	479	542	2319
尉迟恭	布政坊	1136	406	759	2301

表2　唐长安历史文化区现状高层建筑情况统计表

建筑高度	数量	占比	层别	主要功能类型	建造年代
3~12m	约3100栋	11.73%	低层	历史街区、城中村、旧城棚户区、别墅等	20世纪80年代以前为主
12~36m	约19000栋	71.92%	多层、小高层	多层住宅、小高层住宅、沿街商业	20世纪80—90年代为主
36~64m	约2500栋	9.46%	次高层	高层住宅、办公、商业综合体	2000年以后为主
64~100m	约1800栋	6.81%	高层	高层住宅、办公	2005年以后为主
100m以上	约20栋	0.08%	超高层	高层综合体、高层标志建筑	2005年以后为主

体系，对于其他历史古城展示工作具有借鉴意义。

（本研究依据《唐长安城历史文化传承与空间展示研究》项目，该项目获2021年全国优秀城市规划设计一等奖和2021年陕西省优秀城乡规划设计一等奖。）

参考文献

[1]阮仪三, 林林. 文化遗产保护的原真性原则[J]. 同济大学学报（社会科学版）, 2003, 14(2):1-5.

[2]郭璇. 文化遗产展示的理念与方法初探[J]. 建筑学报, 2009: 69-73..

[3]郑育林. 我国大遗址保护与利用相关问题的研究[J]. 西北大学学报（哲学社会科版）, 2010, 40(3): 40-46.

[4]谢晖, 周庆华. 历史文物古迹保护区外围空间高度控制初探——以西安曲江新区为例[J]. 城市规划, 2014, 38(3): 60-64.

[5]王军. "整体复建"重创后的古城复兴路径探索——以大同古城为例[J]. 城市发展研究, 2016, 23(11): 50-59.

[6]王建国. 基于城市设计的大尺度城市空间形态研究[J]. 中国科学, 2009(5): 830-839.

[7]李晨, 祁航, 王一睿. 城市历史叠加区高度控制研究——以唐长安历史文化区为例[C]//中国城市规划学会. 活力城乡 美好人居——2019中国城市规划年会论文集（07城市设计）. 北京: 中国建筑工业出版社, 2019.

作者简介

李　晨，西安建筑科技大学硕士研究生导师，高级工程师，注册城乡规划师；

王馨怡，西安建筑科技大学助理规划师；

侯星羽，西安建筑科技大学助理规划师。

第12届金经昌中国青年规划师创新论坛
The 12th Jin Jingchang Youth Planners' Innovation Forum

2024年5月18日，为迎接同济大学117周年校庆和上海同济城市规划设计研究院有限公司30周年院庆，第12届金经昌中国青年规划师创新论坛在同济大学建筑与城市规划学院的钟庭报告厅举行。论坛采用了线上同步直播的方式，受到各界同仁的广泛关注。

本届论坛以"高质量发展的空间治理"为主题，邀请了来自国内三十多个高校和规划设计机构的青年才俊，通过跨学科、多维度的交流，共同探讨中国式城乡现代化的发展道路。

开幕式
致辞嘉宾及主持人

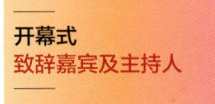
致辞嘉宾

主持人
王新哲
上海同济城市规划设计研究院有限公司常务副院长

彭震伟
同济大学校党委副书记
学会常务理事、教授

苗泽
自然资源部国土空间规划局副局长

石楠
中国城市规划学会常务副理事长兼秘书长、教授

刘颂
上海同济城市规划设计研究院有限公司党委书记、教授

主题论坛
高质量发展的空间治理

主持人
肖达
上海同济城市规划设计研究院有限公司党委副书记

演讲人及演讲题目

吴志强
中国工程院院士、上海市人民政府参事，同济大学教授
数智赋能城市未来

段德罡
西安建筑科技大学建筑学院教授
学习千万工程，建设和美乡村

赵志荣
浙江大学公共管理学院院长、城市发展与管理系教授
推进城市可持续投融资，助力绿色发展

张尚武
上海同济城市规划设计研究院有限公司院长、教授
长三角高质量一体化发展与空间规划的作为

创新论坛
长三角一体化发展

主持人

张立
上海同济城市规划设计研究院有限公司总规划师、同济大学副教授

朱郁郁
上海同济城市规划设计研究院有限公司空间规划研究院院长

演讲人及演讲题目

刘云中 / 国务院发展研究中心发展战略和区域经济研究部教授
新形势下长三角一体化高质量发展的认识和观察

殷会良 / 中国城市规划设计研究院河北雄安分院执行院长
新时期区域协调发展的认识演变

钟宁桦 / 同济大学经济与管理学院教授
城际货运往来视角下的长三角一体化

周世锋 / 浙江省发展规划研究院研究员
对接上海"五个中心",深化沪浙合作的思考与建议

郭杰 / 南京农业大学公共管理学院教授
江海联动高质量发展的国土空间治理:江苏的探索

创新论坛
城乡融合与乡村振兴

主持人

陈晨
同济大学建筑与城市规划学院城市规划系副主任、副教授

王瑾
上海同济城市规划设计研究院有限公司遗产保护与文化复兴研究院副总工程师

演讲人及演讲题目

蒋伟 / 四川省国土空间规划研究院
乡土家园重建与乡村空间治理:结合成都战旗经验的讨论

高洁 / 北京工业大学
生态租视角下生态涵养区乡村空间治理:理论逻辑与实现机制

曹凯 / 上海同济城市规划设计研究院有限公司
苏南地区乡村单元规划编制与治理探索——以常州市天宁区"村庄敲章"行动为例

禹游 / 广西大学
实用性村庄规划编制成果形式的研究——以广西为例

伊曼璐 / 广东省城乡规划设计研究院科技集团股份有限公司
乡村振兴示范带"规划—设计—施工"一体化模式内容体系与实施路径研究——以广东省肇庆市封开县贺江碧道画廊规划建设为例

李昊 / 江苏省城镇与乡村规划设计研究院
溧阳市上黄镇浒西村、水母山村村庄规划(2020—2035)

谷玥 / 哈尔滨工业大学城市规划设计研究院有限公司
微更新治理视角下的新疆特色村寨规划研究——以伊犁州伊宁市伊宁县吉里于孜镇五道桥村为例

创新论坛
可持续城市更新

主持人

肖扬
同济大学建筑与城市规划学院城市规划系副主任、教授

陈飞
上海同济城市规划设计研究院有限公司副总工程师

演讲人及演讲题目

洪成 / 上海市房地产科学研究院
上海保障性租赁住房的空间特征与规划思考

李晓宇 / 沈阳规划设计研究院城市设计分院高质量发展研究院
沈阳工业遗产综合保护利用规划与实施探索

陈懿慧 / 上海同济城市规划设计研究院有限公司
全过程伴随的行动规划制与实施——以哈尔滨市城市品质提升行动为例

李翔 / 北京市城市规划设计研究院
规划韧性与韧性规划——北京市韧性城市空间治理探索与实践

吴锦海 / 广州市城市规划勘测设计研究院有限公司
广州市城市更新的历史、逻辑与抉择

季辰晔 / 中国城市规划设计研究院上海分院
片区更新策划流程再造——以宁波中河片区为例

吴斐琼 / 上海同济城市规划设计研究院有限公司
社区规划师、上海街巷更新与"结伴规划"——以上海芷江西路"社区蓝图规划"为例

创新论坛
新技术、新方法、新视角

主持人

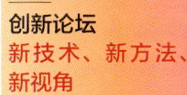
程遥
同济大学建筑与城市规划学院城市规划系副主任、副教授

李欣
上海同济城市规划设计研究院有限公司产教协同部部长、副教授

演讲人及演讲题目

史宜 / 东南大学建筑学院
基于城市大数据的城市人群稳态时空分布预测研究与实践应用——以泉州为例

邹玉 / 上海市城市规划设计研究院总规分院
从"一致性评估"到"多元绩效评估"

崔喆 / 北京市城市规划设计研究院
数智技术赋能城市与区域产业空间治理

游晓婕 / 广州市城市规划勘测设计研究院有限公司
面向低空经济发展的陆空统筹体系构建与实践探索——以广州开发区为例

张颖异 / 北京建筑大学建筑与城市规划学院
断面城市主义与高密度空间形态导控再思考

唐小龙 / 江苏省城市规划设计研究院
基于一体化协作发展的空间治理模式探索——以盐城长三角一体化产业发展基地为例

邢星 / 上海市城市规划设计研究院
跨界地区空间协同治理的情境解读及路径思考

黄华 / 上海同济城市规划设计研究院有限公司
精准水文模拟在规划编制中的应用

上海同济城市规划设计研究院有限公司 新闻简讯

拓展深化区域化党建——规划院党委与虹口区欧阳路街道党工委签订党建共建联建协议书

为深入学习贯彻习近平总书记考察上海和视察虹口重要讲话精神，构建完善"全区域统筹、多方面联动、各领域融合"的城市基层党建格局，将基层党建、群团资源以及机关、企事业等共建单位资源与社区创新治理相结合，形成工作合力，提升社会治理水平，6月26日下午，规划院党委参加了上海市虹口区欧阳路街道2024年度区域化党建工作联席会议。会上，规划院党委书记刘颂代表规划院党委与欧阳路街道党工委副书记、办事处主任周鑫共同签署了联建协议书。

在党建联建工作中，规划院将与欧阳路街道共谋特色党建、共商辖区发展、共推社区治理、共解群众难题，把区域化党建的需求、资源、项目"三张清单"转变为实实在在的成效清单，努力构建共建共治共享的治理共同体，以高质量党建引领保障区域高质量发展。

本次规划院与欧阳路街道的党建联建，也是规划院扎实推进2024年度党员教育培训实践教学工作的重要内容，后续将深入开展多种形式的实践教学。（图1）

"十四五"国家重点研发计划项目"国土空间优化与系统调控理论与方法"课题中期绩效评价会议召开

2024年6月24日，"十四五"国家重点研发计划项目"国土空间优化与系统调控理论与方法"课题中期绩效评价会议在同济规划大厦301召开。

国际欧亚科学院院士、中科院地理所特聘研究员方创琳，自然资源部国土空间规划研究中心原副主任、研究员张晓玲，中国建筑设计研究院有限公司国家住宅工程中心总工程师、教授级高工焦燕，同济大学研究生院副院长、特聘教授刘春，同济大学建筑与城市规划学院长聘教授、副院长石邢等5位专家，以及10家项目参与单位的课题负责人、科研骨干等40余人参与了本次会议。本次会议由项目负责人同济大学建筑与城市规划学院教授、上海同济城市规划设计研究院有限公司院长张尚武主持。

同济大学建筑与城市规划学院张立副教授代表课题一汇报了"国土空间多要素协同机理与系统调控理论方法体系"研究进展；南京大学郭山川助理研究员代表课题二汇报了"国土空间多要素综合观测与感知关键技术"研究进展；中国科学院地理科学与资源研究所李宝林教授汇报了课题三"国土空间多目标智能诊断与格局优化关键技术"研究进展；同济大学建筑与城市规划学院钮心毅教授汇报了课题四"国土空间多场景综合效能评价与调控关键技术"研究进展；中国城市规划设计研究院教授级高级城市规划师罗彦代表课题五汇报了"多类型国土空间智能规划技术集成应用示范"研究进展。各课题汇报人对取得的重要进展和阶段性成果进行了详细介绍，并对中期取得的成果、组织实施管理工作、后续工作重点等进行了阐述。

专家组听取了汇报内容，进行了现场质询，经过现场评审认为各课题提供的资料完整规范，完成了任务书规定的各项中期考核指标，经费使用合理，达到了中期成果的各项要求，并重点从项目进度把控、研究成果凝练，理论技术创新与成果的关联度等角度提出项目和课题的深化研究意见。

项目负责人张尚武教授对专家组和各课题组的工作表示了感谢，并提出将进一步加强与各课题参与单位的工作协调，保质保量的完成项目的研究工作。（图2-图3）

国家重点研发计划"国土空间优化与系统调控理论与方法"项目通过中期检查

2024年6月27日，中国21世纪议程管理中心在北京组织专家对同济大学牵头的"城镇可持续发展关键技术与装备"重点专项"国土空间优化与系统调控理论与方法"项目进行中期检查，中国21世纪议程管理中心战略研究与区域发展处副处长孙新章、住房和城乡建设部标准定额司科研处安宇出席会议。

国家遥感中心土地遥感部主任刘顺喜研究员、北京师范大学张立强教授、首都师范大学赵文吉教授、东南大学仲伟俊教授、中国建筑设计研究院教授级高级工程师焦燕、清华大学党安荣教授、科技部高级会计师张小艳等7位评审专家对项目中期执行情况予以评议。

出席会议的项目组成员包括：项目负责人同济大学教授张尚武，课题负责人中国科学院地理科学与资源研究所研究员李宝林、同济大学教授钮心毅，以及课题参与单位南京大学、浙江大学、北京大学、国家基础地理信息中心、自然资源部第一海洋研究所、上海同济城市规划设计研究院有限公司、中国城市规划设计研究院、浙江省国土空间规划研究院等10个单位的科研骨干。

项目负责人张尚武教授对项目取得的重要进展和阶段性成果进行了详细介绍，并对中期取得的成果、组织实施管理工作、后续工作重点等进行了阐述。

评审专家组对项目中期成果予以充分肯定，并从进一步深化理论创新、明确观测感知-诊断优化-动态调控关键技术增量、编制集成应用示范详细方案等角度提出了后续深化研究建议。下一步，项目牵头单位同济大学将在项目中期检查会和课题中期绩效评价会专家意见和建议基础上，进一步强化与各课题参与单位的工作的统筹与协调，实现项目从理论研究、关键技术研究到集成应用示范的全链条贯通，为项目高质量完成提供保障。（图4）

上海市发改委组织召开《""十五五"期间上海优化与人口、产业、城市功能相匹配的公共服务资源布局的目标、思路和重点举措研究》开题会

6月28日下午，由上海同济城市规划设计研究院有限公司承接的上海"十五五"规划前期研究《""十五五"期间上海优化与人口、产业、城市功能相匹配的公共服务资源布局的目标、思路和重点举措研究》开题会在人民大道200号10楼1014会议室举办。

同济大学超大城市精细化治理（国际）研究院院长伍江，中国卫生信息学会健康医疗大数据基层应用专业委员会主任委员许速，华东师范大学图书馆馆长吴瑞君，上海社会科学院城市与人口发展研究所副所长周海旺，同济大学建筑与城市规划学院教授钮心毅，上海教育科学研究院院长桑标等6位开题专家参会。上海市发展和改革委员会副主任陈石燕、发展规划处处长王永刚、社会发展处处长王俊等委领导，以及上海同济城市规划设计研究院有限公司院长张尚武，主任研究员潘鑫等课题组相关同志出席会议。

上海同济城市规划设计研究院有限公司创研中心主任研究员潘鑫介绍了研究课题的基本情况，结合课题组近年来的相关实践与研究基础，分析了上海公共服务资源的情况，围绕此次课题的研究目标、思路与框架、研究方法以及下一阶段计划，向与会领导与专家进行汇报。

与会专家和市发展改革委领导从当前上海公共服务资源的现状、瓶颈问题、重点任务、具体举措等角度对"十五五"期间上海优化与人口、产业、城市功能相匹配的公共服务资源布局的目标、思路和重点举措研究提出了建议。

同济大学建筑与城市规划学院教授钮心毅结合上海总规评估，指出当前上海公共服务设施布局现状短

板，提出公共服务布局要与人口分布相协调，同时要满足人民生活习惯的变化及新需求。

华东师范大学图书馆馆长吴瑞君指出，现有公共服务研究思路需要从以空间为中心向以人为中心转变，理清公共服务资源与人口、产业、城市功能三者之间的逻辑关系，课题组需要放眼长远看上海，同时考虑外籍人口的需求。

中国卫生信息学会健康医疗大数据基层应用专业委员会主任委员许速指出，在研究方法论上需要明确对标体系，强化不同等级医院的分类发展，强调从新质生产力视角布局医疗设施，重点从内涵及结构方面做出调整。

同济大学超大城市精细化治理（国际）研究院院长伍江提出，课题研究需明确发展阶段、规划思维和公服设施划分方式等三个方面转变，强调资源配置与人口挂钩，强化公共服务设施的内涵发展，在规划方法上可进行多情景模拟为政府决策提供支持。

上海教育科学研究院院长桑标指出，教育科技人才需要一体化推进，重点关注"一老一小"教育资源配置问题，教育资源应向五大新城倾斜，可结合产业特点考虑职业教育布局。

上海社会科学院城市与人口发展研究所副所长周海旺指出，课题研究需要分析上海面临的国内外发展形势及人口形势，考虑现有文化、体育设施的空置问题，建议开展市民公共服务设施问卷调查，推动有限资源更为合理化的使用。

上海市发展和改革委员会发展规划处处长王永刚指出，课题组在空间规划领域具有优势，研究中要强化发展规划的研究重点，将发展规划与空间规划融合，加强与社会领域相关部门的沟通和座谈，避免传统的空间规划路径依赖。

上海市发展和改革委员会社会发展处处长王俊指出，要明确公共服务体系发展总体目标，要突出公共服务资源重点领域的差异化研究，同时要考虑存量与增量的问题，强调结构优化与内涵提升。

最后，上海市发展和改革委员会副主任陈石燕对会议内容做了总结提炼，指出课题研究要立足"十五五"发展环境背景，找准对标，与2035年上海城市发展目标定位相匹配；要充分考虑总量与结构、存量与增量、基本与非基本、硬件与软件、成本与绩效等五个方面的关系，为上海公共服务资源布局优化提供新思路。

本次开题会为项目的后续开展提供了有益启示。下一步，课题组将根据各位专家及市发展改革委部门领导的宝贵意见稳步推进调研、扎实开展研究，按期保质完成研究任务，努力为上海公共服务资源布局贡献智慧与力量。（图5）

推进上海大都市圈国土空间规划实施——上海"十五五"规划前期研究课题启动会暨专家咨询举办

7月4日上午，由上海同济城市规划设计研究院有限公司（以下简称同济规划院）承接的上海"十五五"规划前期研究《"十五五"期间推进上海大都市圈国土空间规划实施策略、标准、机制和行动指南》课题启动会暨专家咨询会举办。

同济大学建筑与城市规划学院长聘特聘教授、博导伍江，上海市人民政府参事、同济大学建筑与城市规划学院教授、博导唐子来，上海社会科学院城市与人口发展研究所副所长、研究员、博导屠启宇，中国城市规划设计研究院上海分院院长孙娟，上海市城市规划设计研究院总工程师张逸等5位专家参会。上海市发展和改革委员会、上海市规划和自然资源局、课题组成员等相关同志出席会议。

与会专家和实务部门从当前上海大都市圈国土空间规划编制情况、实施瓶颈、目标与重点等角度对"十五五"期间推进上海大都市圈国土空间规划实施策略、标准、机制和行动指南提出了建议。

会议由同济规划院总工程师李继军主持。同济规划院院长、教授张尚武介绍了上海大都市圈国土空间规划编制的基本情况，并提出本次课题研究的总体目标，研究思路上，提出要聚焦问题、聚焦空间、强化协同、强化行动，同时，针对实施策略、标准研究、实施机制、行动指南等方面提出基本思路。

随后，各专家结合各自领域的实践经验，围绕"十五五"期间推进上海大都市圈国土空间规划实施策略、标准、机制和行动指南展开深入交流。上海市发展和改革委员会、上海市规划和自然资源局领导对课题的目标、重点、方法与思路展开解读。

本次课题启动会为项目的后续开展提供了有益启示。下一步，课题组将根据各位专家及部门的宝贵意见稳步推进调研、扎实开展研究，按期保质完成研究任务，努力为上海大都市圈国土空间规划实施贡献智慧与力量。（图6）

主办单位

上海同济城市规划设计研究院有限公司
SHANGHAI TONGJI URBAN PLANNING & DESIGN INSTITUTE CO.,LTD.

理事单位

上海市城市规划设计研究院

将出书目预告

城市设计的新理念与新探索　　产业规划与创新空间
城乡社区建设与品质生活　　　面向实施的城市设计
活态遗产保护传承研究与实践　国土空间规划背景下防灾韧性规划实践

欢迎就以上主题进行投稿，感谢您的支持！

联系方式

地址：上海市杨浦区中山北二路 1111 号同济规划大厦 1408 室　　投稿邮箱：idealspace2008@163.com
邮编：200092　　联系人：管 娟

ISBN 978-7-5765-1379-0

定价：55.00元